普通高等院校环境类精品系列教材

生态环境与人类健康

任 源 主编

華南理工大學出版社
SOUTH CHINA UNIVERSITY OF TECHNOLOGY PRESS
·广州·

图书在版编目（CIP）数据

生态环境与人类健康 / 任源主编．-- 广州：华南理工大学出版社，2024. 12.
ISBN 978-7-5623-7855-6

Ⅰ. X171.1；Q983

中国国家版本馆 CIP 数据核字第 2024U9W623 号

Shengtai Huanjing Yu Renlei Jiankang

生态环境与人类健康

任源　主编

出 版 人：房俊东
出版发行：华南理工大学出版社
（广州五山华南理工大学 17 号楼，邮编 510640）
http://hg.cb.scut.edu.cn　E-mail: scutc13@scut.edu.cn
营销部电话：020-87113487　87111048（传真）
责任编辑：张　楚
责任校对：盛美珍
印 刷 者：广州一龙印刷有限公司
开　　本：787 mm × 1092 mm　1/16　印张：14　字数：333 千
版　　次：2024 年 12 月第 1 版　印次：2024 年 12 月第 1 次印刷
定　　价：49.00 元

前言

Foreword

人类的生存依赖自然环境提供的空气、水、食物等资源，健康是人类幸福生活的基石。个体的健康水平是实现个人梦想、个人发展的基础，表现在身体、精神、社交等多个方面。人群或人类的健康则是社会、经济、政治、文明发展的必要支撑。

自工业革命以来，随着人口增加，人类对自然资源的过度开发和利用导致了严重的生态环境问题，如全球气候变暖、生物多样性下降、资源枯竭、水体污染、空气质量下降、土地退化等。这些生态环境问题严重威胁了人类的可持续发展，各类环境公害事件也频繁发生。1930年，比利时马斯河谷的工业烟雾造成60多人死亡、数千人患病；1952年，英国伦敦冬季燃煤排放的烟尘和二氧化硫浓雾导致4000多人死亡；1953—1956年，日本水俣湾的化工厂排放的含汞废水，引发了著名的“水俣病”，受害人数多达1万人，死亡人数超过1000人；1986年，苏联切尔诺贝利核电站事故造成4000多人死亡；等等。气候变暖使微生物活性增强，加快了元素的生物地球化学循环，导致更多温室气体生成，大气中CO_2浓度持续增高。此外，人类社会活动范围的扩张，不仅威胁了生物多样性，造成珍稀物种灭绝，还使得野生动物携带的病菌在家禽家畜甚至人类中传播。一些资源型城市的掠夺式发展加快了资源枯竭，不仅对生态环境造成了严重破坏，也间接影响了社会稳定。

党的十八大以来，我国的社会主义生态文明建设进入了新阶段，生态环境与人类健康是各界普遍关心的议题，但对于很多新问题，人们还存在认知误区和认识不清的情况。因此，迫切需要在习近平生态文明思想的指导下，面向广大青年学生，开展生态环境与人类健康知识的科普教育，使当代大学生加深对相关问题的理解和认识。

本书以通俗的语言、较为丰富的案例和学术研究成果，介绍了微量元素、重金属、持久性有机物、微生物、水体、大气、土壤、辐射、食品、办公环境、生态安全、可持续发展以及污染防控的原理和方法等内容，尤其是对近年来公众关注的“双碳”目标、新冠病毒、$PM_{2.5}$、转基因食品、垃圾焚烧、新污染物微塑料等话题进行了分析。本书适合作为高等学校的通识课教材，也可作为关注环境保护和身心健康的普通公众的科普读物。

本书是作者在多年讲授“生态环境与人类健康”通识课的基础上，结合近年来国内外环境健康科学领域的最新研究成果编撰而成的。全书分工如下：第一章由任源、郭楚玲编写，第二至六章由任源编写，第七章由任源、郭楚玲编写，第八、九、十章由任源编写，第十一章由任源、刘利编写，最后由任源统稿，部分图片由袁梦绘制。在此，谨向所有参加和支持本书编撰工作的同仁和朋友表示衷心感谢，谨向本书所参考和引用的文献资料的作者们致以诚挚谢意。

鉴于编者知识和学术水平的局限以及科学和认识的不断发展，书中难免存有错误、不足与疏漏之处，恳请各位读者予以批评指正。

编　者

2024年10月于广州

目录

Contents

第1章 概 论

1.1 环境、环境污染的基本概念

1.1.1 环境

环境（environment）是指围绕在某一特定生物或生物群落周围的有形和无形的因素空间，以及周围直接或间接影响该生物体或生物群体生存的一切事物的总和。我们通常所称的环境就是指人类生存的环境。

1.1.1.1 环境的分类

人类生存的环境分为自然环境和社会环境。

1. 自然环境

自然环境包括4个层次：聚落（生存）环境、地理环境、地质环境、宇宙环境（图1-1）。

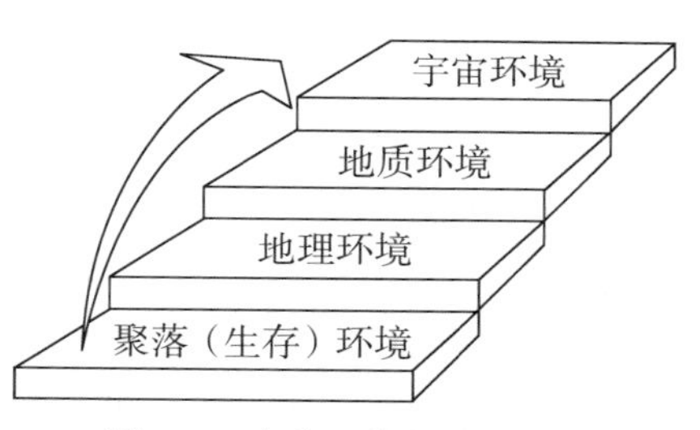

图1-1 自然环境的4个层次

（1）聚落环境。聚落是指人类聚居的中心，活动的场所。聚落环境是指人类有目的、有计划地利用和改造自然环境而创造出来的生存环境，是与人类的生产和生活关系最密切、最直接的工作和生活环境。聚落环境中的人工环境因素占主导地位，也是社会环境的一种类型。

（2）地理环境。地理学上所指的地理环境位于地球表层，处于岩石圈、水圈、大气圈、土壤圈和生物圈相互制约、相互渗透、相互转化的交融地带上。它下起岩石圈的表层，上至大气圈下部的对流层顶，厚10～20 km，包括了全部的土壤圈，其范围大致与水圈和生物圈相当。概括地说，地理环境是由与人类生存和发展密切相关的，直接影响到人类衣、食、住、行的非生物和生物等因子构成的复杂的对立统一体，是具有一定结构的多级自然系统。水圈、土壤圈、大气圈、生物圈都是地理环境的子系统，每个子系统在整个系统中有着各自特定的地位和作用。非生物环境是生物（植物、动物和微生物）赖以生存的主要环境要素，它们与生物种群共同组成生物的生存环境。地理环境还是来自地球内部的内能和来自太阳辐射的外能的交融地带，有着适合人类生存的物理条件、化学条件和生物条件，因而构成了人类活动的基础。

（3）地质环境。地质环境主要指地表以下的坚硬地壳层，也就是岩石圈部分。它是由岩石及其风化产物——浮土两个部分组成。岩石是地球表面的固体部分，平均厚度在30 km左右；浮土是包括土壤和岩石碎屑的松散覆盖层，厚度一般为几十米至几千米。

实际上，地理环境是在地质环境的基础上，在星际环境的影响下发生和发展起来的。在地理环境、地质环境和星际环境之间，物质和能量的交换和循环经常不断地进行着。例如，在太阳辐射的作用下，风化过程使固结在岩石中的物质释放出来，进入到地理环境中去，再经过复杂的转化过程又回到地质环境或星际环境中。如果说地理环境为人类提供了大量的生活资料，即可再生的资源，那么地质环境则为人类提供了大量的生产资料，特别是丰富的矿产资源，即难以再生的资源，它对人类社会发展的影响强度与日俱增。

（4）宇宙环境。宇宙环境又称为星际环境，是指地球大气圈以外的广阔空间以及其中存在的物质和现象，由真空空间、各种天体、电磁辐射、宇宙射线、弥漫物质、空间天气以及各类飞行器组成。它是人类在进入地球邻近的天体和大气层以外的空间的过程中提出的概念，是人类生存环境的最外层部分。太阳辐射能为地球的人类生存提供主要的能量。太阳的辐射能量变化和对地球的引力作用会影响地球的地理环境，与地球的降水量、潮汐现象、风暴和海啸等自然灾害有明显的相关性。随着科学技术的发展，人类活动越来越多地延伸到大气层以外的空间。宇宙环境的复杂性和多样性对空间探测和人类航天活动提出了许多挑战，同时也提供了丰富的研究对象，帮助人类理解宇宙的起源、演化和结构。

2. 社会环境

社会环境是指影响个人、群体和社会整体行为、发展和福祉的所有社会因素和条件。它包括了人与人之间的互动关系、社会制度、文化规范、经济条件和政治环境等。广义的社会环境包括整个社会经济文化体系，狭义的社会环境仅指人类生活的直接环境，如家庭、劳动组织、学习条件和其他集体性社团等。社会环境又被称为人文地理环境。

人类社会是自然界发展的产物，是自然的子集；人类社会对自然的改造与征服是自然界进化发展的必然进程；人类社会从不独立于自然，也不可能外在于自然，它永远不可抗拒地属于自然界。人类活动对整个环境的影响是综合性的，而环境系统也是从各个方面反作用于人类，其效应也是综合性的。人类与其他的生物不同，人们不仅仅以自己的生存为目的来影响环境，使自己的身体适应环境，而且能为了提高生存质量，通过自己的劳动来改造环境，把自然环境转变为新的生存环境。这种新的生存环境有可能更适合人类生存，但也有可能恶化了人类的生存环境。

1.1.1.2 环境的基本特征

环境的基本特征为整体性、区域性、动态性等，具体表现为以下几个方面。

（1）整体性。环境由自然环境要素（如空气、水、土壤、生物等）和人工环境要素组成，这些要素构成了一个有机的整体，任何一个部分的变化都会影响到其他部分。环境关系整个人类的健康与福祉，需要通过全球性的合作来保护。

（2）区域性。不同区域的环境因其组成要素和结构的不同，受地理位置、气候条件、自然资源等因素的影响，呈现出不同的特点和特殊性。

（3）动态性。在自然（如气候变化、地质活动等）和人类社会行为（如城市化、工业化等）的共同作用下，环境的内部结构和外在状态始终处于不断变化的过程中。

（4）稀缺性和脆弱性。环境资源不是取之不尽、用之不竭的。随着人类活动的增加，环境资源的压力也在增加。环境系统在受到破坏后往往很难恢复，特别是某些生态系统（如湿地、热带雨林等）对外界干扰非常敏感。

（5）承载力。自然环境是一个高度复杂的系统，具有一定的自我调节能力，超出这一能力，自然环境就会被破坏和出现退化。因此，合理利用资源、保护环境是可持续发展的重要基础。承载力体现环境的有限性，承载力又被称为“环境容量”。

1.1.2 生态环境

1.1.2.1 生态环境的定义

生态环境（ecological environment）是指由生物群体及其所生活的无机环境相互作用、相互影响形成的统一整体。它包括了生物因素（植物、动物、微生物）和非生物因素（空气、水、土壤、气候等），这些因素通过能量流动和物质循环维持生态系统的平衡和功能。生态环境是关系到社会和经济持续发展的复合生态系统。生态环境问题是指人类为了其自身生存和发展，在利用和改造自然的过程中，对自然环境造成破坏和污染所产生的危害人类生存的各种负反馈效应。

生态环境是生态和环境两个名词的组合。生态一词源于古希腊字 Oikos，原意指“住所”或“栖息地”，指一切生物的状态，以及不同生物个体之间、生物与环境之间的关系。德国生物学家海克尔（E. H. Haeckel）于1866年提出生态学的概念，并将它定义为研究动物与有机环境、无机环境的相互关系的科学。

生态与环境既有区别又有联系。生态偏重生物与其周边环境的相互关系，更多地体现系统性、整体性、关联性，如生物群落的动态、能量流动和物质循环等。而环境更强调以人类生存发展为中心的外部因素，更多地体现为人类社会的生产和生活所在的广泛空间、所需要的充足的资源和其他条件对人类的影响。但它们的共同目标都是为了实现可持续发展，确保资源的可持续利用和环境的可持续管理。

1.1.2.2 生态系统

生态系统是由生物群落及其相关的无机环境共同组成的功能系统，或称为生态地理环境。在特定的生态系统演变过程中，当生态环境发展到一定的稳定阶段时，各种对立因素通过食物链的相互制约作用，使生态系统的物质循环和能量交换达到一个相对稳定的平衡状态，从而保持生态环境的稳定和平衡。如果环境负载超过了生态系统所能承受的极限，就可能导致生态系统功能的弱化或生态资源的衰竭。

人类是生态系统中最积极、最活跃的因素。在人类社会的各个发展阶段，人类活动都会对生态环境产生影响。特别是近半个世纪以来，由于人口的迅猛增长和科学技术的飞速发展，人类既有空前强大的建设和创造能力，也有巨大的破坏和毁灭力量。一方面，人类活动增大了向自然索取资源的速度和规模，加剧了自然生态失衡，带来了一系列灾害。另一方面，人类本身也因自然规律的反馈作用，而遭到“报复”。因此，无论是在发达国家，还是在发展中国家，生态环境问题都已成为制约经济和社会发展的重大问题。

1.1.2.3 生态环境的特点

生态环境的基本特征表现为整体性、复杂性、多样性、动态性、自我调节性、脆弱性、区域性、物质循环和能量流动。生态系统的各营养层次的生物与环境的联系中，都存在物质循环过程，因此，美国耶鲁大学的哈钦森（G. Evelyn Hutchinson）在1944年提出了“生物地化循环”（biogeochemical cycles）的概念。生物地化循环是指化学物质在生物和地球上的地壳、水体和空气之间转移、交换和循环的全过程。在循环过程中，每类物质在贮存库（reservior pool）与交换库（exchange pool）间相互转换，但不同物质的流动速度相差很大。

1. 水循环

地球上不同的地方的水，通过蒸发、蒸腾、凝结、降水、渗透、径流输送到地球上另外一个地方。水循环分为海陆间循环（大循环）、陆地内循环和海上内循环（小循环）。从海洋蒸发出来的水蒸气，被气流带到陆地上空，凝结为雨、雪、雹等落到地面，一部分被蒸发返回大气，其余部分成为地面径流或地下径流等，最终回归海洋。水循环是一个动态的平衡系统，维持地球上水资源分布和生态平衡。

2. 碳循环

自然界碳循环的基本过程如下：大气中的二氧化碳（CO_2）被陆地和海洋中的植物吸收，然后通过生物或地质过程以及人类活动，又以CO_2的形式返回大气中。自然界中碳的分布、碳的流动和交换有以下方式。

（1）有机体和大气之间的碳循环。

绿色植物从空气中获得的CO_2，经过光合作用转化为葡萄糖，再转化为植物体的有机碳，经过食物链的传递后成为动物体的有机碳。植物和动物的呼吸作用把摄入体内的一部分碳转化为CO_2，再释放入大气，另一部分则构成生物的机体或在机体内贮存。动植物死后，其残体中的碳通过微生物的分解作用也成为CO_2而最终排入大气。大气中的CO_2这样循环一次约需20年。

一部分（约1‰）动植物残体在被分解之前即被沉积物所掩埋而成为有机沉积物。这些沉积物经过漫长的岁月，在热能和压力作用下转变成矿物燃料——煤、石油和天然气等。经历风化过程后或作为燃料燃烧时，这些矿物燃料中的碳、氧转化为CO_2并排入大气中。人类消耗大量矿物燃料对碳循环产生重大影响。

（2）大气和海洋之间的CO_2交换。

CO_2可由大气进入海水，也可由海水进入大气。这种交换发生在气和水的界面处，因风和波浪的作用而加强。在这两个方向上流动的CO_2量大致相等，大气中CO_2增多或减少，海洋吸收的CO_2也随之减少或增多。

（3）碳质岩石的形成和分解。

大气中的CO_2溶解在雨水和地下水中成为碳酸（H_2CO_3），碳酸能把石灰岩变为可溶态的重碳酸盐（HCO_3^-），并被河流输送到海洋中。经过不同的成岩过程，重碳酸盐又形成石灰岩、白云石和碳质页岩。化学作用和物理作用（风化）使这些岩石被破坏，其中所含的碳又以CO_2的形式释放入大气中。火山爆发也可使一部分有机碳和碳酸盐中的碳再次加入碳的循环。碳质岩石的破坏在短时期内对循环的影响虽不大，但对几百万年中碳量的平衡却是非常重要的。

（4）人类活动的干预。

人类燃烧矿物燃料获得能量的同时也产生大量的CO_2。1990—2023年，由于燃烧矿物燃料以及其他工业活动，CO_2的生成量共增加了69.25%（Energy Institute，2024），年均增长率为2.31%，其结果是大气中CO_2浓度升高。这样就破坏了自然界原有的平衡，可能导致气候异常。在矿物燃料燃烧生成并排入大气的CO_2中，有一小部分可被海水溶解，但海水中溶解态CO_2的增加又会引起海水中酸碱平衡和碳酸盐溶解平衡的变化。

3. 氮循环

氮是生物圈中的一种关键元素，参与了生命过程中的许多重要反应。氮循环是指氮元素在地球上不同环境（如大气、土壤、水体等）之间的循环。

在大气中，氮主要以氮气（N_2）的形式存在，占大气体积的78%。N_2在大气中经过光合作用和固氮作用，被植物吸收并转化为有机氮。在这些有机氮中，一部分通过生物降解和排泄返回大气，一部分则被土壤中的微生物分解为氨态氮，再被植物吸收。

在土壤中，一部分氮以有机氮的形式存在，另一部分氮以氨态氮的形式存在。有机氮在微生物的作用下可被分解为氨态氮，供植物吸收；同时，土壤中的氨态氮也会在微生物的作用下被氧化为亚硝酸态氮，进而被氧化为硝酸态氮，这些硝酸态氮可被植物吸收。

在水体中，氮以多种形式存在，如氨态氮、亚硝酸态氮、硝酸盐等。水体中的植物和微生物会吸收和利用这些氮源。同时，水体中的氮也会通过雨水、河流等途径返回陆地。

4. 硫循环

自然界中硫的最大储存库在岩石圈。硫在水圈中的储存量也比较大，且主要集中在海水中。海水和海洋沉积物中积蓄着最大量的对生物有效的硫。

硫在大气、陆地生命体和土壤等几个分室中的迁移和转化过程即为硫循环。化石燃料的燃烧、火山爆发和微生物的分解作用是它的来源。在自然状态下，大气中的SO_2一部分被绿色植物吸收，一部分则与大气中的水结合，形成硫酸，随降水落入土壤或水体中，然后以硫酸盐的形式被植物的根系吸收，转变成蛋白质等有机物，进而被各级消费者所利用。动植物的尸体被微生物分解后，将硫元素以H_2S气体或可溶性硫酸盐的形式释放到土壤或大气中，这样就形成一个完整的循环回路。人类活动使局部地区大气中的SO_2浓度大幅升高，形成酸雨，对人和动植物产生伤害。作为许多蛋白质和辅因子的组成成分，硫在生物地球化学循环中对生命也非常重要。

5. 磷循环

磷是生物体必需的营养物质，它是包括核酸和磷脂在内的物质的关键组成部分。磷酸钙构成了我们骨骼的支撑成分。在自然界中，磷通常是限制性养分（即供应最少的养分），会限制生物的生长——对于淡水生态系统尤其如此。

与水、碳、氮等元素的生物地球化学循环相比，磷循环较慢。在自然界中，磷主要以磷酸盐（PO_4^{3-}）的形式存在。沉积岩中有磷酸盐化合物，且随着很长一段时间的岩石风化，化合物所含的磷会慢慢渗入土壤或进入地表水。火山灰、气溶胶和矿物粉尘也可能是重要的磷酸盐来源。但是磷不像碳、氮和硫等其他元素，磷在常温常压下没有真正的气态。

土壤中的磷酸盐可以被植物吸收，并从植物中转移到以植物为食的动物体内。当动植物排泄废物或死亡时，磷酸盐可能被有害物质吸收或返回土壤。含磷化合物也可以被地表径流携带到河流、湖泊和海洋而被水生生物吸收。当含磷化合物随着海洋生物或其排泄的废物沉到海底时，它们形成新的沉积层。在很长一段时间内，含磷沉积岩可能通过一种被称为隆起的地质过程从海洋移到陆地。然而，这个过程非常缓慢，平均每个磷酸盐离子在海洋中停留的时间为2万～10万年。

1.1.2.4 中国生态环境保护的基本原则

良好的生态环境是实现中华民族永续发展的内在要求，是增进民生福祉的优先领域。我国的生态文明建设和生态环境保护面临着不少困难和挑战，必须深化生态环境保护管理体制改革，完善生态环境管理制度，加快构建生态环境治理体系，健全保障举措，增强系统性和完整性，大幅提升治理能力。《中共中央 国务院关于全面加强生态环境保护 坚决打好污染防治攻坚战的意见》提出我国在生态环境保护方面的五项基本原则：

——坚持保护优先。落实生态保护红线、环境质量底线、资源利用上线硬约束，深化供给侧结构性改革，推动形成绿色发展方式和生活方式，坚定不移走生产发展、生活富裕、生态良好的文明发展道路。

——强化问题导向。以改善生态环境质量为核心，针对流域、区域、行业特点，聚焦问题、分类施策、精准发力，不断取得新成效，让人民群众有更多获得感。

——突出改革创新。深化生态环境保护体制机制改革，统筹兼顾、系统谋划，强化协调、整合力量，区域协作、条块结合，严格环境标准，完善经济政策，增强科技支撑和能力保障，提升生态环境治理的系统性、整体性、协同性。

——注重依法监管。完善生态环境保护法律法规体系，健全生态环境保护行政执法和刑事司法衔接机制，依法严惩重罚生态环境违法犯罪行为。

——推进全民共治。政府、企业、公众各尽其责、共同发力，政府积极发挥主导作用，企业主动承担环境治理主体责任，公众自觉践行绿色生活。

通过加快构建生态文明体系，确保到2035年节约资源和保护生态环境的空间格局、产业结构、生产方式、生活方式总体形成，生态环境质量实现根本好转，美丽中国目标基本实现。到本世纪中叶，生态文明全面提升，实现生态环境领域国家治理体系和治理能力现代化。

1.1.3 环境污染

环境污染（environmental pollution）指自然地或人为地向环境中添加某种物质，超过环境的自净能力而产生危害的行为。环境污染主要对自然生态系统和人的健康产生危害。环境污染分区域性污染和全球性污染，是否是污染取决于行为造成的后果。

环境污染会给生态系统造成直接的破坏和影响，例如沙漠化、森林破坏，也会给生态系统和人类社会造成间接的危害，有时这种间接的环境效应的危害比直接危害更大，也更难消除。例如，温室效应、酸雨和臭氧层破坏就是大气污染衍生的环境效应。这种环境效应具有滞后性，往往在污染发生的当时不易被察觉或被预料到，然而一旦发生就表示环境污染已经发展到相当严重的地步。当然，环境污染的最直接、最容易被人所感受的后果是人类环境的质量下降，影响人类的生活质量、身体健康和生产活动。例如城市的空气污染造成的空气污浊使人们的发病率上升；水污染使水环境质量恶化、饮用水源的质量普遍下降，威胁人的身体健康，引起胎儿早产或畸形。严重的污染事件不仅带来健康问题，也造成社会问题。随着污染的加剧和人们环境意识的提高，污染引起的人群纠纷和冲突事件逐年增加。

由于人们对工业高度发达的负面影响预料不够、预防不力，导致了全球性的三大危机：资源短缺、环境污染、生态破坏。

1.1.4 环境污染物

环境污染物（environmental pollutant）是指以不适当的浓度、数量、速率、形态和途径进入环境系统，使环境的正常组成和性质发生直接或间接有害于人类的变化的物质或能量。污染物主要是人类在生产和生活中产生的各种化学物质，自然界也会释放污染物。

按来源分，环境污染物有工业环境污染物、城市环境污染物和农业环境污染物。按环境要素分，环境污染物可分为水体污染物、大气污染物、土壤污染物、噪声污染物、农药污染物、辐射污染物、热污染物等。按环境污染的性质分，环境污染物可分为化学污染物、生物污染物、物理污染物。

水体污染指因某种物质的介入而导致水体物理、化学或生物等方面特性的改变，从而影响水的有效利用，危害人体健康或者破坏生态环境，造成水质恶化的现象。水体污染主要由有机物、重金属、有害微生物等造成。

大气污染指大气中的污染物浓度达到或超过了有害程度，导致生态系统被破坏，影响人类的正常生存和发展，对人和生物造成危害。大气污染主要来自工业、机动车等排放的CO、H_2S、NO_x等。

固体废物污染主要造成陆地污染，固体废物包括垃圾中不能焚化或腐化的塑料、橡胶、玻璃、建筑垃圾等，工业固体废物有矿山废渣，农业固体废物有秸秆等。

海洋污染主要是指油船或油井漏出来的原油经河流排入海洋的陆源污染，以及通过干湿沉降进入海洋的多种大气污染。

噪声污染指所产生的环境噪声超过国家规定的噪声排放标准，并干扰他人正常工作、学习、生活的现象。

放射性污染指人类活动造成物料、人体、场所、环境介质表面或者内部出现超过国家标准的放射性物质或射线的现象。放射性污染来源基本上都属于危险废物。

1.1.5 环境与健康

早在古希腊时期，医学家希波克拉底就在其论著《空气、水、土壤》中详细描述了环境与健康的密切联系，他认为自然是人类生命的源泉，人与自然之间有着不可分割的联系。这种思想可以看作是人地关系探究的萌芽，并且为后来的环境卫生学和环境健康学的发展奠定了基础。中国古代关于地理环境与人的关系的思想也不少，《管子》《礼记》《周礼》的有关记载体现了先秦时期人们如何看待人与地理环境的关系，而“天人合一”的思想代表着东方思想家在人类社会早期对人地关系的深入思考。这些思想与希波克拉底的观念相辅相成，共同构成了人类早期对环境与健康关系的认识。

环境健康学是研究环境中物理、化学、生物以及社会、心理社会因素与人体健康的关系，是环境科学向人体健康和生态健康延伸的一门前沿交叉学科，通过发展环境健康的理论与方法，识别真实环境中危害人体健康和生态健康的危险因素，定量评估人群暴露情况和健康影响程度。环境健康学一方面认识人体与环境之间的相互作用，为保护人类健康、促进人类与环境和谐共处提供理论依据，另一方面针对生态环境健康的环境管理和治理体系建设提供科学基础。环境健康学科主要包括环境暴露学、环境流行病学、环境与生态毒理学等研究方向，是环境领域科技创新“面向人民生命健康”“人与自然和谐共生”的学科基础。环境健康学研究可为环境科学中的其他领域，如环境管理、环境立法、卫生检测监督等提供理论依据。它旨在确保环境保持在不会危害人类的基准内，并促进环境向有利于人类健康的方向发展。

1. 环境健康学的研究范畴

环境健康学研究生活环境、工作环境、居住环境、娱乐环境中多种因素对人体健康的影响。

（1）环境物理因素。

温度、湿度、电磁和电离辐射、超声波、气压、噪声、振动等都属于环境物理因素。在自然状态下，环境物理因素一般对人体无害，有些还是人体生理活动必需的外界条件，只有达到一定强度或与人体接触时间过长时，才会对人体的不同器官和系统功能产生危害。

（2）环境化学因素。

人类生存的环境中有天然的无机化学物质、人工合成的化学物质以及动植物体内、微生物内的化学组分。天然的无机化学物质是构成机体的主要物质。在生物体内含量很少但不可缺少的元素称为微量元素（trace element）。很多化学元素在正常接触和使用情况下对机体无害，但过量接触或低剂量长时期接触时会产生有害作用（称为毒物）。环境中常见的化学因素包括煤、石油等的燃烧过程中产生的硫氧化合物、氮氧化合物、碳氧化合物、碳氢化合物、有机溶剂等和生产过程中产生的原料中间体或废弃物（废水、废气、废渣），农药，食品添加剂及以粉尘形态出现的无机物质和有机物质。化学物质在创造人类高度文明的同时，也给人类健康带来不可低估的损害。

（3）环境生物因素。

细菌、真菌、病毒、寄生虫等都是环境中的生物因素。生物圈中的生命物质是相互依存、相互制约的，它们之间不断进行着物质能量和信息的交换，共同构成生物与环境的综合体，即生态系统。人类依靠生物构成稳定的食物链，从而获得生存所必需的营养素；利用生物制成药物，防治疾病；利用生物美化环境，陶冶情操。生物本身在不断繁衍的过程中为人类造福，但有的生物也会给人类健康和生命带来一定威胁，如可成为传染病的媒介的致病性生物，食物链中可致癌、致畸的有毒物质等生物因子，空气中可致敏的花粉，生产过程中的生物性粉尘（动物羽、毛等）。

人类通过生产生活经验的积累，对环境中生物因素危害健康的规律已有所了解，并有了丰富的预防和控制经验，因而环境生物因素危害人类健康和生命的严重程度已有所下降。

2. 人体的健康水平

可以从多个方面对人体的健康水平进行评估，包括身体健康、心理健康、社会适应力和道德健康等方面。据世界卫生组织的定义，健康不仅是没有疾病和衰弱的状态，而且是身体上、精神上的完美状态以及良好的适应力。

外界致病因子可能引起人类机体发生损伤性变化，而机体为了生存和维护生命活动的正常进行，还会出现一系列抗损伤性反应，如代偿、适应和修复（图1–2）。

当致病因子引起组织器官结构破坏，导致代谢和功能发生障碍时，机体通过相应的器官代谢改变、功能加强或形态结构变化等来补偿的过程称为代偿。执行代偿功能的组织、器官功能加强，且常伴有体积增大。

机体内的细胞、组织或器官在受到刺激时，可通过改变其机能与形态结构适应新的环境条件和新的机能要求，这个过程称为适应。

局部细胞和组织受到损伤后，机体对损伤所造成的缺损进行修补恢复的过程称为修复。修复是机体抗损伤的表现，组织修复主要是通过再生来完成的。

人类的健康或患病状态，与环境中有害因素的暴露物质、暴露剂量和暴露时间，以及人体的年龄、性别、体质、生活条件和遗传等多种复杂因素有关。

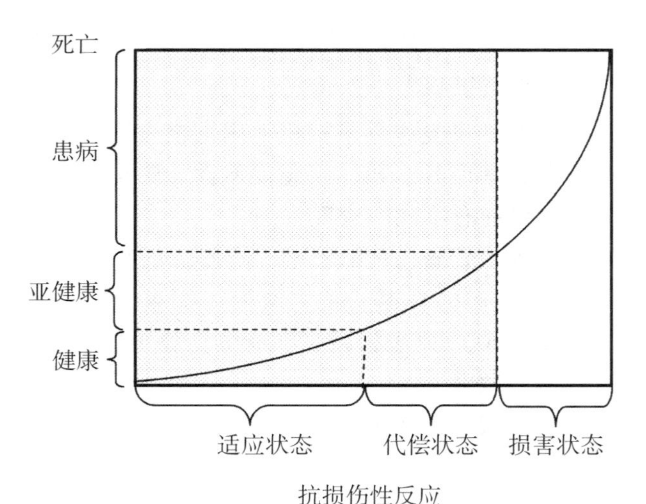

图1–2 人的健康状态与抗损伤性反应的关系的示意图

1.2 环境毒理及健康评估

为指导化学物质环境与健康危害评估工作，2020年，生态环境部颁布了《化学物质环境与健康危害评估技术导则（试行）》，该导则明确了环境生物个体、种群或亚种群暴露于化学物质时可能引发的潜在危害，以及人体通过环境介质暴露于化学物质时可能引起的潜在健康危害的评估过程。评估过程中收集的数据包括化学物质的生态毒理学数据、健康毒理学数据、生物累积性数据、降解性数据和理化属性数据等。

1.2.1 环境化学品的毒理作用及影响因素

环境化学品的毒理作用评估（toxicological assessment of environmental chemicals）的目的是评估化学品对环境和人体健康的潜在影响。在评估过程中，关键效应数据用于推导预测无效应浓度，其生态毒理学终点为致死率、生长抑制率和繁殖率等，常选用的指标有半数致死浓度（LC_{50}）、半数效应浓度（EC_{50}）、10%效应浓度（EC_{10}）或无观察效应浓度（NOEC）。环境化学品的相关效应和危害分为急性中毒、慢性中毒、致癌作用、遗传毒性以及其他特殊毒性。

1. 急性中毒（acute poisoning）

急性中毒指大量毒物在短期内作用，其特点是发病率高、影响范围广、污染源严重且易受地理气象影响。相应症状因毒物的性质不同而异，常见的症状有以下几种。

①神经系统症状，如头痛、头晕、抽搐、乏力、嗜睡、神志淡漠、昏迷等。

②呼吸系统症状，如咳嗽、咳痰、气促、胸闷等。

③消化系统症状，如恶心、呕吐、腹痛、腹泻等。

④循环系统表现，如皮肤湿冷、出汗、口唇紫绀、面色苍白或面色潮红等。

发生急性中毒后，无论临床表现如何，都应立即到医疗机构就诊。

2. 慢性中毒（chronic poisoning）

在低浓度有毒物质长时间的反复作用下，机体内毒物大量蓄积或损害逐渐累积。其特点是毒物剂量小、机体作用时间长、机体疾患呈慢性。中毒者因毒物的性质不同、中毒的严重程度不同、体质不同而有不同的表现。

①胃肠道症状：主要表现为腹痛、食欲不振、便秘、营养不良、消瘦等。

②中枢神经系统症状：记忆力减退、智力改变、痴呆、周围神经病变。

③血液系统症状：骨髓抑制、血小板减少。有的药物可能会导致再生障碍性贫血、乏力、活动后呼吸困难或懒于做事。

④肝肾功能症状：肝功能异常、黄疸，严重者甚至会肝衰竭。毒物累及泌尿系统会导致肾功能异常。

⑤骨骼系统症状：骨头坏死。

3. 致癌作用（carcinogenesis）

化学致癌物[①]能诱发动物和人类恶性肿瘤，增加肿瘤发病率和死亡率。其机理较复杂，尚未能彻底阐明。学界一般认为致癌物使正常体细胞遗传物质的结构和功能发生改变，从而引起基因突变；或不改变DNA结构，但使基因调控失常，体细胞失去分化能力。根据作用方式，致癌物分为直接致癌物（终致癌物）、前致癌物、协同致癌物和促癌物等。化学致癌过程包括引发阶段和促长阶段。前者为少数正常细胞在终致癌物作用下，转变为癌前细胞的过程，其时间甚短，且不可逆转。后者系潜伏的癌前细胞在促癌物的不断作用下转变为不断增殖的恶性肿瘤细胞，最终形成肿块，其时间较长，但可逆转。

要判断对人群有致癌作用的环境因素或环境致癌物，必须依据通过人群流行病学调查和动物实验获得的研究资料。研究致癌作用的动物实验需选用敏感动物或至少采用两种动物。致癌剂量组包括两种剂量，其中，最高剂量采用毒性实验的最大耐受量。使用啮齿类动物进行实验时应考虑性别，每个剂量组和对照组中雌性动物和雄性动物各50只。实验周期应为实验动物生命周期的2/3以上，甚至为整个生命周期。大鼠的观察时间一般为两年，小鼠为一年半。要选择显示致癌效应的最佳条件和排除影响实验的外加因素。实验动物对肿瘤的诱发有种属和个体差异，应严格挑选实验动物。相关研究结果显示，80%的癌变与化学因素和生活方式有关，5%～10%的癌变由放射性因素导致，5%由病毒引起，遗传因素引起的癌变少于5%（百度百科）。

4. 遗传毒性（genotoxicity）

生物遗传物质因在染色体水平、分子水平或碱基水平上受到各种损伤而发生突然变异，导致子代发生遗传性损害，即为遗传毒性或基因毒性。这种突变可以通过复制而导致DNA结构的永久性改变。能够引起遗传毒性的物质包括遗传毒物（genotoxicant）、诱变剂（mutagen）和致突变物，其中，致突变物包括无需代谢活化的直接致突变物（direct-acting mutagen）和需代谢活化的间接致突变物（indirect-acting mutagen），可造成基因突变、染色体结构畸变（有DNA损伤）或染色体数目畸变（无DNA损伤）。六价铬、苯、芳香胺、游离辐射等都具有遗传毒性。其中，芳香胺是典型的遗传毒性物质，因为它具有亲和性，会与DNA产生稳固的共价键，形成DNA和芳香胺的加合物，使得DNA无法准确复制。

1.2.2 环境化学品的特殊毒性

1. 发育毒性（developmental toxicity）

某些化合物可干扰核酸翻译和表达功能从而影响个体生长发育过程，这些化合物的

① 根据国际癌症研究机构的分类，致癌物分为1、2A、2B、3、4共五类：1类致癌物是“确认人类致癌物”，即现有流行病学资料证明系致癌物，如黄曲霉毒素、砷等。2A类致癌物是“很可能人类致癌物”，系流行病学数据有限但动物实验数据充足，如丙烯酰胺等。2B类致癌物是“可能人类致癌物”，系流行病学数据不足但动物实验数据充足，或流行病学数据有限、动物实验数据不足，如四氯化碳等。3类致癌物的数据不足，不能对其致癌性进行分类，如三氯乙烯等。4类致癌物是“很可能不致癌物”。2019年，国际癌症研究机构专题报告中将致癌物分类作了更改，将原来的四类五组（1类、2A类、2B类、3类和4类）简化为三类四组（1类、2A类、2B类和3类），将原来的3类（不可分类）和4类（对人很可能不致癌）合并。

毒性称为发育毒性。具体表现可分为以下几种。

①生长迟缓。具体表现为胚胎与胎仔在外来化合物影响下，较正常的发育过程缓慢。

②致畸作用。由于外来化合物干扰，活产胎仔胎儿出生时，某种器官表现出形态结构异常。致畸作用导致的形态结构异常，在胎儿出生后即可被发现。

③功能不全或异常。功能不全或异常指胎仔的生化、生理、代谢、免疫、神经活动及行为的缺陷或异常。功能不全或异常往往在出生后的一定时间才能被发现，因为正常情况下，有些功能在出生后的一定时间才发育完全。

④胚胎或胎仔致死作用。某些外来化合物在一定剂量范围内，可在胚胎或胎仔发育期间对胚胎或胎仔具有损害作用，并使其死亡。胚胎或胎仔致死作用具体表现为天然流产或死产、死胎率增加。在一般情况下，胚胎或胎仔致死作用的剂量较致畸作用的剂量高，而造成发育迟缓的剂量往往低于胚胎毒性作用的剂量，但高于致畸作用的剂量。

2. 生殖毒性（reproductive toxicity）

生殖毒性指在成年之前诱发的任何有害影响，包括在胚胎期和胎儿期诱发或显示的影响，以及出生后诱发或显示的影响，即对出生前的胚胎、胎儿以及出生后的幼子的结构及功能的影响。现已发现五六千种化学物质具有生殖毒性。二溴氯丙烷是典型的生殖毒性物质，可致精子减少、精子活力缺乏和性腺发育不全，以致不育。又如镉、邻苯二甲酸二乙基己酯等可引起不同类型的睾丸损害，多环芳烃、博来霉素和二硫化碳等可导致雌性生殖系统的损害。

1.2.3 环境化学品的毒性综合评估方法

在探讨环境健康与污染物暴露风险评估时，我们首先需要了解污染物对人类健康的潜在风险，以及评估这些风险的有效方法。一些污染物如铅、汞、镉、砷和铬等重金属，苯并芘、多氯联苯、二噁英等持久性有机物，具有生物积累特性，其在不同环境介质中的迁移，已成为全球范围内的环境污染问题。重金属、有机物等污染物对人体健康的潜在风险涉及多个系统，包括神经系统、内分泌系统、免疫系统及生殖系统等。这些污染物不仅可能导致急性中毒，在长期暴露下还可能具有慢性毒性、致癌性、发育毒性和生殖毒性等复杂效应。因此，评估污染物对人体健康的潜在风险与影响，对于制定有效的预防策略、保护环境与人群健康具有至关重要的意义。

污染物的暴露途径多样，包括但不限于饮用水、空气、食物链、土壤接触等。污染物通过这些暴露途径以不同方式进入人体，如呼吸道吸入、皮肤接触、吞食等。它们在人体内的生物富集作用显著，食物链的传递效应使得顶级捕食者（如人类）受到的暴露水平可能远高于其生存环境中的平均水平。污染物的慢性毒性作用在不同人群中的表现存在差异，可能受到个体差异、暴露水平、累积时间等多种因素的影响。

评估污染物的暴露风险，需要综合运用多种科学方法和工具，包括剂量－效应关系分析、风险系数构建、环境与生物样本检测、流行病学调查等。剂量－效应关系分析是通过研究不同暴露水平与特定健康效应之间的关联，为风险评估提供基础。风险系数构建则是通过量化不同暴露途径的贡献，帮助人们识别高风险暴露路径，从而指导风险缓解策略的制定。环境与生物样本检测是评估污染物暴露水平的关键环节，包括测定土壤、水体、空气、食物等介质中的污染物含量，以及监测人体组织、血液、尿液等生物样本中污染物的浓度。这些数据的收集与分析，为评估人群暴露水平、识别高风险暴露人群提供了依据。流行病学调查则是对暴露与健康效应之间的关联进行研究，评估特定暴露水平对人群健康的影响程度。通过比较暴露组与非暴露组的健康状况，可以评估污染物暴露对人群健康的影响，为风险评估提供定量依据。

1.2.4 20世纪著名的环境公害事件

工业革命以来，社会生产力迅速发展，人类的活动范围不断扩大，资源消耗和排放的废弃物大量增加，客观认识的局限性和主观疏忽导致了全球范围内的多次环境公害事件，其后续管理体现了人类对于环境化学品、生物因素等引起的疾病从无知到已知、从被动治理到主动控制的发展过程。表1-1列出了20世纪不同性质的环境公害事件。

表1-1 20世纪著名的环境公害事件

时间	地点	事件	后果	毒性分类
1930年12月	比利时马斯河谷	工业烟雾	上千人患有呼吸道疾病，其中63人死亡	急性中毒
1948年10月	美国多诺拉	SO_2烟雾	5911人发病，其中17人死亡	急性中毒
1952年12月	英国伦敦	粉尘、SO_2烟雾	4天4000人异常死亡	急性中毒
1953—1956年	日本水俣市	水产品甲基汞污染	2000多人中毒，其中1004人死亡	慢性中毒、遗传毒性
1955年	美国洛杉矶	光化学烟雾	400多名65岁以上老人异常死亡	急性中毒
1960年	日本富山县	铅锌矿造成稻谷镉污染	骨骼严重畸形、剧痛	慢性中毒
1961年	日本四日市	SO_2大气污染	6000多人患有呼吸系疾病，如哮喘等	急性中毒
1968年	日本北九州市	米糠油加工过程中被高浓度多氯联苯污染	几十万只鸡死亡，13000人食物中毒，其中有人死亡	急性中毒

1.3 全球十大环境问题

1.3.1 全球变暖

全球变暖指的是在一段时间内，地球的大气和海洋温度上升的现象。在1850年前的一两千年，尽管曾经出现中世纪温暖时期与小冰河时期，但是人们相信全球温度是相对稳定的。而根据仪器记录，1860—1900年，全球陆地与海洋温度上升了0.75 ℃。1979年起至今，陆地温度上升的幅度约为海洋的1倍。卫星温度探测数据显示，大气对流层的温度每10年上升0.12～0.22 ℃。2023年11月22日，欧洲联盟气候监测机构哥白尼气候变化服务局（Copernicus Climate Change Service）称，当年11月17日全球平均气温较工业化前的1850—1900年间平均水平高2.07 ℃，是有记录以来全球单日平均气温升温水平首次突破2 ℃。

气候系统的改变来自自然或内部运作及对外来力量的改变作出的反应，这些外来力量包括了人为与非人为因素，譬如太阳活动、火山活动及温室气体。二氧化碳和其他温室气体的含量不断增加，正是全球变暖的人为因素中的主要部分。

1. 碳循环

碳是一种非金属元素，以多种形式广泛存在于大气、地壳和生物之中。在无机环境中，碳主要以碳酸钙形式存在，此外还以煤炭、碳酸镁、碳酸钾、碳酸钠、碳酸氢钠等形式存在。有机碳主要以有机化合物的形式存在，构成了生命的基础。地球上最大的碳库是碳酸盐岩石，其所固定的碳量是海洋的10000倍。大气中的CO_2仅为碳酸盐中的十万分之一，因此很容易受到人为或非人为因素的干扰。

碳在无机环境与生物群落之间以CO_2的形式循环。火山喷发、森林大火以及地表生物或工农业生产所产生的CO_2排放到大气，大气中的CO_2可经过光合作用被同化利用，还可以通过降水回到陆地和海洋（图1–3）。碳元素的循环是生态系统中十分重要的循

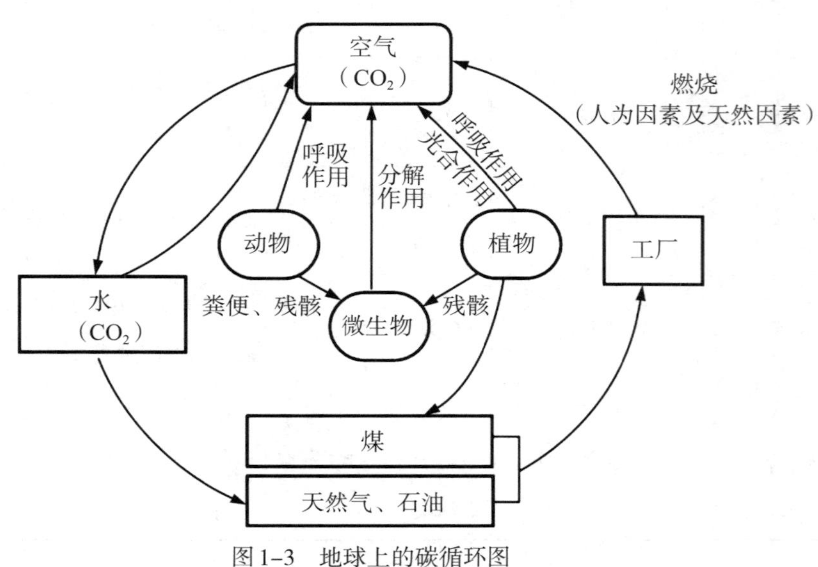

图1–3　地球上的碳循环图

环，这种自然过程是植物、土壤、动物等之间物质和能量的循环，对环境和生态系统产生重要影响。一方面，碳循环维持着植物和动物的活力，保护了生态系统的多样性及其稳定性；另一方面，它可以维持生物圈中水、空气、土壤等环境与生物的生长和发展的平衡状态。

2. 大气中CO_2的变化

地表能够吸收太阳光中的短波辐射，反射地表长波辐射。温室气体能吸收地表长波辐射，使大气变暖，与“温室”作用相似，使地表温度升高。正是由于温室气体的存在，地表温度才能保持在15 ℃左右，而不是−18 ℃。

早在19世纪末就有科学家提出温室气体可能会影响大气温度，但是他们过度相信海洋会吸收大部分增加的CO_2。20世纪50年代，美国斯克利普斯海洋研究所（Scripps Institution of Oceanography）的科学家认为海洋作为碳汇的能力是非常有限的，因为海洋表面水与深层水的混合非常缓慢。于是，查尔斯·大卫·基林（Charles David Keeling）从1956年开始，长期坚持不懈地开展现代气候变化观测和全球碳循环研究。他在位于夏威夷岛的海拔约3400米的莫纳罗亚（Mauna Loa）活火山上设立了4个7 m高和一个27 m高的采样塔，每小时采样4次，对CO_2浓度展开了漫长的连续测量，提供了最为关键和令人信服的证据——基林曲线（Keeling Curve，图1–4）。从此以后，人们发现每年的测量结果不断攀升，数值由1956年的315 mg/m^{3}上升至2024年6月的426.91 mg/m^3（Global Monitoring Laboratory，2024），升幅大约是35.5%，而且这两年的增速还在加快。这一结果也在南极大气成分观测系统和南极冰芯的检测中得到了支持。

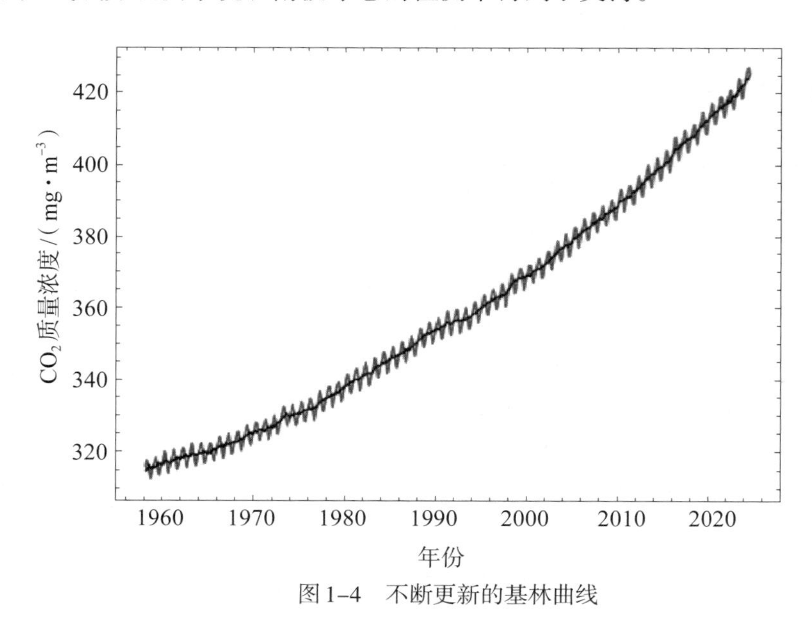

图1–4 不断更新的基林曲线

3. 全球的气候变化及温室气体

CO_2的主要来源是能源生产、工业、农业和畜牧业、交通、商业和住宅建筑等（Climate Central，2022）。除了CO_2，温室气体一般还包括CH_4、N_2O、SF_6、HFCs、

PFCs、H_2O等。

甲烷是一种强大的温室气体，寿命约为12年。在100年的时间尺度上，它的热量捕获效率是二氧化碳的28倍。自工业活动和集约化农业开始以来，甲烷浓度增加了162%以上（Global Monitoring Laboratory，2024）。甲烷约占20世纪气候变化贡献的16%（世界气象组织，2023）。大气中的甲烷主要来源于微生物、化石和热解。微生物的排放主要来自厌氧环境中产甲烷的微生物（产甲烷菌）。这些微生物来自天然湿地和稻田、贫氧淡水水库（如水坝）、反刍动物和白蚁的消化系统以及有机废物沉积物（如粪便、污水和垃圾填埋场）。化石甲烷是经过数百万年的地质过程形成的，它通过自然过程（如陆地渗漏、海洋渗漏和泥火山喷发）以及通过化石燃料的开采（煤炭、石油和天然气）从地下排放到大气中。热解甲烷是由野火期间生物质、土壤碳以及生物燃料和化石燃料的不完全燃烧产生的。湿地和白蚁大约排放了40%的甲烷，反刍动物和水稻种植、化石燃料开采、垃圾焚烧和生物质燃烧等人为源释放了60%的甲烷。

大气中的一氧化二氮（N_2O）的主要来源是土壤、水体中硝化－反硝化细菌的活动，其氨氧化及反硝化过程会释放N_2O。N_2O是强大的温室气体，热量捕获效率是二氧化碳的265倍，贡献了7%的温室效应。N_2O的排放源中自然源占60%、人为源占40%（世界气象组织，2023），其中农田、土壤约排放79%的N_2O，固定燃烧约占6%，工业生产约占5%。2023年，全球N_2O的平均排放量比2001年增加了约6.4%（Global Monitoring Laboratory，2024）。

近代气候转变的成因仍然是热门的研究主题，科学界的共识是人为排放的温室气体是全球变暖的主因，几乎所有的气候学家都同意地球近年来已经变暖的说法。

1.3.2 臭氧层破坏

人类对臭氧的认识始于150多年以前，德国化学家先贝因（Christian F.Schönbein）首次提出水电解及火花放电产生的臭味，同自然界闪电产生的气味相同，先贝因认为其气味难闻，故将其命名为臭氧。臭氧是由氧分子在太阳辐射下离解为氧原子，氧分子、氧原子碰撞后生成的。低空下，紫外线很弱，生成的氧原子很少，难以形成臭氧。在20～25 km高度范围内，既有足够的氧原子也有足够的氧分子，因此臭氧浓度最高。臭氧的密度大于氧气，形成后会逐渐地向臭氧层的底层降落。在降落过程中随着温度的上升，臭氧不稳定性更加明显，在长波紫外线的照射下，臭氧再度还原为氧气。臭氧层保持了这种氧气与臭氧相互转换的动态平衡。

臭氧层由法国科学家法布里（Charles Fabury）于20世纪初发现。它的功能有以下3个。

（1）保护。臭氧层能够吸收太阳光中的波长在306.3 nm以下的紫外线，主要组成是一部分UVB（波长280～320 nm，中波）和全部的UVC（波长＜280 nm，短波）。只有长波紫外线UVA（波长320～400 nm）和少量的中波紫外线UVB能够辐射到地面。长波紫外线对生物细胞的伤害要比中波紫外线轻微得多，但波长为200～315 nm的中、短波紫外线对人体和生物有害，当它穿过平流层时，绝大部分会被臭氧层吸收，从而保护地球上的人类和动植物免遭紫外线的伤害。

（2）加热。臭氧可将紫外线转换为热能，使得大气温度在 50 km 左右的高度有一个峰值，同时地球上空 15～50 km 存在着升温层，这种温度结构对于大气的循环具有重要的影响。

（3）温室气体效应。在对流层上部和平流层底部，即在气温很低的这一高度，如果臭氧减少，则会产生使地面气温下降的动力。

臭氧在大气中的含量随纬度、季节和天气等变化而不同。在北半球，大部分地区的臭氧层厚度在春季最大、秋季最小；高纬地区的臭氧的季节变化更明显，最大臭氧带靠近极地；赤道附近的臭氧是极小值。少风、湿度低、光照强的天气下臭氧浓度高。而在一天当中，清晨的臭氧浓度最低。随着氮氧化物和挥发性有机污染物等臭氧前体物的逐渐累积，在日照（太阳辐射）条件下，臭氧浓度逐渐升高，并在 14 : 00—17 : 00 达到峰值，之后再缓慢降低。

1985 年，科学家们在南极洲上空发现了一个臭氧层空洞，显示臭氧正在从地球的平流层消失。其后科学家们发现，氯氟烃（CFCs，用于制造制冷剂、气溶胶、发泡剂、化工溶剂等）正在导致臭氧层枯竭。这种臭氧层空洞不仅发生在南极洲上空，还发生在世界其他地区。氯氟烃在 20 世纪 60 年代开始大量使用，它易挥发，在紫外光照射下分解出的氯原子，可与臭氧结合，显著消耗了大气中的臭氧。此外，全球变暖后，飓风、台风等极端天气形成的大量云层，会遮蔽来自太阳的紫外光辐射，影响 O_3 的生成。温室气体的释放所造成的热垂直流动也会影响臭氧层的密度，从而加剧了对于臭氧层的破坏。

为解决这个问题，国际社会在 1987 年通过了《蒙特利尔议定书》（*Montreal Protocol*），该议定书对氯氟烃和其他消耗臭氧层的物质的生产和消费做出了严格的管制规定。议定书经过多次修订，旨在逐步淘汰更多的消耗臭氧层的物质。全球 197 个国家都签订了这项协议，使其成为第一个获得普遍批准的联合国条约。为履行该议定书，我国生态环境部于 2024 年 7 月 2 日发布《中国履行〈关于消耗臭氧层物质的蒙特利尔议定书〉国家方案（2024—2030）》（征求意见稿）并公开征求意见。

国际社会采取的行动意味着臭氧层的恢复有了可能。大气中的氯含量在 1993 年达到峰值，随后下降了 11.5%；而溴含量在 1999 年达到峰值，如今已下降了 14.5%，氯和溴含量的下降证明了《蒙特利尔议定书》的有效性（世界气象组织，2023）。2023 年 1 月 9 日公布的联合国报告显示，地球臭氧层空洞正在逐渐愈合，如果保持当前政策，预计到 2040 年、2045 年和 2066 年，世界北极和南极及其他地区上空的臭氧层将恢复到 1980 年臭氧层空洞出现之前的水平。

1.3.3 生物多样性减少

1. 生物多样性的定义

生物多样性是指在一定时间和一定地区所有生物（动物、植物、微生物）物种及其遗传变异和生态系统的复杂性总称。它包括4个层次：功能多样性、遗传（基因）多样性、物种多样性和生态系统多样性。也有学者认为，生物多样性由遗传多样性、物种多样性和生态系统多样性这3个部分组成。生物多样性描述了地球上生命形式的多样性，它包括地球上的动植物，这些生物所栖息的生态系统以及遗传多样性。生物多样性通过提供冗余性和互补性功能，使生态系统对环境变化具有更强大的适应和恢复能力。物种的多样性增加了生态系统的功能特征，这意味着生态系统能够实现更加多样的过程和服务。

（1）功能多样性：生态系统中不同生物所执行的不同生态功能和过程的多样性。这种多样性关乎生态系统运作和提供生态服务的能力。

（2）遗传（基因）多样性：生物个体水平的遗传变异，包括种内个体之间或一个群体内不同个体的遗传变异总和。遗传（基因）多样性是种群适应性变化和进化的基础。

（3）物种多样性：表现动物、植物和微生物之间的差异性，常通过特定地区内的物种数量来衡量，包含了物种的丰富度和物种之间的均匀度或相对丰度。

（4）生态系统多样性：表示地区的生态多样化程度（如森林生态系统、草原生态系统），包括不同的生态系统和生物群落以及它们之间的复杂联系和作用。

2. 人们对生物多样性的认识

“生物多样性”一词最早出现在美国野生生物学家和保育学家雷蒙德（Ramond F. Dasman）的著作《一个不同类型的国度》中，即biological diversity；1980年，洛夫乔伊（Thomas E. Lovejoy）创造了biodiversity，以表述生物多样性；1988年，哈佛大学著名生物学家、生物多样性的最早倡导者之一爱德华·威尔逊（Edward O. Wilson）的著作《生物多样性》对本领域的研究具有里程碑的意义。

关于目前地球上的生物量，以色列魏兹曼科学研究所的生物学家耗时3年作过梳理：以总碳量来估算，生物量一共为550亿吨，其中植物约为450亿吨，占80%；各种微生物约占19%，人类仅占0.01%。虽然如此，人类文明的出现仍然迫使野生动物的总生物量减少85%，并使植物生物量减少了一半（Bar-On等，2018）。据统计，全球有100万个物种的生存正受到威胁（Convention on Biological Diversity，2022），自20世纪50年代以来，全球活珊瑚的覆盖面积减少了一半（Eddy等，2021）。随着海洋不断酸化，冰川正在以惊人的速度融化，严重威胁着海洋生产力。如今，野生动植物的灭绝速度较过去1000万年前快了数十到数百倍。

对生物多样性的破坏也开始对人类社会进行反噬。新型冠状病毒肺炎的暴发即是大自然向我们敲响的警钟，它清楚地表明，破坏生物多样性就是在毁灭支持人类生命存续的系统根基。人类活动侵占了野生动物栖息地，降低了动物种群的遗传多样性，导致气候变化加剧并引发极端天气事件，最终破坏了自然界的微妙平衡，为病毒在动物种群与人类之间的传播创造了条件。

3. 生物多样性减少的原因及后果

生物多样性减少的原因主要包括自然因素和人为因素。

自然因素如火山爆发、台风、火灾、水灾、旱灾等，会造成生物多样性的显著下降。地球自有生命开始，所经历的几次地质和气候变化都引起了重大的物种灭绝，几次小的事件也导致了生物多样性的突然下降，最近的一次是6500年前，白垩纪－古近纪非鸟类恐龙的灭绝。

人为因素包括过度开发和利用自然资源。森林砍伐、农业开垦以及人口剧增、城市扩张等，使自然资源高速消耗。环境污染使敏感性种群消失，使整个种群的遗传多样性水平下降；污染物阻碍生物的正常生长发育，使生物丧失生存或繁衍能力；环境污染还会影响生态系统的各个层次的结构、功能和动态，降低生态系统的初级生产，使生态系统的结构和功能趋于简单化。

人类活动通过促进外来物种的侵入和原生物种的灭绝，在各个尺度上从本地到全球范围内重塑了生物群落结构，进而引发生物多样性的改变。例如，中国的大闸蟹早在1900年就开始“移民”到欧洲。1912年，德国官方首次报告了这种中国特有的大闸蟹的发现。1933年，德国科学家经调查后认为，大闸蟹是通过商船的压舱水从中国“移民”到欧洲的。这种“什么都吃”的八脚猛士开始在欧陆江河横行，对本土物种构成严重的生存威胁，从而成为德国地区唯一的淡水蟹种。亚洲的鲤鱼也在美国的密西西比河及其支流泛滥成灾，最初引进它是为了清理美国南部鲶鱼池的海藻，但这种以底栖动物为主要食物的鱼类很快长成重量超过100磅的大鱼，破坏了当地的生态系统。

为保护生物多样性，防止外来物种的入侵，我国农业农村部、自然资源部、生态环境部、住房和城乡建设部、海关总署、国家林业和草原局于2022年12月联合制定并发布了《重点管理外来入侵物种名录》，其中包含入侵植物33种，如原产于南美洲的水陆两栖多年生草本植物空心莲子草（Alternanthera philoxeroides）和凤眼莲（Eichhornia crassipes），它们在我国用作猪饲料，结果成为入侵物种。它们疯狂生长、覆盖水面、阻塞河道、影响航运，并加重了水体富营养化，大量消耗水中的溶解氧，导致鱼虾等水生生物数目减少，严重影响水产养殖业。

4.《生物多样性公约》

20世纪80年代以后，人们在开展自然保护的实践中逐渐认识到，自然界中各个物种之间、生物与周围环境之间都存在着十分密切的联系，因此自然保护仅仅着眼于物种本身是远远不够的，是难以取得理想的效果的。要拯救珍稀濒危物种，不仅要对所涉及的物种的野生种群进行重点保护，而且要保护好它们的栖息地。或者说，需要对物种所在的整个生态系统进行有效的保护。

《生物多样性公约》（*Convention on Biological Diversity*）是一项保护地球生物资源的国际性公约，在1992年6月1日由联合国环境规划署发起的政府间谈判委员会第七次会议上通过，并于1992年6月5日在巴西里约热内卢举行的联合国环境与发展大会上签署，于1993年12月29日正式生效。这是一项有法律约束力的公约，旨在保护濒临灭绝的植物和动物，最大限度地保护地球上多种多样的生物资源，以造福当代和子孙后代。

《生物多样性公约》规定，发达国家将以赠送或转让的方式向发展中国家提供新的补充资金，以补偿它们为保护生物资源而日益增加的费用，并且应以更实惠的方式向发展中国家转让技术，从而为保护世界上的生物资源提供便利；签约国应为本国境内的植物和野生动物编目造册，制定保护濒危动植物的计划；应建立金融机构以帮助发展中国家实施清点和保护动植物的计划；使用另一个国家自然资源的国家要与那个国家分享研究成果、盈利和技术。

基于预防原则，《生物多样性公约》为决策者提供一项指南：当生物多样性显著地减少时，不能以缺乏充分的科学定论作为不采取措施避免或减少这种威胁的借口。《生物多样性公约》确认保护生物多样性需要实质性投资，但是同时强调，保护生物多样性应该给环境、经济和社会带来显著的回报。

1.3.4 酸雨蔓延

1. 酸雨的形成条件

酸雨是指雨、雪、雹、雾等降水的 $pH < 5.6$，我国中东部的绝大部分地区都经受过酸雨的侵蚀。按照 pH 值，酸雨被划分为较弱酸雨、弱酸雨、强酸雨和特强酸雨。酸雨频率可分为酸雨偶发、酸雨少发、酸雨多发、酸雨频发和酸雨高发。酸雨的主要成分是硫酸（H_2SO_4）和硝酸（HNO_3），主要成因包括自然因素和人为活动。当大气中含有 SO_2 和NO时，它们在空气中发生如下的反应：

$$SO_2 + H_2O = H_2SO_3$$

$$2H_2SO_3 + O_2 = 2H_2SO_4$$

$$2NO + O_2 = 2NO_2$$

$$3NO_2 + H_2O = 2HNO_3 + NO$$

硫氧化物的天然来源包括海洋雾沫、土壤中有机体腐败释放的硫化物、火山爆发释放的大量 SO_2 以及火灾中木材释放的微量硫。氮氧化物的天然来源包括高空闪电时氮气的氧化、土壤中某种细菌的硝酸盐转化过程。

人为排放是生成酸雨的物质的主要来源，煤、石油、天然气等化石燃料的燃烧过程会释放大量的 SO_2、NO_x，汽车尾气中的 NO_x 量远超自然源的排放量。

2. 酸雨的地区分布及危害

20世纪以来，随着耗煤量的增加、SO_2 排放量的不断增长，全世界的酸雨污染范围日益扩大，从北美和欧洲逐渐扩展到印度、中国和东南亚等国家和地区。

酸雨会刺激呼吸道黏膜，增加呼吸系统疾病的致死率；酸雨导致的水体 pH 的下降会影响湖泊、溪流中的水生生物；酸雨会破坏、腐蚀金属、石雕、壁画、玻璃等建筑设施及材料；酸雨导致的土壤 pH 的下降会加速有害金属的溶出，使其更容易进入食物链，还会抑制土壤微生物的活性、诱发植物疾病、降低收成等。

1.3.5 森林锐减

森林是陆地生态系统的主体，对于维持陆地生态平衡起着决定性的作用。全球1/3的土地被森林覆盖，总面积达40.6亿公顷。但是，近100多年来，人类对森林的破坏达到了十分惊人的程度。1990年以来，原始森林面积减少了8100万公顷，2010—2020年间，非洲森林净流失速度达到390万公顷/年，南美洲为260万公顷/年（联合国粮食及农业组织，2023）。森林锐减，“地球之肺”持续萎缩。

人类活动是森林面积减少的最主要原因，包括过度采伐森林、过度放牧、扩张农田等。经济发展和城市化需要大量的土地资源来建设住房、工厂等，降低了森林覆盖率；人口的增加导致对土地资源的需求增加，从而加剧了森林破坏；政府大力发展农业，导致森林被开发并用于农业发展。在一些发展中国家，非法砍伐是森林锐减的另一个重要因素。此外，一些特定地区的特定问题也需要考虑，例如农业耕地扩张、无序采矿、修路、建房等导致了巴西亚马逊雨林被破坏。这些活动不仅破坏了生态系统，还导致土地退化和水土流失。此外，全球变暖和降雨模式的改变，也使得森林遭受病虫害、干旱、荒漠化、火灾等自然灾害，进而导致森林覆盖面积减少。

近年来，我国在森林资源增长方面取得了显著成就，但与世界平均水平还有较大差距，据国家林业和草原局统计，2021年我国森林面积为2.31亿公顷，森林覆盖率为24.02%，低于世界平均水平近10%，人均森林面积、人均森林蓄积量分别只有世界平均水平的1/4和1/7，而且森林质量（每公顷蓄积量和年生长量）还有很大的提升空间。因此，我们必须采取多种措施来保护林木资源：

①通过植树造林来增加森林面积，同时加强对现有森林资源的保护；

②通过立法和执法，严格控制林木砍伐量，杜绝非法伐木行为；

③通过发展科技研究出木材的替代品，减少对自然森林的依赖；

④停止在林地种植农作物，恢复林地原貌，以减缓林地面积减少的速度；

⑤通过教育宣传，使公众认识到保护森林资源的重要性，鼓励使用环保材料，减少对木材的依赖；

⑥在国际和国家两个层次上建立木材认证和标识制度，规范国际木材交易行为，确保在国际市场上交易的木材均是出自可持续经营的森林；

⑦对于一些不可避免的木材需求，可通过种植速生林来满足，如速生桉、速生杨、马尾松等，这些树种能够在较短的时间内提供木材，减少对天然林的依赖。

森林的可持续发展对于生态系统的重要性还体现在其强大的固碳效应方面。最新调查结果显示，我国陆地生态系统固碳能力巨大。2021年，我国林草系统固定了约7200亿立方米的水源和12.4亿吨二氧化碳，承担着我国生态建设和陆地碳汇的主体功能（冯丽妃，2023）。但目前六大林区各自面临着不同的挑战，如东北地区过度采伐，植物种质资源流失；华北地区人口密度大，森林生态空间不足；西北地区生态脆弱，过往大规模高密度植树造林导致土壤干化；华中与东南地区林区以用材林为主，防护林较少；占中国陆地碳汇近1/3的西南地区林地质量差，造林难度大；华南地区森林生产力仍无法满足区域发展需求。中国科学院地理科学与资源研究所的于贵瑞院士认为，克服这种困境的关键在于将森林生态建设纳入国民经济体系，要兼容过往的森林利用与林业经济；森林生态建设必须符合商品价值的规则，把生态系统管理作为一个综合体系，让不同利益群体参与进来，完善机构、政策、制度、法规、科技支撑手段，这样才能让好的理念在基层得到落实。

1.3.6 土地荒漠化

1. 全球及我国土地荒漠化的现状

土地荒漠化是由气候变化和人类不合理的经济活动等因素引起，这些因素使干旱、半干旱和具有干旱灾害的半湿润地区的土地发生了退化，也叫"沙漠化"。土地荒漠化是影响人类生存和发展的全球性重大生态问题。6 月 17 日是世界防治荒漠化和干旱日，提醒全世界的人们重视土地荒漠化等土地退化问题。

1994 年，多个国家共同在法国巴黎签署了《联合国防治荒漠化公约》(*United Nations Convention to Combat Desertification*)，其秘书处在 2024 年初发布的公报显示，全球 40% 的土地已经退化，影响到全球近一半的人口。全球每秒钟有 4 个足球场大小的健康土地退化，每年退化的土地面积达到 1 亿公顷（联合国防治荒漠化公约秘书处，2024)。

世界面积最大的沙质地表——撒哈拉沙漠更是严峻的土地荒漠化问题的典型代表，环绕在撒哈拉沙漠周围的多个国家都承受着荒漠化带来的巨大压力。调查结果显示，埃及和阿尔及利亚的土地荒漠化面积均占其国土总面积的 94% 以上；蒙古 75% 的土地为半干旱草地，也是全球土地荒漠化最严重的国家之一。

中国的土地荒漠化形势十分严峻，中国是世界上土地荒漠化严重的国家之一，荒漠化土地主要分布在东北、华北北部和西北地区，全国 84% 的沙化土地、八大沙漠、四大沙地都分布在"三北"。全国沙漠、戈壁和沙化土地普查及荒漠化调研结果表明，中国荒漠化土地面积为 168.78 万平方公里，占国土面积的 17.58%，近 4 亿人口受到土地荒漠化的影响（国家林业和草原局，2022)。中国、美国、加拿大国际合作项目研究结果显示，中国因土地荒漠化造成的直接经济损失约为 541 亿元。中国荒漠化土地中，风蚀荒漠化土地面积最大，为 160.7 万平方公里（国土资源部，2014)。

2. 土地荒漠化的危害

土地荒漠化不仅会造成农业生产减少，威胁粮食安全，还会造成水质和水供应情况恶化，影响水安全。水安全状况恶化又可能导致传染病暴发，威胁人类健康。土地退化还会加剧气候变化：森林砍伐、泥炭地变干、过度耕种和放养等，都可能增加温室气体排放，加剧气候变化。反之，气候变化又可能通过干旱、高温等极端天气，导致已退化土地的水土流失加速、森林火灾风险上升、病虫害分布改变等。

此外，土地荒漠化的危害还包括破坏生物多样性，导致生态系统为人类提供的服务丧失；增加沙尘暴、洪水和山体滑坡风险，带来很高的社会经济成本和导致人类生命损失；让更多的人直接接触危险的空气、水和土壤污染，影响人类身心健康；引发暴力冲突和人口迁移，破坏社会经济稳定……荒漠化等土地退化问题严重影响全球可持续发展，威胁人类安全。

沙尘暴天气的源地主要有撒哈拉沙漠，北美中西部和澳大利亚也是沙尘暴天气的源地之一。1933—1937年，由于严重干旱，北美中西部就有过著名的碗状沙尘暴。中国北方地区沙尘暴越来越频繁，且强度大、范围广。1993年5月5日，新疆、甘肃、宁夏先后发生强沙尘暴，造成116人死亡或失踪、264人受伤、几万头牲畜死亡、33.7万公顷农作物受灾、直接经济损失5.4亿元。1998年4月15—21日，一场强沙尘暴席卷中国干旱、半干旱和亚湿润地区，途经新疆、甘肃、宁夏、陕西、内蒙古、河北和山西；4月16日，飘浮在高空的尘土在京津和长江下游以北地区沉降，导致大面积浮尘天气。其中北京、济南等地因浮尘与降雨云系相遇，导致“泥雨”从天而降。宁夏银川因连续下沙子，飞机停飞，当地居民连呼吸都觉得困难。从公元前3世纪到1949年，中国西北地区共发生有记载的强沙尘暴70次，平均31年发生一次，而近50年已发生71次（国土资源部，2014）。

3. 成因

土地荒漠化成因可分为两类，即自然成因和人为成因。其中土地荒漠化的自然成因可以归纳为两点：一是全球气候变化异常，特别是中纬度地区的气候正朝暖、干的方向发展，使大的生态背景有利于土地荒漠化的发生；二是不利的自然因素，如气候干旱、降水变率大、土壤沙粒含量高及土壤疏松、土壤易于移动等，特别是强劲频繁的起沙风为荒漠化的发生提供了强大的动力。土地荒漠化现象在人类进入20世纪以后发展尤为迅速。目前对荒漠化的人为成因有比较统一的认识，那就是人口压力的持续增长和滥垦、滥牧、滥樵等现象的普遍存在，造成植被破坏、荒漠化迅速发展。

1.3.7 大气污染

大气污染是由于人类活动或自然过程引起某些物质进入大气中，呈现出足够的浓度，达到足够的时间，并影响人类的舒适、健康和福利或环境的现象。

大气污染物由人为源或者天然源进入大气（输入），参与大气的循环过程，经过一定的滞留时间之后，又通过大气中的化学反应、生物活动和物理沉降从大气中去除（输出）。如果输出的速率小于输入的速率，污染物质就会在大气中集聚，造成大气中该物质的浓度升高。当浓度升高到一定程度时，污染物质就会直接或间接地对人、生物或材料等造成急性、慢性危害，大气就被污染了。大气污染的成因有自然因素（如火山爆发、森林灾害、岩石风化等）和人为因素（如工业废气、燃料、汽车尾气和核爆炸等），尤以后者为甚。

大气污染物既包括粉尘、烟、雾等小颗粒状的污染物，也包括二氧化碳、一氧化碳等气态污染物，已知的大气污染物约有100多种。按其存在状态，大气污染物可分为两大类：一类是气溶胶状态污染物，另一类是气体状态污染物；若按形成过程分类，则可分为一次污染物和二次污染物。一次污染物是指直接由污染源排放的污染物质，二次污染物则是由一次污染物经过化学反应或光化学反应形成的与一次污染物的物理化学性质完全不同的新的污染物，其毒性一般比一次污染物强。

大气污染物对呼吸系统、皮肤系统的强烈刺激和损害是人们最初体验到的危害，随后人们才逐步发现了大气污染物对工农业生产的各种危害以及对天气和气候产生的不良影响。例如，大气中的各种污染物对工业材料、设备、建筑设施的腐蚀；污染物通过干湿沉降进入土壤和水体，对动植物和水生生物产生毒害。此外，大气污染物还会降低能见度、减少太阳光的辐射量、分解臭氧造成臭氧层空洞，尤其是大气中 CO_2 等气体浓度的升高可引发温室效应，对全球气候带来许多不利影响。

1.3.8 水体污染

水体污染是指排入水体的污染物在数量上超过了该物质在水体中的本底含量和自净能力（即水体的环境容量），破坏了水中固有的生态系统，破坏了水体的功能及其在人类生活和生产中的作用，降低了水体的使用价值和功能的现象。

造成水体污染的原因是多方面的，主要原因有以下几个方面。

1. 工业污染源

工业企业排出的生产过程中使用过的废水是对水体产生污染的最主要污染源。根据污染物的性质，工业废水可分为：①含有机物的废水，如造纸、制糖、食品加工、染织等工厂排放的废水；②含无机物的废水，如火力发电厂的水力冲灰废水、采矿工业的尾矿水以及采煤炼焦工业的洗煤水等；③含有毒的化学物质的废水，如化工、电镀、冶炼等工序产生的工业废水；④含有病原体的工业废水，如生物制品厂、制革厂、屠宰厂废水；⑤含有放射性物质的废水，如原子能发电厂、放射性矿加工厂、核燃料加工厂废水；⑥生产用冷却水，如热电厂、钢铁厂废水。

2. 生活污染源

生活污染源指城市居民在日常生活中排放的各种污水，如用于洗涤衣物、沐浴、烹调、冲洗大小便器等的污水，其数量、浓度与生活用水量有关。生活污水中的腐败有机物排入水体后，使污水呈灰色，透明度低，有特殊的臭味，含有有机物、洗涤剂的残留物、氯化物、磷、钾、硫酸盐等。

3. 农业污染源

农业污染源主要指农药和化肥的不正确使用造成的污染，如长期滥用有机氯农药和有机汞农药，导致地表水污染，使水生生物、鱼贝类有较高的农药残留。经生物富集，人类食用被污染的水产品会危害健康和生命。

4. 其他污染源

油轮漏油或者发生事故（或突发事件）会导致石油油膜覆盖水面，使水生生物大量死亡，这些死亡的生物残体分解又可造成水体污染。工业生产过程中产生的固体废弃物含有大量的易溶于水的无机物和有机物，被雨水冲淋后也可造成水体污染。

事实上，水体不只受到一种类型的污染，而是同时受到多种类型的污染，并且各种污染互相影响，不断地产生分解、化合或生物沉淀作用。水体污染会危害人体健康、降低农作物产量和质量、影响渔业生产和工业发展、危害生态环境，并造成经济损失。

1.3.9 海洋污染

海洋面积辽阔，储水量巨大，因而长期以来是地球上最稳定的生态系统。由陆地流入海洋的各种物质被海洋接纳，而海洋本身却没有发生显著的变化。然而近几十年，随着世界工业的发展，海洋污染也日趋严重，局部海域环境发生了很大变化。

人类活动直接或间接地把物质或能量引入海洋环境，造成或可能造成损害海洋生物资源、危害人类健康、妨碍捕鱼和其他合法活动、影响海水的正常使用和降低海洋环境的质量等有害影响。

海洋污染物包括：①石油及其产品。②金属、非金属元素和酸、碱，包括铬、锰、铁、铜、锌、银、镉、锑、汞、铅等金属，磷、砷等非金属。它们直接危害海洋生物的生存和影响海洋生物的利用价值。③农药，主要由径流带入海洋，对海洋生物有危害。④放射性物质，主要来自核爆炸、核工业或核舰艇的排污。⑤有机废液和生活污水，由径流带入海洋，极严重的污染可导致赤潮。⑥热污染和固体废物，主要包括工业冷却水和工程残土、垃圾及疏浚泥等，前者入海后能提高局部海区的水温，使溶解氧的含量降低，影响生物的新陈代谢，甚至使生物群落发生改变；后者可破坏海滨环境和海洋生物的栖息环境。

海洋污染的特点是污染源多、持续性强、扩散范围广、难以控制。海洋污染造成的海水浑浊严重影响海洋植物（浮游植物和海藻）的光合作用，从而影响海域的生产力，对鱼类也有危害。重金属和有毒有机化合物等有毒物质在海域中累积，并通过海洋生物的富集作用，对海洋动物和以其为食的其他动物造成毒害。石油污染在海洋表面形成面积广大的油膜，阻止空气中的氧气溶解于海水中，同时石油的分解也消耗水中的溶解氧，造成海水缺氧，对海洋生物产生危害，并祸及海鸟和人类。氮磷超标引起的赤潮（海水富营养化的结果），可造成海水缺氧，导致海洋生物死亡。海洋污染还会破坏海滨旅游资源。因此，海洋污染引起国际社会越来越多的重视。

1.3.10 固体废物污染

1. 固体废物的定义

固体废物是指人类在生产、消费、生活和其他活动中产生的固态、半固态废物。国外对于固体废物的定义则更加广泛，动物活动产生的废弃物也属于此类，通俗地说，固体废物就是“垃圾”，主要包括固体颗粒、垃圾、炉渣、污泥、废弃的制品、破损器皿、残次品、动物尸体、变质食品、人畜粪便等。固体废物按来源大致可分为生活垃圾、农业固体废物、建筑废料及弃土、一般工业固体废物和危险废物。

生活垃圾是指在人们日常生活中产生的废物，包括食物残渣、纸屑、灰土、包装物、废品等。农业固体废物主要包括农作物收获和加工过程中产生的秸秆、糠皮、山茅草、木屑、刨花等。建筑固体废物主要包括在施工、拆除、修缮中产生的渣土、弃土、弃料、淤泥及其他废弃物。一般工业固体废物包括粉煤灰、冶炼废渣、炉渣、尾矿、工业水处理污泥、煤矸石及工业粉尘。危险废物是指易燃、易爆或具有腐蚀性、传染性、放射性的有毒有害废物。除固态废物外，半固态、液态危险废物在环境管理中通常被划入危险废物一类进行管理。

固体废物具有两重性，也就是说，在一定时间、地点，某些物品因对用户不再有用或用户不需要而被丢弃，成为废物；但对于其他用户而言或者在某种特定条件下，废物可能成为有用的甚至是必要的原料。固体废物污染防治正是利用这一特点，力求使固体废物“减量化、资源化、无害化”。

固体废物还有来源广、种类多、数量大、成分复杂的特点。因此防治工作的重点是按废物的不同特性分类收集、运输和贮存，然后进行合理利用和处理处置，减少环境污染，尽量变废为宝。

2022 年，全国一般工业固体废物产生量为 41.1 亿吨，危险废物产生量为 9541 万吨，分别比上年增加 3.5% 和 10.3%；工业固体废物综合利用量为 23.7 亿吨，综合利用率为 57.7%，比上年增加 14.8 个百分点。2022 年，全国生活垃圾清运量为 2.44 亿吨，比上年减少 1.7%（国家统计局，2022；国家统计局，2023）。

2. 固体废物的危害

对土壤来说，固体废物长期露天堆放，其有害成分在地表径流和雨水的淋溶、渗透作用下，可通过土壤孔隙向四周和纵深的土壤迁移。在迁移过程中，有害成分要经受土壤的吸附和其他作用。通常，由于土壤的吸附能力强和吸附容量很大，随着渗滤水的迁移，有害成分在土壤固相中呈现不同程度的积累，导致土壤成分和结构的改变，并间接对生物与土壤中的植物产生了污染，有些土地甚至无法耕种。

对大气来说，废物中的细粒、粉末随风扬散；废物运输及处理过程因缺少相应的防护和净化设施而释放有害气体和粉尘；堆放和填埋的废物以及渗入土壤的废物，经挥发和反应放出有害气体。例如，焚烧炉运行时会排出颗粒物、酸性气体、未燃尽的废物、重金属与微量有机化合物等。石油化工厂油渣露天堆置，则会有一定数量的多环芳烃生成且挥发。填埋在地下的有机废物分解会产生二氧化碳、甲烷（填埋场气体）等气体，如果任其聚集可能引发火灾，甚至爆炸。

对水体来说，如果将有害废物直接排入江、河、湖、海等地，或是露天堆放的废物通过地表径流进入水体，或是飘入空中的细小颗粒，通过降雨的冲洗沉积和凝雨沉积以及重力沉降和干沉积而落入地表水系，水体都可溶解有害成分，从而毒害生物，造成水体严重缺氧、富营养化，导致鱼类死亡等。有些未经处理的垃圾填埋场或垃圾箱，经雨水的淋滤作用或废物的生化降解产生的沥滤液，含有高浓度悬浮固态物和各种有机与无机成分。如果这种沥滤液进入地下水或浅蓄水层，污染就变得难以控制。稀释与清除地下水中的沥滤液比地表水中的要慢许多，沥滤液可以使地下水在不久的将来变得不能饮用，使一个地区变得不能居住。

某些发达国家在海洋中处置工业废物、污泥，这给海洋环境带来各种不良影响。有些向海洋倾倒废物的地区已出现了生态体系的破坏，如固定栖息的动物群体数量减少。来自污泥中过量的碳与营养物可能会导致海洋浮游生物大量繁殖、水体富营养化和缺氧。微生物群落的变化会影响以微生物群落为食的鱼类的数量减少。从污泥中释放出来的病原体、从工业废物释放出来的有毒物对海洋中的生物有致毒作用，这些有毒物可以经生物积累转移到人体中，并最终影响人类健康。

对人体来说，固体废物以大气、水、土壤为媒介由呼吸道、消化道或皮肤进入人体，使人致病。

思考题

1. 气候变暖与臭氧层破坏、生物多样性减少、酸雨蔓延、森林锐减、土地荒漠化、大气污染等的关系。

2. 臭氧层厚度随季节、纬度的变化规律是什么？

3. 如何阻止生物多样性破坏、森林锐减和土地荒漠化？

4. 人类如何平衡追求高品质生活与生态环境保护之间的关系？

5. 寻找你身边的环境公害，分析其产生的原因并提出解决方案。

参考文献

[1] Climate Central. Peak CO_2 & heat-trapping emissions[EB/OL].(2022-05-04)[2024-07-28]. https://www.climatecentral.org/climate-matters/peak-co2-heat-trapping-emissions.

[2] 哥白尼气候变化服务局. European state of the climate[EB/OL].(2022-05-04)[2024-08-05]. https://climate.copernicus.eu/esotc/2023/surface-air-temperature.

[3] Convention on Biological Diversity. Kunming-Montreal Global Biodiversity Framework[EB/OL].(2022-12-19)[2024-07-28]. https://www.cbd.int/doc/decisions/cop-15/cop-15-dec-04-en.pdf.

[4] Energy Insitute. Statisstical Review of World Energy 2024[EB/OL].(2024-06-26)[2024-08-05]. https://www.energyinst.org/statistical-review.

[5] Global Monitoring Laboratory. Trends in CO_2, CH_4, N_2O, SF_6[EB/OL].(2024-07-05)[2024-07-28]. https://gml.noaa.gov/ccgg/trends/

[6] EDDY T D, LAM V W Y, GABRIEL R, et al. Global decline in capacity of coral reefs to provided ecosystem services[J]. One Earth, 2018, 4(9): 1278-1285.

[7] YINON M B, ROB P, RON M. The biomass distribution on Earth[J]. Proceedings of the National Academy of Sciences, 2018, 115(25): 6506-6511.

[8] 百度百科. 致癌因素[EB/OL].(2023-09-25)[2024-08-05]. https://baike.baidu.com/item/致癌因素/3129161?fr=ge_ala.

[9] 冯丽妃. 森林生态建设如何“叫好又叫座”[EB/OL].(2023-09-22)[2024-07-29]. https://news.sciencenet.cn/sbhtmlnews/2023/9/376404.shtm.

[10] 国土资源部. 中国因荒漠化造成直接经济损失约541亿元[EB/OL].(2014-06-13)[2024-08-05]. http://news.cnr.cn/special/lszg/kj/20140613/t20140613_515663335.shtml.

[11] 联合国粮食及农业组织. 绘制畜牧业是水稻产业甲烷减排路线[EB/OL].(2023-09-25)[2024-07-28]. https://www.fao.org/newsroom/detail/mapping-ways-to-reduce-methane-emissions-from-livestock-and-rice/zh.

［12］联合国防治荒漠化公约秘书处 . 为了土地联合起来：我们的遗产，我们的未来［EB/OL］.（2024-01-21）［2024-07-29］. https://www.unccd.int/sites/default/files/2024-02/Press%20release%20DDD2024%20Slogan%20announcement-chi.pdf.

［13］美国宇航局 . NASA Ozone Watch［EB/OL］.（2024-07-22）［2024-07-28］. https://ozonewatch.gsfc.nasa.gov/

［14］国家林业和草原局 . 国土绿化重点调整 森林面积与质量并重［EB/OL］.（2023-10-28）［2024-07-29］. https://www.forestry.gov.cn/c/www/xwyd/530550.jhtml.

［15］国家林业和草原局 . 全国防沙治沙规划（2021—2030）［EB/OL］.（2022-12-22）［2024-07-29］. https://www.forestry.gov.cn/u/cms/www/202309/07095259ryab.pdf.

［16］国家统计局 . 中国统计年鉴（2023）［M］. 北京：中国统计出版社，2023.

［17］国家统计局 . 中国统计年鉴（2022）［M］. 北京：中国统计出版社，2022.

［18］人民法院报 . 日本死伤最惨重恐怖袭击：东京地铁沙林毒气事件［EB/OL］.（2018-07-07）［2024-08-05］. https://mp.weixin.qq.com/s.

［19］世界环境 . Los Angeles Smog Incident［EB/OL］.（2024-07-02）［2024-07-28］. http://www.chinaeol.net/zyzx/sjhjzz/zzlm/rl/201101/t20110126_535755.shtml.

［20］世界气象组织 . 温室气体浓度再创新高［EB/OL］.（2023-11-15）［2024-07-28］. https://wmo.int/zh-hans/news/media-centre/wenshiqitinongduzaichuangxingao.

［21］张子睿 . 我国首次光化学烟雾污染事件［EB/OL］.（2021-07-28）［2024-08-05］. https://mp.weixin.qq.com/s.

第2章　微量元素与人体健康

2.1　元素

2.1.1　元素思想的起源

元素思想的起源很早，西方第一位哲学家泰勒斯认为宇宙万物都是由水这种基本元素构成，水可以变成硬如石头的固体，也可以变成看不到摸不到却无所不在的气体，因此它的变化包含了所有物质的存在状态。希腊数学家、哲学家毕达哥拉斯提出了最初的“水、气、土、火”四元素学说，而这四者又由“冷、热、燥、湿”四种基本物性两两组合而成。虽然德谟克利特提出了“原子论”，但四元素学说经过亚里士多德的解说后更易理解而被广泛接受。亚里士多德提出四种元素可以相互转化，例如经过冷热干湿的操作可将普通金属变成黄金，于是这一学说成为中世纪炼金术的理论基础。

公元前1500年到公元1650年，炼丹术士和炼金术士们在皇宫、在教堂、在自己的家里、在深山老林的烟熏火燎中，为求得使人长生不老的仙丹和使人荣华富贵的黄金，开始了最早的化学实验。古代炼丹方法主要分为水法和火法两类。水法是将金石等药物溶解于液体的修炼方法。火法是将金石等药物置于容器内并用火加热的修炼方法，大致包括锻（长时间高温加热）、炼（干燥物质的加热）、炙（局部烘烤）、熔（熔化）、抽（蒸馏）、飞（又叫升，就是升华）、伏（加热使药物变性）等方法。记载、总结炼丹术的书籍，在中国、阿拉伯、埃及、希腊都有不少。这一时期积累了许多物质间的化学变化，为化学的发展准备了丰富的素材。巧合的是，东西方的炼金术士们都对水银产生了兴趣，西方的炼金术士们认为水银是一切金属的共同性——金属性的化身。他们所认为的金属性是一种组成一切金属的“元素”，因此关于它的化学反应和化合物的研究最多。

随着时代的进步和科学的发展，人们开始认真地质疑四元素学说。英国化学家波义耳（Robert Boyle）在1661年发表《怀疑派的化学家》，对古代元素学说进行了批判。他提出，元素应该是指既不能由其他物质生成，也不能相互转换，无法再分解的某种原始、简单的东西。他还提出，元素的种类有很多，什么东西能被算作元素，要用实验来确定。其后，英国科学家普利斯特里和瑞典化学家舍勒首先发现了氧气。法国科学家拉瓦锡在1774年前后通过著名的“二十天实验”确定了空气由氧气和氮气组成，且比例为1 : 4。他最先提出了元素的定义、物质守恒（不灭）定律，给出了氧与氢的命名，预测了硅的存在，并发表了第一个包含33种元素的元素周期表。拉瓦锡的贡献促使18世纪的化学更加物理化及数学化。

2.1.2 化学元素发现史

随着人类对自然界的认识的加深、新技术的诞生、新材料的开发，元素的研究成果日益丰富。目前的元素周期表中已有118种元素，其中92种为自然界原有，26种为人工合成。元素的发现和制得体现了人类的文明和智慧，科学家们对地球化学元素的分布进行分析，也为宇宙及恒星的运动、地球的形成、生命的起源和演化等的研究奠定了基础。

1. 元素周期表

1869年，门捷列夫发现并整理了包含了63种元素的元素周期表（图2-1）。他将元素按原子量[①]的大小排列起来，这些元素会呈现明显的周期性；他认为原子量的大小决定了元素的性质，并可根据元素周期律修正已知元素的原子量。

			Ti = 50	Zr = 90	? = 180
			V = 51	Nb = 94	Ta = 182
			Cr = 52	Mo = 96	W = 186
			Mn = 55	Rh = 104.4	Pt = 197.4
			Fe = 56	Ru = 104.4	Ir = 198
			Ni = Co = 59	Pd = 106.6	Os = 199
H = 1			Cu = 63.4	Ag = 108	Hg = 200
	Be = 9.4	Mg = 24	Zn = 65.2	Cd = 112	
	B = 11	Al = 27.4	? = 68	Ur = 116	Au = 197?
	C = 12	Si = 28	? = 70	Sn = 118	
	N = 14	P = 31	As = 75	Sb = 122	Bi = 210?
	O = 16	S = 32	Se = 79.4	Te = 128?	
	F = 19	Cl = 35.5	Br = 80	I = 127	
		K = 39	Rb = 85.4	Cs = 133	Tl = 204
Li = 7	Na = 23	Ca = 40	Sr = 87.6	Ba = 137	Pb = 207
		? = 45	Ce = 92		
		?Er = 56	La = 94		
		?Yt = 60	Di = 95		
		?In = 75.6	Th = 118?		

图2-1 门捷列夫的元素周期表

在那之后，经过无数科学家的努力，形成了现在包括118种元素的元素周期表。每种元素的发现时间及其发现者见表2-1。

表2-1 元素发现者与发现时间

时间	元素名称	发现者/制得者
—	碳C	古人发现
	铝Al	中国古人发现
	硫S	古人发现，拉瓦锡（法）确定为一种元素

① 原子量基准的选择是测定原子量的重要基础。最早的原子量基准是道尔顿提出的氢的原子量=1。接着贝采里乌斯以氧的原子量=100为基准。1860年，斯达提出O=16为基准，这一基准很快得到公认并在化学领域沿用了整整一个世纪（1860—1960年）。

续表

时间	元素名称	发现者/制得者
—	铁 Fe	古人发现
	镍 Ni	中国古人发现，克朗斯塔特（瑞典）首先认为它是一种元素
	铜 Cu	古人发现
	锌 Zn	中国古人发现
	银 Ag	古人发现
	锡 Sn	古人发现
	锑 Sb	古人发现
	铅 Pb	古人发现
	金 Au	古人发现
	汞 Hg	古希腊人发现
	铋 Bi	古人发现，埃洛（法）制得，日夫鲁瓦（法）确认
	铂 Pt	古人发现并制得
317	砷 As	葛洪（中）制得，后来拉瓦锡（法）确认为一种新元素
1669	磷 P	波兰特（德）发现并制得
1722	氮 N	舍勒（瑞典）、卢瑟福（丹麦）发现，拉瓦锡（法）确认
1735	钴 Co	布兰特（瑞典）发现并制得
1766	氢 H	卡文迪许（英）发现
1774	氧 O	普利斯特里（英）、舍勒（瑞典）各自发现
	氯 Cl	舍勒（瑞典）发现，戴维（英）确认
	锰 Mn	舍勒（瑞典）发现，甘恩（德）制得
1778	钼 Mo	舍勒（瑞典）发现，盖尔姆（瑞典）制得
1781	钨 W	舍勒（瑞典）发现并制得
1782	碲 Te	缪勒（奥）发现并制得
1787	硅 Si	拉瓦锡（法）发现，贝采尼乌斯（瑞典）于1823年制得
1789	锆 Zr	克拉普鲁特（德）发现，贝齐利阿斯（瑞典）制得
	铀 U	克拉普鲁特（德）发现并制得
1791	钛 Ti	格列戈尔（英）发现，亨特（美）制得

续表

时间	元素名称	发现者/制得者
1797	铬 Cr	沃克兰（法）发现并制得
1798	铍 Be	
1801	铌 Nb	哈契特（英）发现，布鲁姆斯坦德（瑞士）制得
	矾 V	里凹（墨）发现并制得
1802	钽 Ta	艾克伯格（瑞典）发现，德马里尼亚（瑞士）制得
1803	铑 Rh	沃拉斯顿（英）发现并制得（德）各自独立发现
	钯 Pd	
	铈 Ce	贝采尼乌斯（瑞典）、希辛格（瑞典）、克拉普罗特
	锇 Os	坦南特（英）、德斯科蒂（法）共同发现并制得
	铱 Ir	
1807	钠 Na	戴维（英）发现并制得
	钾 K	
1808	硼 B	戴维（英）与吕萨克（法）、泰纳尔（法）各自独立发现并制得
	镁 Mg	戴维（英）发现并制得
	钙 Ca	
	钡 Ba	
	锶 Sr	
1814	碘 I	库瓦特瓦（法）发现，戴维（英）和吕萨克（法）确认为新元素
1817	锂 Li	阿尔费特森（瑞典）发现
	硒 Se	贝采尼乌斯（瑞典）发现并制得
	镉 Cd	施特罗迈尔（德）发现
1824	溴 Br	巴拉尔（法）发现
1827	钌 Ru	奥赞（俄）发现，克劳斯（俄）确认为新元素
1828	钍 Th	贝采尼乌斯（瑞典）发现并制得
1839	镧 La	莫桑德尔（瑞典）发现并制得
1843	铽 Tb	莫桑德尔（瑞典）发现，乌贝因（瑞典）制得
	铒 Er	莫桑德尔（瑞典）发现

续表

时间	元素名称	发现者/制得者
1860	铷 Ru	本生、基尔霍夫（德）共同发现
	铯 Cs	
1861	铊 Tl	克鲁克斯（英）和拉米（法）制得
1863	铟 In	里希特、莱希（德）共同发现
1868	氦 He	让逊（法）与洛克尔（英）发现，莱姆塞（英）制得
1875	镓 Ga	布瓦博得朗（法）发现并制得
1878	镱 Yb	马里尼亚克（瑞士）制得
	钬 Ho	索里特（瑞典）发现，克莱夫（瑞典）制得
1879	钪 Sc	尼尔逊（瑞典）发现
	钐 Sm	勒科克德（法）发现
	铥 Tm	克莱夫（瑞典）制得
1880	钆 Gd	马里格纳克（瑞士）制得，布瓦博得朗（法）确认
1886	锗 Ge	温克莱尔（德）发现并制得
	镨 Pr	维尔斯巴赫（奥）制得
	氟 F	莫瓦桑（法）发现并制得
	镝 Dy	温克莱尔（德）发现，余班尔（法）制得
1895	氩 Ar	瑞利、莱姆塞（英）共同发现并制得
1896	铕 Eu	德马尔盖（法）发现，乌尔班（法）制得
1898	氖 Ne	莱姆塞、特拉维斯（英）共同发现并制得
	氪 Kr	
	氙 Xe	
	钋 Po	居里夫妇发现并制得
	镭 Ra	居里夫妇（法）发现，居里夫人制得
1899	锕 Ac	德比艾尔（法）制得
	氡 Rn	欧文斯和卢瑟福（英）发现，莱姆塞于1908年确认
1907	镥 Lu	余尔班（法）发现并制得
1913	镤 Pa	法扬斯（美）、索迪（英）、哈恩（英）等各自独立发现
1923	铪 Hf	赫维希（瑞典）、科斯特（荷）发现并制得

续表

时间	元素名称	发现者/制得者
1925	铼 Re	诺达克夫妇（德）制得
1937	锝 Tc	劳伦斯（美）制得，佩里埃（意）、塞格雷（美）鉴定
1939	钫 Fr	佩雷（法）发现并制得
1940	砹 At	希格雷、科森（美）共同制得
	镎 Np	艾贝尔森、麦克米伦（美）制得
	钚 Pu	西博格、麦克米伦、沃尔、肯尼迪（美）发现并制得
1944	镅 Am	西博格、詹姆斯、吉奥索（美）共同发现并制得
	锔 Cm	
1945	钷 Pm	马林斯基、格伦德宁、科里宁（美）共同制得
1949	锫 Bk	西博格、吉奥索、汤普森（美）发现并制得
1950	锎 Cf	汤普森、斯特里特（美）发现并制得
1952	锿 Es	吉奥索（美）提取并鉴定
	镄 Fm	
1955	钔 Md	乔索、哈维、萧邦（美）发现并制得
1958	锘 No	吉奥索（美）制得
1961	铹 Lr	吉奥索、西克兰、拉希（美）制得
1964	铲 Rf	弗廖罗夫（苏）、吉奥索（美）领导的科学小组制得
1967	𨧀 Db	
1974	𨭎 Sg	吉奥索（美）、西博格（美）领导的科学小组制得
1976	𨨏 Bh	安布鲁斯特、缪森伯格（德）制得
1982	鿏 Mt	
1984	𨭆 Hs	
1994	𫟼 Ds	达姆斯塔特重离子研究中心（德）制得
	𬬭 Rg	
1996	鿔 Cn	霍夫曼、尼诺夫（德）制得
1999	𫓧 Fl	杜布纳研究所（俄）制得
	𫟷 Lv	劳伦斯利弗莫尔国家实验室（美）制得
	氮 Og	劳伦斯利弗莫尔国家实验室（美）和俄罗斯科学家联合制得

时间	元素名称	发现者/制得者
2004	鉨Nh	理化研究所（日）制得
	镆Mc	杜布纳研究所（俄）和劳伦斯利弗莫尔国家实验室（美）合作制得
2010	鿬Ts	杜布纳研究所（俄）、劳伦斯利弗莫尔国家实验室（美）、橡树岭国家实验室（美）、范德堡大学、内华达大学（美）联合制得

注："—"表示信息不详。

2. 人体的元素组成

20世纪70年代，英国著名地球化学家哈密尔顿（William R. Hamilton）等人在研究人血与地壳物质的化学组成后，发现不仅人体血液的组成与海水成分相似，而且各元素的丰度分布趋势也有很多的类似性（Hamilton等，1973）。有一种"海洋起源说"认为生命起源于海水，元素成分的相对相似性与地壳中微量元素浓度组成的正相关性为该理论提供了有力的数据支持。

人体内的元素分为常量元素和微量元素，其中常量元素有O(65.0%)、C(18.5%)、H(9.5%)、N(2.6%)、Ca(1.3%)、P(0.6%)、S(0.3%)、K(0.2%)、Na(0.2%)、Cl(0.2%)、Mg(0.1%)等，微量元素有Fe、Mn、Zn、Co、Mo、Cu、Cr、Sn、V、Ni、I、F、Se、Si等。宏量、常量和微量元素在构成人体组织、器官方面都起着不可替代的作用，共同维持人体的正常代谢、功能和健康。

2.2 微量元素与健康

2.2.1 人体的微量元素

微量元素是指人体内含量小于0.01%的矿物质，主要分成3类：第一类为人体必需的微量元素，包括碘、锌、硒、铜、钼、铬、钴及铁共8种；第二类为人体可能必需的微量元素，有锰、硅、镍、硼、钒5种；第三类为具有潜在毒性的微量元素，包括氟、铅、镉、汞、砷、铝、锂、锡8种（中国营养学会，2023）。

微量元素缺乏或过量的症状（或可能导致的疾病）见表2-2。

表2-2 微量元素的生理功能及其缺乏或过量的症状（或可能导致的疾病）

元素	生理功能	元素缺乏的症状（或可能导致的疾病）	元素过量的症状（或可能导致的疾病）
铁（Fe）	合成血红蛋白，参与氧运输及组织呼吸	缺铁性贫血、皮肤苍白、无力、头晕眼花、易疲倦	色素沉着、急性中毒

续表

元素	生理功能	元素缺乏的症状（或可能导致的疾病）	元素过量的症状（或可能导致的疾病）
碘（I）	甲状腺素的重要组成成分，调节新陈代谢、心率、体温和生长发育	克汀病、地方性甲状腺肿	甲亢、甲状腺肿
铜（Cu）	氧化酶类、骨胶原蛋白和血管弹性蛋白的组成成分	贫血、骨化、胆固醇升高	恶心、呕吐、胃灼烧感、腹绞痛、呕血、黄疸、急性肾功能衰竭
锌（Zn）	参与300多种酶的活化，维持免疫功能、能量代谢、伤口愈合、蛋白质合成和DNA合成	味觉改变、皮肤损害、免疫功能抑制、侏儒症、糖尿病、高血压、男性不育	恶心、昏迷、冠心病、动脉硬化、癌症、急性肾功能衰竭
硒（Se）	参与代谢，合成谷胱甘肽过氧化物酶，提高人体免疫力，抗氧化，修复细胞，维持细胞膜，提高红细胞携氧能力	糖尿病、心血管疾病、神经变性疾病、克山病、大骨节病、癌症等	指甲变厚、肢端麻木，头发脱落、心律不齐、偏瘫、肺水肿，严重的还会导致肝脏坏死，甚至死亡。慢性硒中毒会造成皮肤红疹、倦怠、情绪不稳定等
钼（Mo）	黄嘌呤氧化酶/脱氢酶、醛氧化酶和亚硫酸盐氧化酶的组成成分，在尿酸生成和铁代谢中发挥作用	骨质疏松、牙齿脱落、肌肉痉挛、神经衰弱、心律失常、贫血（钼能够参与铁的利用，患者长期缺钼会引起缺铁性贫血，导致外周血中的血红蛋白减少）	痛风性综合征、体重下降、毛发脱落、动脉硬化等（因体内的黄嘌呤氧化酶的活性激增）
铬（Cr）	增强胰岛素的作用，参与脂代谢，参与核酸代谢，促进脂肪和蛋白质的合成，促进生长发育	疲劳、脱发、记忆力减退、视力模糊和外周神经病变	皮肤过敏、红疹、咳嗽、胃炎、胃肠道溃疡
钴（Co）	维生素B12的组成成分，促进红细胞生成，参与蛋白质和脂肪代谢	恶性贫血、厌食、消瘦	皮肤潮红、胸骨后疼痛、恶心、呕吐、耳鸣、神经性耳聋、红细胞增多症，重者缺氧发绀、昏迷甚至死亡

2.2.2　微量元素的功能

1. 锌

锌在化学元素周期表中位于第4周期，也是第四“常见”金属（仅次于铁、铝和铜）。锌的化学符号“Zn”来源于德语单词“Zink”，这个名称首次出现在16世纪，由德国化学家和冶金学家帕拉塞尔苏斯（Paracelsus）提出。

锌金属外观呈银白色，是用于电池制造的重要金属。锌的化学性质活泼，在常温下的空气中，其表面生成一层薄而致密的碱式碳酸锌膜，可阻止进一步氧化。锌在自然界中多以硫化物状态存在，主要含锌矿物是闪锌矿。少量氧化矿也含有锌，如菱锌矿和异极矿。

锌是人类自远古时就知道其化合物的元素之一。中国是世界上最早发现并使用锌的国家，并在10～11世纪首先大规模生产锌。明朝末年宋应星所著的《天工开物》有世界上最早的关于炼锌技术的记载。1750—1850年，人们已开始用氧化锌和硫化锌来治病。1869年，劳林（Raulin）发现锌存在于生物机体中，并为活的机体所必需。

我国一半以上的土地都存在缺锌的现象，北方更为严重。石灰性土壤、土质黏性大的土壤、pH值高的碱性黏性土壤、干旱缺水和磷肥使用过量的土壤，都容易出现缺锌现象。

锌可以以吸入或食入的方式进入人体，锌过量会引起口渴、干咳、头痛、头晕、高热、寒战等。锌粉尘对眼有刺激性，口服锌刺激胃肠道，长期反复接触对皮肤有刺激性。

锌有帮助生长发育、维持正常食欲、促进智力发育、提高免疫力的作用。缺乏锌会对身体的生长发育造成严重影响。只有锌量充足才能有效保证胸腺发育并正常分化T淋巴细胞，促进细胞免疫功能。18岁以上的男性和女性的推荐摄入量分别为15.0 mg/d和11.5 mg/d，可耐受的最高摄入量为45 mg/d和37 mg/d。

我们日常可以多吃富锌的食品，比如牡蛎、海鱼、贝类等海产品，肝脏、红肉、鸡肉等动物性食品，花生、巴旦木、核桃等坚果种子，豆类、营养强化的奶制品等。需要注意的是，豆类、谷物等植物类食物中的植酸，会抑制锌元素的吸收，降低锌元素的生物利用率。

如果身体严重缺锌，可在医生指导下服用锌补充剂，如硫酸锌、葡萄糖酸锌、蛋白锌等。服用锌补充剂时，如也需补充钙、铁等元素，需注意和锌元素分开服用，避免和锌竞争“蛋白载体”，影响锌的吸收利用。应先补锌再补钙铁等元素，间隔时间至少为半小时。

2. 碘

碘的化学性质活泼，常以碘离子、碘化物、碘酸盐的形式存在于岩石、土壤、水、空气中。海洋是碘的主要储存库，约占地球上碘总量的97%。碘从海洋蒸发进入大气，主要以气态I_2、HI和其他碘化物的形式存在，然后通过降雨或干沉降返回地表。通过自然循环进入土壤的碘量较少，而且循环速度极为缓慢，因而缺碘问题普遍存在。海洋生物（如海藻和鱼类）通常富含碘，陆地植物和动物体内也含有一定量的碘。一般来说，不同环境和不同种群中碘量的大小关系为：

沿海＞平原＞山区，海洋＞高山区，
动物＞植物

人体中含碘量最大的组织是甲状腺，它分泌的甲状腺素包括四碘甲状腺原氨酸（T4）、三碘甲状腺原氨酸（T3）和反三碘甲状腺原氨酸（rT3），T3和T4的化学结构见图2-2。

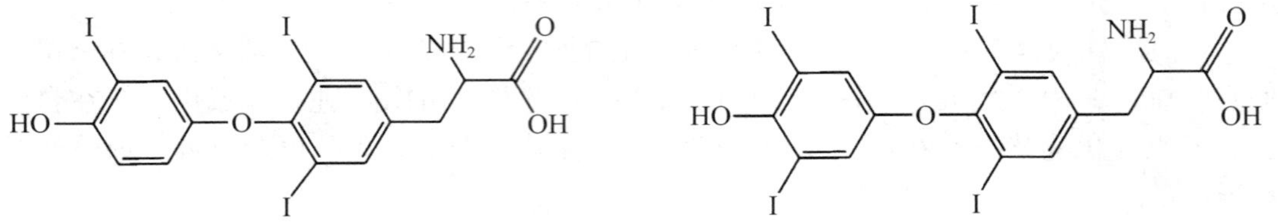

L-3,5,3′-三碘甲状腺原氨酸（T3）　　L-3,5,3′,5′-四碘甲状腺原氨酸（T4）

图2-2　甲状腺素的化学结构

甲状腺素的功能是促进身体、大脑发育，而碘则参与甲状腺素的合成。体内的碘过少，能促进促甲状腺素的释放；过多则激发甲状腺素的释放，导致人体基础代谢升高，引起“大脖子病”或“甲亢”。

据2017年的生活饮用水碘含量调查（国家疾病预防控制局，2019），在参与检测的2936个县中，碘含量＜10 μg/L的占85.1%，碘含量为10.0～50.0 μg/L的占11.4%，碘含量为50.1～100.0 μg/L的占1.4%，碘含量为100.1～300.0 μg/L的占1.8%，碘含量＞300.0 μg/L的占0.3%。由此可见，我国大部分地区外环境都缺碘，这些地区主要为山地、丘陵地区，包括云贵高原、南岭山区、浙闽山区的大部分地区和横断山、秦巴山、太行山、燕山、祁连山、昆仑山等地带。低碘水分布面积约为170万平方千米，占国土面积的17.8%。

人摄入的碘的84%来自碘盐，13%来自其他食物，剩余的来自饮用水。WHO建议的每日碘摄入量是150 μg，孕妇每日的碘需求量为250 μg。一般人群日常可通过多吃海产品来补充碘。海产品中的海带（10 mg/kg）、紫菜（18 mg/kg）的碘含量最高，但在日常膳食中占比低。若食用无碘盐，97%以上的居民摄入的碘将低于推荐值。2017—2021年，浙江省孕妇的尿液碘质量浓度为126～135 μg/L，低于世界卫生组织的推荐量（150～249 μg/L）的下限，也低于内陆地区孕妇尿液碘浓度的153 μg/L（浙江疾病预防控制中心，2022）；福建省沿海农村妇女尿液碘质量浓度为135 μg/L，也低于WHO的建议值。因此，除地下水含高碘的地区的居民和甲亢患者外，大部分人都需要补碘。我国从1995年起开始实行全民食盐加碘，“碘盐”中的含碘量为20～30 mg/kg，以碘酸钾、碘化钾的形式加入。每日食盐推荐摄入量为6 g，其中含有120～180 μg的碘，加上烹饪等损耗，人所摄入的碘完全在安全范围内。对于严重缺碘的人群（患者），可采用口服或肌注碘化油的方法治疗。

我国部分地区还存在水源性高碘地区（碘的质量浓度＞100 μg/L），受影响的人口约为3100万。长期饮用高碘水可能引起甲状腺自身调节失衡和甲状腺功能紊乱，导致甲状腺肿、甲状腺功能减退等，还可能诱发或者促进自身免疫性甲状腺炎等发生和发展。高碘地区盐业部门应供应无碘盐，水利部门应实施改水降碘（国家预防疾病控制卫生与免疫规划司，2024）。

3. 氟

元素氟（F）是最轻的卤素，它的化学性质极度活泼，以化合态的形式存在，页岩、泥岩、云母岩、花岗岩含有丰富的氟元素，温泉水、海水含氟量高。尽管1810年人们就已经认为存在氟这种元素，但它难以从其化合物中分离出来，并且分离过程也非常危险，直到1886年，法国化学家亨利·莫瓦桑（Henri Moissan）才采用低温电解的方法分离出氟单质。氟的用途很多，它可用于合成氟利昂等冷却剂，氟代烃还可用作血液的临时代用品，氟化物玻璃的透明度比传统氧化物玻璃大百倍。

人体含氟量约为2.6 g，主要分布在骨骼、牙齿中，这两者积存了约90%的氟，血液中的含氟量为0.04～0.4 mg/L。世界卫生组织规定饮用水含氟量为0.5～1.0 mg/L，若小于0.5 mg/L，龋齿的病发率会达到70%～90%。但如果超过1 mg/L，牙齿则会逐渐产生斑点并变脆。饮用含氟量超过4 mg/L的水会导致骨髓畸形。

在氟缺乏的北美洲东北部、欧洲和亚洲东部的湿润地区，其地表水因含氟量低而导致龋齿高发。值得注意的是，缺氟并不是仅仅通过改变饮食即可解决的问题。因此患者在日常生活中一定要注意补充氟元素，可以通过食用海产品或饮茶来帮助补充氟。同时，可以使用含氟牙膏，牙膏中的氟化钠可与牙齿中的碱式磷酸钙反应生成更坚硬和溶解度更小的氟磷酸钙，有利于预防龋齿。

氟化合物对人体有害，少量的氟（150 mg以内）就能引发一系列的病痛，大量氟化物进入体内会引起急性中毒。吸入含氟气体可引起厌食、恶心、腹痛、胃溃疡、抽筋出血甚至死亡。经常接触氟化物，容易导致骨骼变硬、脆化，牙齿脆裂断落等症状。地方性氟病是一种慢性中毒性地方病，亦称地方性氟中毒病，是由水土和食品中氟含量超过机体的耐受量导致的。临床上主要表现为氟斑釉症和氟骨症。地方性氟病分布很广，遍及世界各地。在富氟岩石和富氟矿床地区、干旱半干旱富氟盐渍地区、火山爆发影响地区、某些温泉附近以及含氟工业“三废”污染地区，由于饮用水、食品和环境的氟含量高，人们长年食用、接触氟，极易发生慢性氟中毒。印度、巴基斯坦等国家和地区都有地方性氟病的报道。在我国，地方性氟病呈灶状分布于黄河以北的干旱半干旱地区，受威胁人口达727万多人，氟斑牙患者达2100多万人，氟骨症患者有100多万人。

4. 铁

元素铁（Fe）是地壳中第四大元素，以铁单质、铁离子、氧化物、亚铁盐、高铁盐的形式存在。铁的化学符号“Fe”来源于其拉丁名称“Ferrum”。

人体中60%的铁存在于血红蛋白，20%存在于肝脾、骨髓，还有15%以细胞色素的形式存在。可通过食用肉类、禽类、鱼类以及可提供铁的植物、乳制品补充铁。

铁是人体必需的微量元素之一，人体需要利用铁生成红细胞中的血红蛋白来运输氧气。没有足够的铁，则血红蛋白减少，血液中的红细胞数量减少、体积变小，人体就得不到足够的氧气，会出现乏力、气短、头晕、头痛、注意力不集中、易怒等症状。儿童缺铁会导致发育迟缓、智力低下。男性的每日推荐摄入量为12 mg，女性为20 mg。

人体主要在十二指肠和空肠上端的黏膜吸收铁，人体的膳食铁来源包括血红素铁和非血红素铁。血红素铁的生物利用度高，有效吸收率为15%～35%；而非血红素铁则要先被还原为二价铁才能被吸收，其有效吸收率仅为2%～20%。血红素铁主要来自动物性食物。严重缺铁人群要在医生指导下服用铁剂，如硫酸亚铁、枸橼酸铁、富马酸铁、葡萄糖酸铁或琥珀酸亚铁等。日常可多食用富含铁的食物，如鸭血、猪肝等动物血液、肝脏。铁剂与维生素C或橙汁同服，可促进铁的吸收；铁剂与茶、咖啡、巧克力等含咖啡因的食物或饮料同服会减少铁的吸收。

民间认为红枣、红糖、枸杞等红色食物可以补铁，但实际上效果不佳。每100 g红枣的含铁量为2～4 mg，但其中的铁是非血红素铁，在人体内的吸收率很低（2%～20%），补血效果非常有限。每100 g红糖中铁的含量也仅为3～7 mg，每100 g枸杞含铁量为5.4 mg，用它们来补铁都不科学。此外，生的蔬菜所含铁多为三价铁，易与草酸结合、不易溶解，难以起到补铁的效果。

铁过量会导致肝癌或肝硬化（肝脏储存过量的铁）、心脏病（干扰心脏传导，破坏血液循环）、皮肤变化（铁沉积在皮肤细胞中）、糖尿病（胰腺中的过量铁会破坏胰岛素生产）、关节炎（铁在关节中聚集，导致组织损伤）、卵巢损伤、细胞异常大量繁殖（氧气过于充分）、神经系统疾病及癌症。

5. 铜

铜是一种过渡金属，原子序数是29，位于元素周期表第4周期第11族，其化学符号“Cu”来源于其拉丁名称“Cuprum”。“Cuprum”这个词来源于古代塞浦路斯（Cyprus），因为塞浦路斯在古代是铜的重要产地。铜以化合物的形式存在于矿物、土壤、水体、大气和生物体中。铜是人体不可缺少的微量营养素，对于血液、中枢神经和免疫系统，头发、皮肤和骨骼组织以及脑、肝和心等内脏的发育和功能都有重要影响。在人体中，肌肉、骨骼中的铜占50%～70%，肝脏中的铜占20%，血液中的铜占5%～10%。机体消化功能失调会导致缺铜。

人主要从日常饮食中摄取铜，铜由小肠吸收，通过血液进入肝脏，而后进入铜蓝蛋白释放到血液中。世界卫生组织建议，为了维持健康，成人每日的铜摄入量为0.03 mg/kg。

铜为体内多种重要酶系的组成成分，能够促进铁的吸收和利用，能够维持中枢神经系统的功能。因此缺铜会间接引起贫血，导致人体内各种血管与骨骼的脆性增加、脑组织萎缩，影响智力、身体发育及内分泌和神经系统的功能，另外还可能引起白癜风及少白头等黑色素丢失症。缺铜还可引起低血铁、低血铜、低血清蛋白综合征。儿童缺铜会导致神经元减少、大脑皮层萎缩、内分泌失调、长期腹泻、体重减轻、味觉障碍、毛发脱色易断等健康问题，主要发生在以牛奶喂养为主的儿童中。

提倡从日常食物中补铜，可多吃动物肝脏（25 mg/kg）、芝麻（16.8 mg/kg）、菠菜（13.5 mg/kg）、黄豆（13 mg/kg）、芋头（12.9 mg/kg）等。

铜摄入过多，则会导致急性铜中毒、肝豆状核变性、儿童肝内胆汁淤积、急性肠胃炎、恶心、呕吐、腹泻、上腹痛等，这是因为过量铜摄入抑制了酶的活性。此外，长期过量摄入铜还会降低人体对铁、锌等微量元素的吸收，诱发缺铁或缺锌症，甚至可能引起中毒。发生急性铜中毒时中毒者可通过服用牛奶洗胃，也可口服硫代硫酸钠、亚铁氰化钾，或静脉注射二巯丁二钠、螺旋内酯固醇。

6. 锰

锰是第25号元素，位于第4周期第7族。锰以化合物的形式广泛存在于自然界中，如二氧化锰、四氧化三锰、氯化锰、硫酸锰、碳化锰和高锰酸钾，茶叶、小麦及硬壳果实含锰较多。接触锰的作业有碎石、采矿、电焊、生产干电池等。

锰是几种酶系统（包括锰特异性的糖基转移酶和磷酸烯醇丙酮酸羧激酶）的组成成分，并为正常骨结构的重要组分，也是酶的激活剂。人体可以通过消化道、呼吸道摄入锰。饮用水中锰的质量浓度不应超过0.3 mg/L，工作场所空气中的锰含量不得超过5 mg/m^3。

成年人体内锰的总量为10～20 mg，分布在身体各种组织和体液中。骨、肝、胰、肾中锰浓度较高；脑、心、肺和肌肉中的锰含量低于1.1 mg/kg；全血和血清中的锰的质量浓度分别为11 μg/L和1.1 μg/L。锰在线粒体中的浓度高于其在细胞质或其他细胞器中的浓度，所以线粒体多的组织锰浓度较高。

人体消化系统对于元素锰的吸收与排泄具有完善的调控能力。现有研究报道了人体消化道对于元素锰的吸收率仅为1%～5%。同位素标记锰排泄实验证实，自消化道吸收的锰，经过门静脉进入肝脏，与胆汁结合后再分泌到肠道。依据人体需要，部分锰在肠道可以被再吸收，形成肝肠循环。大部分锰随粪便排出体外。

锰缺乏会导致短暂性皮炎、低胆固醇血症以及碱性磷酸酶水平增加，影响生殖能力，还有可能导致后代先天性畸形、骨和软骨的形成不正常及葡萄糖耐量受损。另外，锰的缺乏可引起神经衰弱综合征，影响智力发育。锰缺乏还将导致胰岛素合成和分泌量降低，影响糖代谢。普通人每天从食物中摄入锰2～5 mg，富含锰元素的食物有坚果、茶叶、乳制品、肉类、海产品等。

锰过量通常只发生在采矿和精炼矿石的人群中，长期接触锰可引起类似帕金森综合征或Wilson病（常染色体异常）等神经症状，以及肺水肿、慢性鼻炎、支气管炎等。锰中毒目前尚无特异的化验诊断指标，尿锰、发锰只能作为接触指标。预防锰中毒的措施主要是加强通风和个人防护。

7. 硒

硒（selenium）为灰色、红色晶体或红色无定形粉末，是一种非金属化学元素。硒是人体必需的微量元素，但人体自身无法合成，只能通过外源补充，常常用于肿瘤、癌症、克山病、大骨节病、心血管病、糖尿病、肝病、前列腺病、心脏病等40多种疾病的治疗，广泛用于手术治疗、放疗与化疗等。硒在人体内与维生素E协同，能够保护细胞膜，防止不饱和脂肪酸的氧化。中国营养学会也将硒列为人体必需的15种营养素之一。

硒分为有机硒和无机硒两种，无机硒一般指亚硒酸钠和硒酸钠，包括有大量无机硒残留的酵母硒、麦芽硒，可从金属矿藏的副产品中获得。无机硒有较大的毒性，且不易被吸收，不适合人和动物使用。日本从1993年起禁止在食品和饲料中添加亚硒酸钠。植物活性硒通过生物转化与氨基酸结合生成有机硒，一般以硒蛋氨酸的形式存在。有机硒进入人体后，可与体内的重金属或毒素结合生成有机硒金属盐，然后身体通过新陈代谢以汗液、粪便等方式将其排泄，达到排毒净化的目的。

国内外大量临床实验表明，人体缺硒可引起某些重要器官的功能失调，导致许多严重疾病。我国湖北恩施硒矿蕴藏量居世界第一，土壤硒含量均值为 3958 μg/kg。2003 年之后，江西丰城、浙江龙游、新疆天山等地发现大面积富硒土壤。全世界有 40 多个国家或地区缺硒；我国 72% 的地区缺硒，涉及人口约 7 亿，其中 29% 的地区严重缺硒，涉及人口约 4 亿。如我国东北、华北、四川、云南等地区为严重缺硒区，土壤中硒含量很低，在 20 μg/kg 以下，当地居民的肿瘤、肝病、心血管疾病等发病率很高。

近年来，国内外科学家对日常膳食中硒的适宜补充量进行了大量的研究，认为硒的每日生理需要量为 40 μg，硒的每日界限中毒量为 800 μg，由此每日的硒供给范围为 50～250 μg，每日硒最高安全摄入量为 400 μg。以上数据已被联合国粮食及农业组织、世界卫生组织、国际原子能机构三个国际组织采用。2000 年，中国营养学会将中国居民膳食中硒的每日推荐摄入量（RNI）确定为 60 μg，可耐受的每日最高摄入量（UL）确定为 400 μg，并制定了不同年龄组、孕妇和乳母的硒参考摄入量（中国营养学会，2023）。

过量摄入硒也可能引起中毒。在我国高硒含煤地层地区，由于温度、湿度和降雨的影响，硒的淋溶和迁移速度加快，而当地居民习惯使用石煤火烧土作为基肥，导致土壤硒污染严重。随之而来的是，农作物的硒含量也增加，饲料的硒含量也增加，过量硒循此食物链进入人体，最终使人体中毒。此外，在工业生产中，工人在焙烧阳极泥时，吸入硒粉尘释放的烟雾，可引起急性硒中毒；从事硒冶炼、加工和提取的工人，若长期接触低剂量硒化合物的蒸气和粉尘，也会引起慢性硒中毒。

8. 钴

钴是具有光泽的钢灰色金属，比较硬而脆，有铁磁性，在周期表中位于第 4 周期。地壳中钴的平均含量为 0.001%，海洋钴总量约为 23 亿吨。自然界已知的含钴矿物有近百种，钴矿物大多伴生于镍、铜、铁、铅、锌、银、锰等的硫化物矿床中，且含钴量较低。在中国古代，人们就用钴来制作陶器釉料，唐朝彩色瓷器上的蓝色就是由于钴的化合物存在。古希腊人和古罗马人曾利用钴的化合物制造有色玻璃，生成美丽的深蓝色。

钴是维生素 B12 的组成部分，反刍动物可以在肠道内将钴合成为维生素 B12，而人类与单胃动物不能将钴合成维生素 B12，但体内仅有约 10% 的钴是以维生素的形式存在的。

钴元素能刺激人体骨髓的造血系统，促使血红蛋白的合成及红细胞数目的增加，其刺激造血的机制为：①通过红细胞生成素刺激造血。钴元素可抑制细胞内呼吸酶，使组织细胞缺氧，刺激红细胞生成素产生，进而促进骨髓造血。②促进铁代谢。钴元素可促进肠黏膜对铁的吸收，加速贮存铁进入骨髓。③通过维生素 B12 参与核糖核酸及造血物质的代谢。④可促进脾脏释放红细胞。钴可促进血红蛋白含量增多，网状细胞、红细胞增生活跃，周围血中红细胞增多。

钴可经消化道和呼吸道进入人体，一般成年人体内含钴量为 1.1～1.5 mg。在血浆中无机钴附着在白蛋白上，它最初贮存于肝和肾，然后贮存于骨、脾、胰、小肠以及其他组织。人体内14%的钴分布于骨骼，43%分布于肌肉组织，43%分布于其他软组织中。动物实验结果显示，甲状腺素的合成可能需要钴，钴能拮抗碘缺乏产生的影响。经口摄入的钴在小肠上部被吸收，并部分地与铁共用一个运载通道，铁缺乏时可促进钴的吸收。

钴缺乏可引起头昏、食欲不振、口咽部炎症、皮肤苍白、骨髓退行性改变、恶性贫血等症状。食物中钴含量较高者有甜菜、卷心菜、洋葱、萝卜、菠菜、番茄、无花果、荞麦和谷类等，蘑菇中钴含量可达61 μg/100g。

钴中毒的表现包括皮肤症状、呼吸道症状、神经系统损害、心血管系统损害和肝肾损害。其中，空气中的钴尘可引起“硬质合金病”（“硬金属肺病”），表现为过敏性哮喘、呼吸困难、干咳，偶有化学性肺炎（间质性肺炎）、肺水肿。吸入醋酸钴粉尘可引起急性化学性胃炎症状，如恶心、呕吐、上腹部剧痛，甚至引起呕血及便血。氧化钴（CoO）也可引起哮喘。钴对皮肤的影响主要为过敏性或刺激性皮炎，常见于手、腕、前臂等部位和皮肤皱褶处，多于夏季发病，患者多为接触钴的新工人。皮试阳性可证明患者对钴过敏。在缺乏维生素B12和蛋白质以及摄入酒精时，钴的毒性会增加，这在酗酒者中常见。

9. 铝

史前时代，人类已使用含铝化合物的黏土（$Al_2O_3 \cdot 2SiO_2 \cdot 2H_2O$）制成陶器。铝在地壳中的含量仅次于氧和硅，位列第三。19世纪中叶被提炼出来后，铝被称为“来自黏土的白银”。

铝是一种低毒金属元素，并非人体必需的微量元素。食品中的铝主要来源于明矾、泡打粉等，用于制作油炸食品、膨化食品、粉丝、豆制品等。研究发现，铝元素能损害人的脑细胞。世界卫生组织规定铝的每日摄入量为0～0.6 mg/kg；《食品安全国家标准　食品添加剂使用标准》（GB2760—2024）中规定，食品添加剂中铝的残留量要小于或等于100 mg/kg。人体摄入的铝仅有10%～15%能排泄到体外，大部分会在体内蓄积，与多种蛋白质、酶等人体重要成分结合，影响体内多种生化反应。长期摄入铝会损伤大脑，导致痴呆、贫血、骨质疏松等疾病，引起慢性中毒。根据世界卫生组织国际癌症研究机构公布的致癌物清单初步整理参考，铝制品在1类致癌物清单中。

在日常生活中要防止人体对铝的吸收，减少铝制品的使用。铝及其化合物对人类的危害是无法与其贡献相提并论的，只要人们重视铝的危害、扬长避短，它就会对人类社会发挥出更为重要的作用。

2.2.3 微量元素间的相互作用

食物中微量元素间的相互作用可影响它们的吸收、生物利用度、代谢及毒性。多种环境因素对人体健康的影响有相加、独立、协同、拮抗作用等联合效应。各类相互作用的定义如下。

相加作用：两种物质或元素或药物合用的效应等于它们分别作用的代数和。

独立作用：两种物质或元素之间各自发挥作用，没有叠加或削减的关系。

协同作用：当一种元素增加时，另一种元素随之增加。

拮抗作用：一种元素的存在能抑制另一元素的吸收。

微量元素硒几乎对所有的重金属都能产生拮抗作用，其机理大多与硫蛋白的生物合成有关，也与金属配位体的结合态有关。一般而言，汞和硒的毒性作用能够相互拮抗、相互抵御。有研究发现，大量海洋哺乳动物体内积蓄了很高浓度的汞和硒，但并没有表现出明显的中毒症状。有科学家对生活在汞暴露程度不同的环境中的死者进行尸检，发现大部分脏器中汞与硒的摩尔比随汞含量的增加而趋于1，有些脏器趋于2，这表明汞与硒在生物体内可能存在某种内在的联系。这两种元素的同时补给能够减缓或抑制硒或汞单独元素中毒时的病理损害。此外，在鹌鹑的饮食中补充硒后，鹌鹑能够抵御二甲基汞的毒性，可提高的孵化率、存活率。硒与汞的拮抗机制可能是二者结合为胶体，或两者先结合再与肝磷脂蛋白结合成无活性的化合物，即Proteins-Se-Hg，而且硒能够使被汞抑制的谷胱甘肽代谢酶活性恢复。多种元素间的相互作用见表2-3。

表2-3　元素间的相互作用

元素	有协同/促进作用的元素	有拮抗/抑制作用的元素
铁	氟	锌、铜、钴、锰、矾、铅、镉、铝
锌	—	铁、铜、硒、镉、铅、汞、银、铋、锡
硒	—	镉、烷基汞、无机汞、铊、铅、碘、银、砷、碲
铜	铁	硒、碘、钼、镉、铅、银
钼	氟	铜、钨
氟	铁	碘、铜
钴	铜、碘、铁	铁
锰	—	铁、镉

2.2.4　过量微量元素的去除方法

去除废水、饮用水中的金属或非金属离子的主要方法有絮凝、沉淀、吸附、反渗透、离子交换、膜分离等。可根据处理要求、操作难易和成本选择相应的技术或技术组合。

絮凝是指使水或液体中悬浮微粒集聚变大，或形成絮团，从而加快粒子的聚沉，达到固-液分离的目的。絮凝剂的作用是吸附微粒，在微粒间“架桥”，从而促进集聚。目标物质因被絮体吸附而被分离。

沉淀是加入化学试剂，使目标物质生成密度大且不溶于反应物所在溶液的难溶物质，沉在溶液底部从而得以去除的过程。

吸附是指某种气体、液体或者被溶解的固体的原子、离子或者分子附着在某表面上。随着吸附剂的移除，目标物质从体系中去除。

反渗透是在高于溶液渗透压的压力的作用下，借助只允许水透过而不允许其他物质透过的半透膜的选择截留作用，将溶液中的溶质与溶剂分离。

离子交换是溶液中的离子与某种离子交换剂上的离子交换的作用或现象。借助固体离子交换剂中的离子与稀溶液中的离子的交换作用，该方法可达到提取或去除溶液中某些离子的目的。

膜分离是利用膜的选择性分离实现料液的不同组分的分离、纯化、浓缩的过程。根据膜的孔径（或称为截留分子量），膜分离技术可分为微滤膜（MF）、超滤膜（UF）、纳滤膜（NF）和反渗透膜（RO）。

过量的微量元素的去除方法如下。

1. 除碘

高碘水是指含有高浓度碘离子的水溶液，一般用于医学、卫生和工业领域。在水处理和废水治理中，高碘水的处理成为一个重要的环境问题。可采用絮凝、反渗透、离子交换、吸附等方法去除饮水中过量的碘。日本科学家研发了由天然沸石等数种矿物质与一些化学品混合而成的吸附剂，这种吸附剂通过产生沉淀的方法除去碘。另外，还可使用蒸馏的方法去除碘。

2. 除氟

降低饮用水中氟含量的方法是煮沸，可用吸附、沉淀、膜分离、反渗透、纳滤等方法来降低高氟饮用水中的氟。

吸附法中常用风化土、膨润土、明矾废泥作为吸附剂。在沉淀法中，向含氟溶液中投加 Ca^{2+}，可生成 CaF_2 沉淀，但受限于沉淀物的溶度积数值较高，这种方法并不能完全除尽氟，因此，该法仅可作为预处理工艺。也可以向含氟的溶液中加入氢氧化铝，但受pH值、共存离子、搅拌条件等因素影响，沉淀效果不稳定。

3. 除铁

早期的除铁方法是曝气后沉淀与过滤。20世纪60年代，有研究发现，Fe^{2+} 可附着在FeOOH滤砂层从而被去除。也有研究者采用铁氧化微生物Flavobacterium、Zoogloea等去除饮用水中的铁。

4. 除铜

环境中的铜离子来自化工生产、印染、电镀、有色冶炼、有色金属矿山开采、电子材料漂洗、染料生产，其中硫酸铜、硫酸、焦磷酸铜的质量浓度可达几十至几百毫克/升。可采用有机酸淋洗、EDTA螯合等化学法，吸附、反渗透等物理法去除铜离子。有研究发现，在铜离子超标的水（250 mg/L）中添加微生物和表面活性剂，可去除97.09%的Cu（Ⅱ）（Stoica等，2015）。根据水质的具体情况，可以通过联用物理、化学、生物的方法去除铜离子。饮用水中的铜离子可采用生物炭或MOF吸附、超滤或反渗透膜法等物理法去除。

5. 除锰

颗粒态锰可采用混凝沉淀去除，溶解态锰可通过二氧化氯预氧化、离子交换、活性炭吸附、砂滤、生物处理和超滤膜分离等方法去除。

化学氧化和生物氧化是通过氧化剂或特殊细菌将二价锰（Mn^{2+}）氧化成四价锰（MnO_2）。在实际应用中，常常将氧化法与过滤法进行组合，以提高去除效率。例如，先通过化学氧化将锰氧化为沉淀，然后再通过过滤或膜分离去除沉淀。此外，预处理（如pH调节）也可以显著提高处理效果。

思考题

1. 元素的认识与化学、物理学科发展的关系。
2. 微量元素对人体健康的重要作用。
3. 人体是通过什么机制来调节微量元素的水平？
4. 如何理解元素间的相互关系？

参考文献

[1] HAMILTON E I, MINSKI M J, CLEARY J J. The concentration and distribution of some stable elements in healthy human tissues from the United Kingdom：An environmental study[J]. Science of the Total Environment, 1973, 1(4)：341-374.

[2] STOICA L, STANESCU A, CONSTANTIN C, et al. Removal of copper(Ⅱ) from aqueous solutions by biosorption-flotation[J]. Water, Air & Soil Pollution, 2015(226)：274.

[3] 国家疾病预防控制局. 全国生活饮用水碘含量调查报告[EB/OL].(2019-05-07)[2024-07-29]. http://www.nhc.gov.cn/jkj/s5874/201905/bb1da1f5e47040e8820b9378e6db4bd3.shtml.

[4] 国家疾病预防控制局卫生与免疫规划司. 居民科学补碘知识问答[EB/OL].(2024-03-15)[2024-07-29]. https://www.ndcpa.gov.cn/jbkzzx/c100040/common/content/content_1768556622650187776.html.

[5] 浙江省疾病预防控制中心. 浙江省孕妇普遍缺碘，孕期科学补碘很重要[EB/OL].(2022-07-08)[2024-07-29]. https://www.cdc.zj.cn/jkzt/gjwsr.

[6] 中国营养学会. 中国居民饮食营养素参考摄入量(2023版)[M]. 北京：人民卫生出版社，2023.

第3章　环境化学品与人体健康

环境化学品是指进入环境后对人体健康和生态环境有害的化学品，这些化学品可能包括重金属、农药、持久性有机污染物和某些个人护理品等。环境化学品的管理和减少使用是环境保护和公共卫生领域的重要议题。本章将介绍主要的有毒重金属、持久性有机污染物（包括多环芳烃、PFOA、PFOS）、内分泌干扰物的种类、这些物质对人体健康的损害以及有机物的转化降解。

3.1　重金属

重金属污染作为全球性的环境问题，对自然生态系统和人类健康造成了严重危害。工农业生产、城市垃圾处理等人类活动是重金属排放的主要源头，而自然过程如火山爆发和生物循环也对环境中重金属含量的增加起到推动作用。这种污染并非局限于特定区域，而是跨越国界，影响全球环境质量。

3.1.1　重金属的定义

目前，元素周期表中的金属一共有96种，其中比重大于4.5的金属被称为重金属，包括金（Au）、银（Ag）、铜（Cu）、铁（Fe）、铅（Pb）、砷（As）、铬（Cr）、镉（Cd）等45种。重金属在人体中累积到一定程度时，会造成慢性中毒。

重金属造成的环境污染一般指汞、镉、铅、铬以及类金属砷等生物毒性显著的重金属造成的污染，这5种重金属对人体的毒害最大。

重金属主要通过抑制细胞分裂、破坏DNA、抑制DNA的转录和mRNA的翻译、抑制酶活性、使蛋白质变性、破坏细胞膜结构等方式造成危害（图3-1）。

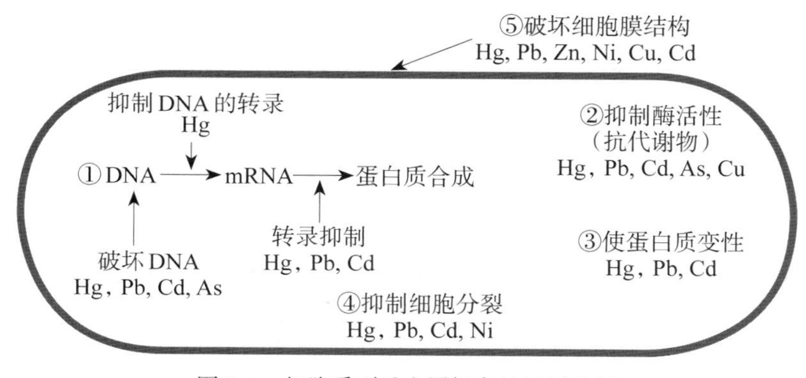

图3-1　细胞受到重金属损害的不同机制

重金属对生物体的损害具体表现在以下方面。

①与酶的作用：重金属可以与酶中的金属离子或活性基团结合，从而抑制酶的活性。例如，铅可以取代酶中的钙或锌离子，破坏酶的结构和功能，导致生理功能紊乱。

②与蛋白质和核酸的结合：重金属可以与蛋白质或核酸中的巯基（—SH）、羧基（—COOH）和氨基（$—NH_2$）结合，导致蛋白质和核酸的变性或失活，从而影响细胞的正常功能。又如，汞和镉可以与细胞内的硫醇基团结合，干扰蛋白质的合成和功能。

③氧化应激：重金属可以促进体内活性氧（ROS）的产生，导致细胞内的氧化应激反应。过量的活性氧会损伤细胞膜、蛋白质和DNA，导致细胞凋亡或坏死。例如，六价铬和砷都可以诱导氧化应激反应，造成细胞损伤。

④干扰细胞信号传导：重金属可以干扰细胞内的信号传导途径，影响细胞的生长、分化和代谢。例如，镉可以激活细胞内的应激反应信号通路，导致细胞凋亡和炎症反应。

⑤与DNA的相互作用：重金属可以直接或间接地与DNA结合，导致DNA损伤和突变。例如，镍和铬可以与DNA结合，导致DNA链断裂和碱基修饰，增加致癌风险。

⑥影响细胞膜功能：重金属可以改变细胞膜的结构和功能，影响离子通道和受体的活性。例如，铅可以改变神经细胞膜的结构，影响神经递质的释放和传递，导致神经系统功能紊乱。

这些毒害机理不仅会对单个细胞造成损伤，还会对整个组织和器官产生系统性的影响，导致多种疾病和健康问题。

3.1.2 几种主要的重金属的性质及危害

3.1.2.1 铅

1. 铅的理化性质和用途

铅的密度为11.3，是元素周期表中的82号元素。铅的化学符号“Pb”来源于其拉丁名称“plumbum”。这一名称源自古罗马时期，当时的罗马人广泛使用铅制作水管、器皿和其他器具。“plumbum”不仅指铅，还与现代词汇如“plumbing”（管道）有关，反映了铅在历史上的重要性和用途。

铅污染主要来源于汽油及煤炭燃烧、工业三废（来自冶金、采矿、电池制造及回收、石油精炼、电镀等产业）处理、汽车尾气、含铅颜料或含铅管道、某些农药及化肥。

标准汽油由异辛烷和正庚烷组成，异辛烷的抗爆性好，其辛烷值被定为100；正庚烷的抗爆性最差，在汽油机上容易发生爆震，其辛烷值被定为0。在汽油中加入四乙基铅可提高抗爆性，但会造成氧化铅沉积和发动机的磨损。无铅汽油不是没有铅，而是铅含量在13 mg/L以下。

碳酸铅（也被称作“白铅”）会形成白色或乳白色颜料，而四氧化三铅（也被称作“红丹”）会形成亮红色颜料。一些装修材料和油漆、涂料中含铅量高。

2. 铅在人体内的代谢

铅会通过消化道、呼吸道和皮肤吸收进入人体。铅中毒的主要表现是：血卟啉代谢紊乱、贫血（血红蛋白减少、红细胞寿命短）、血管痉挛、神经衰弱、儿童认知功能和行为障碍、肾脏损害。

铅在人体内的代谢时间较长，95% 以上的铅存在于红细胞，会与血红蛋白结合，在血浆中的半衰期为 30～40 天。在这个阶段，铅主要通过尿液、汗液和胆汁排出体外。铅在骨骼中的半衰期为 10～30 年，其间以稳定的形式储存在骨骼中，并通过破坏生长中的骨的钙化影响骨骼的发育，只有在骨骼重建的过程中铅才会逐渐释放出来（Jakubowski，2011）。需要注意的是，不同个体对铅的代谢速度和能力可能有所差异。此外，环境、饮食习惯和生活方式等因素也会对铅在人体内的代谢时间产生影响。近年来，血铅浓度的安全值一直在下降，目前，国际职业健康委员会金属毒理学科学委员会建议儿童的血铅质量浓度应低于 5 μg/dL，职业暴露工人应低于 30 μg/dL（Murata 等，2009）。

成人消化道对铅的吸收率为 5%～10%，儿童为 42%～53%，甚至高达 90%～98.5%。这是因为儿童血脑屏障发育不完善、通透性大，血铅很容易透过脑屏障对大脑产生毒害。

血脑屏障（blood brain barrier）是指脑毛细血管阻止某些物质（多半是有害的）由血液进入脑组织的结构。血液中多种溶质从脑毛细血管进入脑组织的难易程度和速度不同，这种有选择性的通透现象使人们设想可能有限制溶质透过的某种结构存在，这种结构可使脑组织少受甚至不受循环血液中有害物质的损害，从而保持脑组织内环境的基本稳定，对维持中枢神经系统正常生理状态具有重要的生物学意义。20 世纪初，研究人员发现，给动物静脉注射苯丙胺后，此药可以分布到全身的组织器官，唯独脑组织没有它的踪迹。注射锥虫蓝涂料以后，全身组织都着色，而脑和脊髓则不着色。很多研究者发现很多药物和染料注入动物体后，都有类似的分布情况。这些事实都启示人们保护脑组织的“屏障”的存在。

血脑屏障铅中毒的严重后果之一是血管内的水分渗透至人的大脑间质，引起脑水肿，从而使脑细胞凋零，造成智能低下（Lanphear 等，2005）。如不及时清除铅毒，随着血脑屏障的发育完善，储留在脑中的铅便很难排除。最为可怕的是，这种损伤是不可逆的、永久性的。近年来，我国陕西凤翔、湖南衡东、安徽怀宁、广东紫金、四川隆昌等地都发生过不同规模的血铅事件，提醒我们在制订环保管理制度和进行招商引资活动时不能忽视人民群众的身体健康。

在日常生活中，要增加钙、铁、锌和 VC 等摄入，以减少铅的吸收和促进铅的排泄。在环境管理方面，要改善居住环境，减少铅污染源。体内血铅浓度较高的患者，可在医院服用驱铅的药物，包括能与铅螯合的富含羧基（—COOH）和巯基（—SH）的金属螯合剂，如 $CaNa_2EDTA$、二巯基丙醇、青霉胺、二巯基丁二酸等。

3.1.2.2　汞

1. 汞的理化性质

汞的密度为 13，是元素周期表中的第 80 号元素，它的化学符号 Hg 来源于拉丁词汇“hydrargyrum”，词根分别是 hydra（水）、argyrus（银），与它的中文俗名不谋而合。而其英文名则来源于代表了速度和流动性的古罗马神 Mercury，古西班牙人还称之为“快银”（quick silver）。

汞用于制造温度计、气压计、荧光灯、电池等。汞是一种剧毒的非必需元素，任何剂量的汞都有毒性。常温下的汞为液体（熔点 –38.7 ℃），且易蒸发成汞蒸气，而且由于其表面张力大，易形成小汞珠到处流窜，污染环境后不易清除。

汞循环是重金属在生态系统中循环的典型，汞以元素状态在水体、土壤、大气和生物圈中迁移和转化。特别是当它排入水体后，可被好氧或厌氧微生物转化为甲基汞或二甲基汞。有机汞的脂溶性很强，易进入人体并通过血脑和血胎屏障，侵犯中枢神经系统，扰乱谷氨酸的重摄取并致使神经细胞基因表达异常。因此，有机汞的风险远高于无机汞。

2. 环境中汞的主要来源

环境中的汞来自于火山喷发、地热活动、岩石风化等自然源，以及燃煤、有色金属冶炼等工业人为排放源，以及底泥释放的二次污染。汞矿开采、加工会带来严重的汞污染。

中国是以煤炭为主的能源消费大国，现有的能源结构中煤炭占比达 2/3 以上，并且在未来的几十年中我国仍将以煤炭为主。我国多数煤炭资源含汞量为 0.01～1 mg/kg，平均含汞量为 0.15 mg/kg。燃煤发电是我国最大的汞污染源，我国也是向大气排汞量最多的国家之一。此外，我国汞矿资源丰富，居世界第 3 位。

3. 汞在人体内的代谢

金属汞通过呼吸道进入人体后，经血液循环系统分布到肾、肝中。

无机汞盐在消化道内的吸收率仅为 15%，经血液循环分布到肾、肝、脾，然后主要从肾脏排出。汞与体内含巯基的酶、蛋白质结合后，会影响人体的代谢酶活性。

有机汞在消化道的吸收率大于 90%，并且可以通过血脑屏障和血胎屏障进入大脑及全身各组织。有机汞的排出以胆汁排出为主（50% 的汞可被重吸收）。

4. 汞对健康的危害——水俣病

水俣镇是日本熊本县水俣湾东部的一个小镇，有 4 万多人居住，周围的村庄还居住着 1 万多农民和渔民。1952 年日本水俣镇居民高田治也发现自家的猫举止怪异，小猫身体抽搐、无法站立、表情狰狞，最终小猫似乎无法忍受痛苦而跳入了大海。从那年至 1953 年，水俣镇先后有 5 万多只猫跳海自尽。许多渔民也开始出现与猫一样的症状，一些人在痛苦的折磨中死去，胎儿的发育也受到严重影响。因病因不明，这一症状暂被称为“水俣病”。1965 年，日本新潟县阿贺野川地区也出现了有类似疾病的患者。经过调查研究，日本政府于 1968 年 9 月确认该病是人们长期食用富含甲基汞的水产品造成的中枢神经系统疾病。水俣湾的水产品中富含甲基汞，这是因为当地一家氮肥公司在生产过程中，将大量含汞的废水排入湾内，致使湾内水体、沉积物和生物体受到汞的严重污染（每千克沉积物中汞的含量高达几百毫克），而沉积物的微生物（细菌和真菌）将无机汞转化成毒性更大的甲基汞。

“水俣病”的急性与亚急性症状有：手指麻木、唇舌麻痹、说话不清、步态失调、吞咽困难、耳聋、视觉模糊、视野缩小。慢性症状不明显。此病一般以感觉障碍开始，症状可逐渐增多。先天性水俣病（congenital minamata disease）是由孕妇摄入的甲基汞通过胎盘侵入胎儿，影响胎儿脑组织及其他系统的发育导致的。体内汞暴露量（以体内甲基汞总负荷量计）与异常症状的关系如图3-2所示。

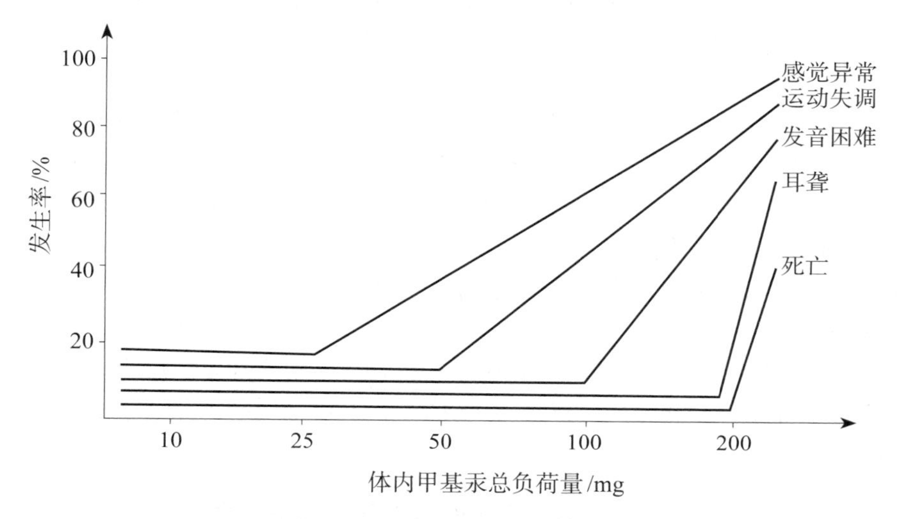

图3-2 体内汞暴露量与异常症状发生率的关系

1971年，人道主义摄影大师尤金·史密斯和妻子来到水俣村，用三年的时间记录下工业污染给人类和环境带来的无尽伤害。他在化工厂外拍摄示威的渔民时，曾被7名工厂雇佣的打手打成重伤，但这并没有动摇他将真相公之于世的决心。在拍摄过程中，他不仅记录客观事实，更通过图片和文字表现了人的勇气和人性的力量。

5. 汞的卫生标准

汞在地面水和生活饮用水中的标准含量是0.001 mg/L，鱼肉中汞含量不能超过0.3 mg/kg。汞进入环境后，依靠自净作用很难消除。应在污染水域限制捕捞，禁食鱼、贝。对于孕产妇及婴幼儿，应严格杜绝饮用汞污染水。

3.1.2.3 砷

1. 砷的理化性质

砷（As）是元素周期表中的33号元素，为类金属，密度为5.72。元素砷基本无毒，但其氧化物及砷酸盐毒性较大。砷及其化合物被用于制备农药、除草剂、杀虫剂。在无机砷中，三价砷化合物As_2O_3毒性最高，俗称砒霜，比五价砷化合物的毒性高40～60倍。中国炼丹家称硫磺、雄黄和雌黄为“三黄”，将其视为重要的药品，其中雄黄和雌黄分别为砷的硫化物，毒性小。$AsCl_3$是油状液体，毒性大。气态的AsH_3比重大，毒性也极大，多见于生产环境。有机砷可制成多种农药，性质各异。在2017年10月27日世界卫生组织国际癌症研究机构公布的致癌物清单初步整理参考中，砷和无机砷化合物在1

类致癌物清单中。2019年7月23日，砷及砷化合物被列入第一批有毒有害水污染物名录。

2. 砷污染的来源

砷的来源有含砷矿藏及有色金属矿藏附近地下水，含砷煤的燃烧，含砷金属的开采和冶炼，含砷农药、防腐剂、除锈剂等的使用。

地方性砷中毒是由于长期从饮用水、室内煤烟、食物等环境介质中摄入过量的砷。全球至少1.4亿人正面临着严峻的砷中毒危害。中国砷中毒病区县有43个，暴露人口为1400万。

专家估计，中国砷危害特别是饮水型砷中毒将成为21世纪急需解决的饮水卫生重大问题。新疆、内蒙古、山西等13个省份的砷中毒主要是饮水型砷中毒，因当地居民长期饮用含砷含量高的深层地下水而致。中国台湾省嘉义县和台南县井水砷含量高，平均含量为0.5 mg/L，居民饮用此井水后易患乌脚病。1968年研究人员对当地的40421人进行了调查，共查出皮肤癌428例，发病率为1.059%，男女比例为2.9∶1，存在明显的剂量–效应关系。

贵州、陕西的砷中毒以燃煤型砷中毒为主。居民燃用高砷煤，严重污染室内空气及食品。经过烟熏后，一些食物中的砷、铬、锑等有害重金属的含量会增加几十到几百倍（见表3–1）。

表3–1　经过烟熏后的辣椒和玉米中重金属的含量变化

实验组		砷含量/（mg/kg）	铬含量/（mg/kg）	锑含量/（mg/kg）
辣椒	正常（n=3）	0.04 ± 0.01	0.77 ± 0.11	57.2 ± 5.1
	烟熏后（n=6）	70.5 ± 40.3	6.18 ± 3.43	171 ± 20
玉米	正常（n=3）	0.01 ± 0.00	0.99 ± 0.05	19 ± 1.1
	烟熏后（n=6）	3.40 ± 0.95	1.78 ± 0.21	26 ± 0.9

如果储存不当，一些中成药如牛黄解毒片中的雄黄（主要成分为As_2S_2）可能会遇热分解氧化为As_2O_3。此外，还有不法商人为防止中药材发霉，会反复用工业硫磺熏蒸，这可能造成药材中的重金属砷、汞残留超标。

3. 砷在人体内的代谢

砷可以通过呼吸道进入人体，然后沉积在肺部。砷化合物可经呼吸道、皮肤和消化道被人体吸收，然后分布于肝、肾、肺及胃肠壁和脾脏，最后经尿或粪便排出。砷可与细胞中含巯基的酶结合，抑制细胞氧化过程；还能麻痹血管运动中枢，使毛细血管麻痹、扩张及通透性增高。三价砷易与角蛋白结合，蓄积在皮肤、指甲、毛发。砷中毒引起的皮肤病变表现为色素沉着、灰黑色或深褐色斑点。急性砷化物中毒多见于食用了被砷化物污染的食品或饮用水。人体吸收砷的速度很快，中毒者在10 min左右出现消化道症状，之后砷随血液分布至全身。

3.1.2.4　镉

1. 镉的理化性质

镉的密度为8.65，为元素周期表的48号元素，与锌同组，为人体非必需元素。与汞一样，任何剂量的镉都有毒。

2. 镉污染的来源

自20世纪初发现镉以来，镉的产量逐年增加，镉污染主要来源于电镀、采矿、冶炼和化学工业等排放的废气、废水和废渣。含镉的工业废气扩散到工厂周围并自然沉降，蓄积于工厂周围的土壤中；废水排入地表水或渗入地下水。农业上，某些地区生产的含高镉的磷肥也可能带来镉污染。

3. 镉在体内的代谢

镉可以通过消化道、呼吸道和皮肤进入人体。镉在消化道中的吸收率为1%～2%，在呼吸道中的吸收率为30%。烟草中含有大量镉，吸烟时10%的镉可被人体吸收。镉被人体吸收后，在体内形成镉硫蛋白，选择性地蓄积在肝、肾中。其中，肾脏可吸收进入体内近1/3的镉，是镉中毒的“靶器官”。由于镉损伤肾小管，病者会出现糖尿、蛋白尿和氨基酸尿。镉还会阻碍骨骼的代谢，长期生活在高镉环境容易患“痛痛病”，此病名源自病人终日喊痛，表现为骨高度萎缩、骨软化症与骨质疏松。血液中的镉含量很低，小于10 μg/L，大部分储存在红细胞中。镉蓄积性很强，人体中的镉的生物半衰期为10～30年。

由于镉对土壤的吸附力强，所以很容易通过农作物进入人体。尤其是稻米对镉污染的吸附作用明显强于玉米、大豆等其他的作物品种，在镉超标土壤中种植的水稻往往存在镉超标的问题。2014年发布的《全国土壤污染状况调查公报》显示，镉污染物点位超标率达到7.0%。我国湖南、广西、四川等省份都曾发生过“镉米”事件。

3.1.2.5　铬

1. 铬的理化性质

铬的密度7.19，为元素周期表的24号元素。铬是银白色金属，在自然界中主要形成铬铁矿。铬具有很高的耐腐蚀性，在空气中，即便是在赤热的状态下，铬的氧化也很缓慢。因铬不溶于水，镀铬可对金属起保护作用。铬的常见化合价有+2、+3、+6。铬的天然来源主要是岩石风化，由此而来的铬大多是三价铬。由于风化作用进入土壤中的铬，容易被氧化成具有可溶性的复合阴离子，然后通过淋洗转移到地面水或地下水中。

2. 铬污染的来源

铬污染主要由工业引起。铬的开采冶炼、铬盐的制造、电镀、金属加工、制革、油漆生产、颜料生产、印染工业以及燃料燃烧排出的含铬废气、废水和废渣等都是铬污染源。电镀废水中的铬主要来自镀件钝化后的清洗工序。经长期雨水冲淋后，露天堆存的铬渣中大量的六价铬离子随雨水溶渗、流失、渗入地表，从而污染地下水，也污染了江河、湖泊，进而危害农田、水产和人体健康。

3. 铬在人体内的代谢

元素铬是人和动物所必需的一种微量元素，是正常生长发育和调节血糖所需的重要元素，并对血液中的胆固醇浓度有控制作用。人体缺乏铬时会表现为糖代谢失调、动脉粥样硬化。铬对植物生长有刺激作用，可提高收获量。人体对无机铬的吸收利用率不到1%，但铬一旦被吸收，便迅速随血液分布于各个器官中，特别是肝脏；人体对有机铬的吸收利用率可达10%～25%。

过量铬进入人体后，对人的皮肤、呼吸道、眼及耳、胃肠道都有损害。铬进入血液后，主要与血浆中的球蛋白、白蛋白、r- 球蛋白结合。铬（Ⅵ）还可透过红细胞膜，15 min 内 50% 的铬（Ⅵ）进入细胞，之后与血红蛋白结合。铬的代谢物主要从肾排出，少量经粪便排出。铬（Ⅲ）和铬（Ⅵ）可以相互转化，铬（Ⅲ）有致畸作用，但铬（Ⅵ）的毒性比铬（Ⅲ）要高 100 倍，更易为人体吸收，而且可在体内蓄积，是强致突变物质，还可诱发肺癌和鼻咽癌。

含铬量比较高的食物主要是一些粗粮，如小麦等。另外，胡椒、动物的肝脏、牛肉、鸡蛋、红糖、乳制品等都是铬元素含量比较高的食物。

3.1.3　我国曾发生过的重金属污染事件

近十几年来，我国已连续发生多起重特大重金属污染事件。自 2009 年 8 月开始，陕西省凤翔县长青镇的多名儿童出现腹痛、烦躁、发育不良等症状，经检查，这些儿童的血铅含量在 240 μg/L 左右，远超 100 μg/L 的安全限值。经多家医院体检，从 731 名儿童中发现 615 人血铅超标，其中 166 人中、重度铅中毒。后来查明原因为陕西东岭集团冶炼公司排放了含铅的废水、废气，而当地政府未能按期组织卫生防护范围内的村民搬迁。该企业的工作人员血铅超标更加严重，有些从业人员血铅含量竟高达 1100 μg/L。就铅污染成因而言，污染物主要在 1 m 以下的空气中及地表表面有累积效应，对于儿童的影响更大，而且当地地形及局地气候也不利于污染物的扩散。该事件发生后，环保部门责令该公司停产。“铅威胁区”的村民加快了搬迁，血铅儿童得到免费治疗，凤翔县委、县政府以及长青工业园管委会、凤翔县环保部门等 11 名干部受到党纪、政纪处分，时任冶炼公司总经理、副总经理已被免职。

3.1.4　重金属的污染修复

重金属的毒性与其形态和价态有关，一般可采用“分级提取法”来确定样品中的重金属形态。以 Tessier 五步法为例，根据不同的提取液中的溶出情况，重金属一般可被分为酸溶态（可交换态）、碳酸盐结合态、铁锰水合氧化物结合态、有机物和硫化物结合态以及残渣态。按以上提取的顺序，重金属的生物可利用性风险逐步降低。在重金属污染水体、土壤的修复中，总体原则是转移或固定（钝化），如通过调节 pH 使重金属生成难溶的氢氧化物，或者通过生成更小溶度积的沉淀来降低重金属的移动性。

1. 汞污染

(1)大气中的汞。

大气中的汞主要来源于煤炭燃烧，可以在煤炭燃烧前、燃烧中、燃烧后进行脱汞。汞与其他矿物质类似，主要存在于无机物质中。汞会大量富集在浮选废渣中，从而起到了除去煤中汞的作用。燃烧中脱汞主要是通过改进反应釜和控制燃烧温度使汞形成易于捕集的形态。燃烧后脱汞主要是通过改进现有的污染控制设备的操作来实现，主要包括飞灰注入、活性炭吸附剂注入、钙吸附剂注入等。

(2)土壤中的汞。

可以用大米草、芦竹、苎麻、柳树、红树、小叶黄杨、豌豆、小麦等超积累植物进行植物修复，也可以用化学的方法改变土壤pH，例如添加螯合剂EDTA、改变土壤腐殖质的构成，还可以将汞离子还原基因、有机汞裂解基因转导到植物水稻、烟草等进行基因工程修复。具体原理可见本书第7章7.3.2.3节的“植物修复”。

2. 铬污染

去除水中六价铬可采用还原的方法，首先使Cr(Ⅳ)转化为毒性较低的Cr(Ⅲ)，然后再通过沉淀进一步去除水中的铬。

$$\mathrm{Cr(IV)} + \text{还原剂} \longrightarrow \mathrm{Cr(III)}$$

$$\mathrm{Cr(III)} + 3OH^- \longrightarrow \mathrm{Cr(OH)_3}\downarrow$$

去除土壤中的铬可采用化学清洗、植物或微生物修复等方法。

3. 砷污染

饮用水中砷污染的治理方法主要是沉淀法和吸附法，沉淀法可以采用铁盐混凝、氯-聚合硫酸铁混凝，吸附法中的吸附剂可以是氧化铝、海泡石、粉煤灰和铈铁等。此外，高铁酸盐法、磁性吸附、载体-配位体交换棉纤维素吸附也可以去除饮用水中的砷。

废水中的砷可通过沉淀法去除。废气中的砷在550～700 ℃的高温下可挥发。而对于土壤中的砷，可加入铁、铝吸附，或加入$MgCl_2$使其固定，还可以加入氧化剂防止被还原。去除土壤中的砷还可采用植物修复，目前研究人员发现用刹车蕨、蜈蚣草、东南景天等植物超量富集的方法去除砷的效果比较理想：一年一亩地能吸附7～13 kg砷。在刹车蕨羽叶中，砷含量可以达到7526 mg/kg，实现土壤中砷的126倍富集（Ma等，2001）。

4. 铅污染

用化学沉淀法来去除铅是比较普遍的做法，其原理是在含铅废水中加入硫化物、铁氧体、氢氧化物从而生成多种含铅的沉淀，一般需要控制溶液的pH值为碱性。此外，还可以使用离子交换、膜分离等技术来去除水中的铅。

5. 镉污染

废水中重金属镉的去除，可采用添加OH^-、CO_3^{2-}、S^{2-}和PO_4^{3-}等离子，生成不溶性沉淀的方法，以减少游离态的镉，降低其生物可利用性。镉的去除率与沉淀物的溶度积有关。在 pH=10 的溶液中生成 $Cd(OH)_2$ 沉淀，Cd^{2+} 的去除率可达 99.25%；加入碳酸盐生成 $CdCO_3$，可使处理后的游离 Cd^{2+} 的质量浓度＜ 0.1 mg/L；生成 CdS 时镉的去除率可达 99%；加入磷酸盐生成 $Cd_3(PO_4)_2$，处理后的游离 Cd^{2+} 的质量浓度＜ 0.008 mg/L。此外，还可以用吸附法、离子交换法和膜分离法去除 Cd^{2+}。

土壤中的镉可采用钝化法去除，可以添加的钝化剂有以下几种。

①石灰（$CaCO_3$）。通过提高土壤 pH 值，减少镉的生物有效性。石灰可以与镉形成不溶性化合物，减少镉的移动性和生物可利用性。

②磷酸盐（如磷酸二氢钙，$CaHPO_4$）。磷酸盐与镉反应生成不溶性的镉磷酸盐沉淀，从而降低镉的生物可利用性。通过促进镉的固定，减少植物对镉的吸收。

③有机质（如腐殖质、堆肥）。有机质能够通过络合作用结合镉，减少其在土壤中的有效性。有机质的加入还可以改善土壤结构和肥力，有助于植物生长。

④硅酸盐（如沸石、硅灰石）。硅酸盐可以通过离子交换和吸附作用固定镉，减少其移动性和生物有效性。硅酸盐还能提高土壤 pH 值，间接降低镉的生物有效性。

⑤铁氧化物和锰氧化物。这些氧化物可以通过吸附和沉淀作用有效固定镉。铁氧化物和锰氧化物具有较大的比表面积和吸附能力，对重金属具有较强的钝化作用。

⑥生物炭。生物炭通过其高比表面积和多孔结构吸附镉，从而减少其生物有效性。生物炭还可以改善土壤的物理和化学性质，提高土壤肥力。

⑦黏土矿物（如膨润土、高岭土）。这些矿物具有较高的阳离子交换能力，能够有效吸附和固定镉离子。吸附作用可减少镉的移动性和植物可利用性。

这些钝化剂可以单独使用或组合使用，以达到最佳的钝化效果。选择适当的钝化剂需要考虑土壤的具体性质、污染程度以及经济可行性。

3.2 有机物及持久性有机物

3.2.1 有机物及持久性有机物的定义

有机物是含碳化合物或碳氢化合物及其衍生物的总称，主要由碳元素、氢元素组成，如脂肪、氨基酸、蛋白质、糖、叶绿素、酶等。

按照有机物在自然界中的存在时间或被生物利用的难易程度，有机物可被分为易降解、难降解和不降解有机物。其中天然或人工合成的难降解及不降解有机物可能带来严重的环境问题。

持久性有机物（persistent organic pollutants，POPs）是指化学性质稳定，在环境中能持久残留，能通过大气、水等介质传播，易于在人体、生物体和沉积物中积累，并能致癌、致畸的有机物，包括多环芳烃、内分泌干扰素等。POPs 的主要特征为高毒性、半衰期长、积聚性、流动性。如二噁英类物质中最毒者 2,3,7,8- 四氯二苯并 -p- 二噁英（2,3,7,8-TCDD）的毒性相当于氰化钾的 1000 倍以上，这类物质在气相中的半衰期为 8～400 天，水相中为 166 天至 2119 年，在土壤和沉积物中为 17～273 年。它们具有的高亲油性和高憎水性，使其能在活的生物体的脂肪组织中进行生物积累。此外，POPs 物质一般是半挥发性物质，在室温下就能挥发进入大气层，还可通过风和水流传播到很远的距离，早在20世纪60年代人们在南极和北极这些远离污染源的地区就发现了DDT和多氯联苯（PCBs）等POPs的存在（Tatton等，1967；Bowes等，1975）。

由于POPs的环境风险，2001年5月23日，在瑞典斯德哥尔摩，联合国环境规划署（UNEP）主持了《关于持久性有机污染物的斯德哥尔摩公约》的签订。首批列入公约的POPs共有12种（类），包括DDT、艾氏剂、狄氏剂、异狄氏剂、六氯苯、七氯、氯丹、灭蚁灵、毒杀芬等有机氯农药以及PCBs、二噁英。2004年5月17日，最初的151个签署国和128个团体已经全部批准公约，公约正式生效。我国是公约的首批签约方，公约于2004年11月11日对中国生效。公约中的控制污染物清单是开放的，后来陆续有新的污染物被列入清单中，至2023年，清单中的受控化学物质增至34种（类）。

3.2.2. DDT

DDT（dichloro-diphenyl-trichloroethane）又叫滴滴涕，化学名为双对氯苯基三氯乙烷，于1874年由奥地利化学家奥斯玛·齐德勒（Othmar Zeidler）首先合成，但他没发现有什么用途。1939年，瑞士化学家保罗·赫尔曼·缪勒（Paul Hermann Müller）在对害虫进行系统性研究时，发现DDT在杀灭蝗虫、跳蚤、蚊子等方面的强大功能：它能通过昆虫体壁的几丁质进入虫体，从而激活昆虫神经元中的电压敏感钠离子通道，导致昆虫自发放电，进而引起痉挛或过度兴奋，最终麻痹而死。其效应类似蛇的神经性毒素，但这种神经毒性对哺乳动物无效。

由于杀虫方面的强大能力，DDT在世界各国迅速普及应用。1948年，未使用DDT的斯里兰卡每年约有100万新增疟疾患者，从开始使用DDT到1963年，每年新增疟疾患者仅为18个，效果可以用惊人来形容。1943年，二战的盟军给军人和百姓喷洒DDT溶液，3周内杀死了虱子，使斑疹伤寒绝迹。1945年，美军占领日本后，也如法炮制，成功遏制伤寒传播。DDT的强效杀虫作用拯救了深受蚊虫叮咬毒害的人们，遏制了霍乱、斑疹和伤寒等疾病在欧洲的大流行。在地中海、印度、东南亚，DDT在控制疟疾传播上也立了大功，之后又在全世界成功控制了疟疾和脑炎的传播，拯救了亿万人的生命。DDT与青霉素、原子弹，被誉为第二次世界大战时期的三大发明。由于DDT在农药和疾病预防方面的惊人效果，缪勒获得1948年的诺贝尔医学或生理学奖，这是首次由非生理学家获此殊荣。

由于造价较低，DDT很快成为当时全球使用范围最广的“万能杀虫剂”，被人们广泛应用于农业除虫和日常除蚊。DDT的使用，让农业丰收甚至增产。1954年，美国在使用DDT后，农田的单位产量比1943年未使用DDT时提高了60%。DDT的无害性深入人心，为了杀死害虫，人们常常在农田中喷洒DDT。为了杀蚊，人们在城市中用洒水车大量地喷洒DDT，有时还会用直升机往整个城市直接喷洒DDT。甚至在丰收时，农场主会用DDT代替香槟喷洒狂欢，小孩子也会毫无忌惮地在DDT喷雾中玩耍。

20世纪50年代至20世纪80年代期间，DDT每年的用量都超过了4万吨，全球总产量估计达到了180万吨。在这30年里，DDT预计使大约50万人免于被饿死，并在预防疾病中大约拯救了2500万人的生命。

转折发生在1962年。由于DDT的大量使用，一些昆虫开始产生了抗药性，杀虫效果开始下降，它对自然生态系统的负面影响逐渐引起人们的关注。在观察到周围环境中鸟类数量的变化后，美国海洋生物学家蕾切尔·卡逊（Rachel Carson）在她所撰写的《寂静的春天》中，描绘了滥用DDT造成的严重后果。该书的出版在美国社会引起了巨大反响，掀起了一场全球范围的环境运动。1970年，美国成立了环境保护署；1972年，美国民众展开了禁用DDT的声势浩大的游行，时任总统肯尼迪颁布了自1973年1月1日起禁止使用DDT的法令。许多欧洲国家也紧跟其后，逐渐明令禁止生产和使用DDT。我国也于1983年停止使用和生产DDT。

DDT化学性质稳定，在自然界中难以分解，其浓度会沿着食物链向上不断递增。例如，海水中的DDT的质量浓度仅为3×10^{-6} mg/L时，经过了浮游动物、小鱼、大鱼的多级富集后，鱼鹰体内的DDT含量可达25 mg/kg，富集倍数为833万倍。高浓度的DDT会干扰鸟类钙的代谢，使蛋壳变薄，极少数的蛋能够顺利孵化，严重影响鸟类生殖功能和寿命。DDT是一种亲脂疏水的有机物，对于人类而言，它进入人体后会储藏在脂肪细胞中，影响人体荷尔蒙分泌。医学研究人员还发现DDT对肝脏功能有影响，存在潜在威胁，甚至可能致癌。

但是，禁用DDT后非洲的疟疾死灰复燃，南非一个省的疟疾患者从8000人飙升到了4万人；斯里兰卡停用DDT后，疟疾患者一年内增长了50万人。几十年时间里，因禁用DDT导致的死亡人数以千万计。2000年时，全球有3亿疟疾患者，每年因疟疾死亡的人数超过100万人，绝大多数都是非洲人民。有科学家指出，DDT能作为一种趋避剂，将蚊虫从屋内赶出，避免疾病传播。如果限制DDT的浓度和使用范围，仅在屋内少量使用，可以将疟疾的发病率降低90%。2006年，世界卫生组织宣布重新启用DDT用于控制蚊子的繁殖，以预防疟疾、登革热、黄热病等在世界范围内的再次出现。2017年10月27日，在世界卫生组织国际癌症研究机构公布的致癌物清单中，DDT属2A类致癌物（即“很可能人类致癌物”，系流行病学数据有限但动物实验数据充足）。

3.2.3 多环芳烃

1. 定义

多环芳烃（polycyclic aromatic hydrocarbons，PAHs）是指带有3个或以上苯环的挥发性碳氢化合物，在煤、石油、木材、烟草、有机高分子化合物等的不完全燃烧中产生，包括蒽、菲、芴、芘、苯并芘等200余种。PAHs为最早被发现、最早被研究、数量最多的化学致癌物，在国际癌症研究中心（IARC）（1976年）列出的94种对实验动物致癌的化合物中有15种多环芳烃。

2. PAHs对健康的危害

多环芳烃属于持久性有机污染物，广泛存在于空气、水、土壤、作物和食品中。大气中的PAHs以气、固两种形式存在，其中分子量小的2～3环PAHs主要以气态形式存在，4环PAHs在气态、颗粒态中的分配基本相同，绝大部分5～7环的大分子量PAHs以颗粒态形式存在。水体中的多环芳烃可呈三种状态：吸附在悬浮性固体上；溶解于水；

呈乳化状态。

在已知的500多种致癌物中，有10多种和多环芳烃有关。随着其环数的增加、化学结构的变化和疏水性的增强，PAHs的电化学稳定性、持久性、抗生物降解能力和致癌性会增大，挥发性也会随着其分子量的增加而降低。PAHs在自然界许多生物链中都存在生物积累效应，其在自然界中的含量相当惊人，因此也被认定为影响人类健康的主要有机污染物，能对人体的呼吸系统、循环系统、神经系统造成损伤。

常见多环芳烃的致癌活性如表3–2所示，“+”越多表示致癌活性越强。

表3–2　常见的多环芳烃的致癌活性

物质名称	致癌活性	物质名称	致癌活性
萘	−	苯并[a]芘	++++
苊	−	苯并[e]芘	−
芴	−	苯并[g,h,i]苝	+
菲	+	苝	−
蒽	−	苯并[a]蒽	++
芘	+	苯并[b]荧蒽	++
䓛	+	苯并[k]荧蒽	++
荧蒽	+	菌核菌素	+
二苯并[a,h]蒽	++	茚并[1,2,3–c,d]芘	++

注：“+”表示阳性，“–”表示阴性。

3. 苯并[a]芘

苯并[a]芘（benzo(a)pyrene，BaP）是PAHs中致癌作用最强的物质，研究也较深入，常作为环境受PAHs污染的指标。

BaP主要来源于含碳物质（煤炭、汽油、木柴、烟草等）的不完全燃烧，常见的每千克燃料排出的BaP量为：煤67～136 mg/kg，木材61～125 mg/kg，原油40～68 mg/kg，汽油12～50 mg/kg。工业、交通排出的BaP使大气中BaP的质量浓度高达20.2 ng/m^3（Deziel等，2012），土壤中的BaP含量达5.5 mg/kg（Obrycki，2017）。由于BaP的高脂溶性，其易吸附于空气和水中的颗粒物上。

吸烟烟雾和经过多次使用的高温植物油、煮焦的食物、油炸过火的食品都会产生BaP：一支香烟中含有52～95 ng BaP（Bukowska，2022），烧烤烟气中的BaP超标60～100倍，烤肉中的BaP为3.92 μg/kg（刘孝英等，2020），烤糊的肉类中的BaP增加10～20倍（余盖文等，2019）。

BaP总是和大气中各种类型微粒所形成的气溶胶结合在一起，在8 μm以下的BaP可随尘粒进入肺部，甚至进入肺泡与血液，导致肺癌和心血管疾病。

研究人员通过动物实验发现，采用气管滴注 BaP、皮肤涂抹 BaP 等方式可诱发小鼠的肺癌和皮肤癌。其机理为：7,8- 二羟基 -9,10 环氧苯并 [a] 芘是最终致癌物，可以与 DNA 的亲核位点鸟嘌呤的外环氨基端共价结合，引起 DNA 碱基突变，从而激活癌基因；同时，还会激活 p53 基因的表达，引起细胞凋亡（p53 基因是人类抑癌基因，常常与细胞凋亡有关）(Philips，1983；Denissenko 等，1996)。机理示意图见图 3−3。

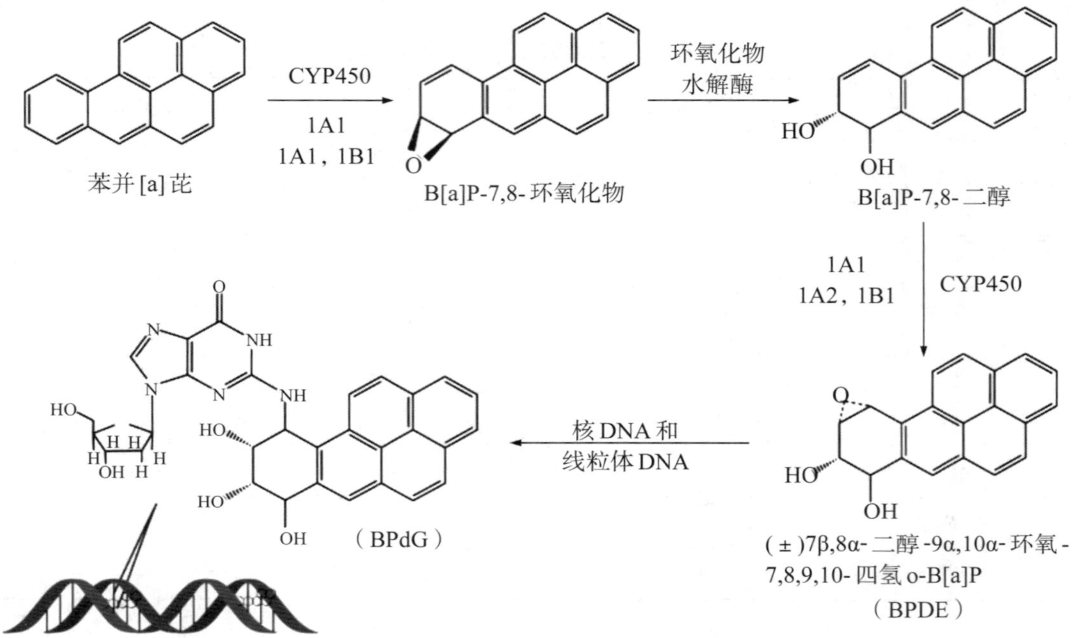

图 3−3　苯并芘 [a] 通过与 DNA 加和的方式间接致癌的机理（Barnes，2018）

3.2.4　PFOA 与 PFOS

1. 全氟辛酸

全氟辛酸（perfluorooctanoic acid，PFOA），又名十五氟辛酸，是一种人工合成的有机化合物，化学式为 $C_8HF_{15}O_2$，又被称为“C8”，常温下为白色结晶，主要用作表面活性剂、乳化剂，是生产高性能氟聚合物时不可或缺的加工助剂。这些高性能氟聚合物可被广泛应用于航空航天、电子行业以及厨具等民生用品中。

全氟辛酸很难从环境中降解，有可能通过食物、空气和水进入人体。近年来在多个国家的居民的血液中，以及海洋生物和北极熊肌肉、肝脏等组织中都检测到这种物质。由于 PFOA 的化学性质稳定，降解性差，在人体内的消除半衰期长达 4.4 年，对人类健康构成了威胁。其危害主要表现在以下几个方面。

①肝脏影响。PFOA 已被证明会导致肝脏损伤，包括肝脏酶的升高、脂肪肝和肝脏细胞癌的发生风险增加。研究表明，PFOA 暴露与肝脏酶的升高以及肝细胞癌风险之间存在显著关联（Lau 等，2007）。

②内分泌干扰。PFOA被认为是内分泌干扰物，可能影响甲状腺功能，导致甲状腺激素水平异常。研究发现，PFOA暴露与甲状腺疾病的发生风险增加相关，包括甲状腺功能减退和甲状腺炎（Melzer等，2010）。

③生殖和发育毒性。动物实验表明，PFOA暴露可能影响生殖健康，包括降低生育能力和影响胎儿发育。研究也表明，PFOA暴露可能与低出生体重、早产和其他发育问题相关（Fei等，2007）。

④免疫系统影响。PFOA可能会影响免疫系统功能，降低疫苗的有效性和增加感染风险。研究发现，PFOA暴露与儿童免疫反应减弱相关，可能导致疫苗接种后抗体水平降低（Grandjean等，2012）。

⑤癌症风险。流行病学研究表明，PFOA暴露与某些癌症的风险增加有关，包括睾丸癌和肾癌。此外，它还能诱发胰腺、乳腺等不同部位的肿瘤，导致实验动物体重减轻（Barry，2013）。

根据2017年10月27日世界卫生组织国际癌症研究机构公布的致癌物清单初步整理参考，全氟辛酸在2B类致癌物清单中（即“可能人类致癌物”，或动物数据不足，或流行病学数据不足）。

2. 全氟辛烷磺酰基化合物

全氟辛烷磺酰基化合物（perfluorooctane sulphonates，PFOS）由全氟化酸性硫酸基酸中完全氟化的阴离子组成并以阴离子形式存在于盐、衍生体和聚合体中，广泛应用于纺织品、地毯、纸、涂料、消防泡沫、影像材料、航空液压油等的生产中。“PFOS指令”限制了在以纺织品和皮革等为原料制作的玩具产品中使用PFOS，旨在减少PFOS进入环境和食物链的可能性，保护人类健康和环境。

研究表明，PFOS是具有毒性的致癌物质（Steenland等，2010），在环境中降解难，生物累积性强，可发生远距离迁移。但是，PFOS仍然是最优秀的拒水、拒油、拒污整理剂的原料，且至今在纺织行业中还没有理想的替代品，因此，PFOS还有一定市场。针对PFOS仍被广泛使用的现状，一些发达国家已颁布了相关法令，禁止或限制PFOS在纺织品中的使用，如欧盟的《关于限制全氟辛烷磺酸销售及使用的指令》（2006/122/EC）规定纺织品中的PFOS含量不能超过50 mg/kg。

PFOS是目前世界上发现的最难降解的有机污染物之一，具有很高的生物积累能力，可通过呼吸或食用被生物体摄取，其大部分与血浆蛋白结合存在于血液中，其余则蓄积在动物的肝脏组织和肌肉组织中。动物实验表明，2 mg/kg的PFOS含量就可导致动物死亡。

3.3 内分泌干扰物

3.3.1 内分泌干扰物的定义

内分泌系统是一个复杂的网络，由腺体、激素和受体共同协作以维持精确的稳态控制。它在调节基本生理过程方面发挥着至关重要的作用，包括新陈代谢、生长、发育、繁殖和应激反应。内分泌干扰物（environmental endocrine disruptors，EEDs）是指能干扰机体天然激素合成、分泌、转运、结合或清除的各种外源性物质。EEDs 主要通过模拟、拮抗、改变激素的代谢、弱化受体水平来影响人和动物的内分泌系统，促使女性乳腺癌、卵巢癌和子宫癌发病率增加，影响男性的生殖能力和性欲。EEDs 来源于自然界的某些植物激素、动物激素。人工合成的雌激素、工农业用化学品是环境中内分泌干扰物的主要来源。在日常中，我们可能通过食物、饮用水和吸入空气污染物，或者通过皮肤（例如使用个人护理产品）接触到内分泌干扰物。

3.3.2 内分泌干扰物的危害

内分泌干扰物能引起生殖系统发育异常，如雌雄同体、儿童性早熟、子宫内膜异位等；造成生殖系统功能障碍，使性功能和精子数明显下降，造成生殖系统及内分泌系统肿瘤发病率上升（周庆祥等，2001）。此外，它们还可能影响代谢健康，导致肥胖、糖尿病和代谢综合征，并可能对神经功能产生深远影响，包括导致大脑发育迟缓、语言发育延迟、认知障碍和神经退行性疾病（李欣慧等，2021；罗兰芬等，2017；倪青等，2010）。

以色列科学家对 1973—2011 年间西方国家 42935 名男性的精液样本进行了荟萃分析，发现总精子数下降 59.3%，精子浓度下降了 52.4%（图 3–4）（Levine 等，2017）。中

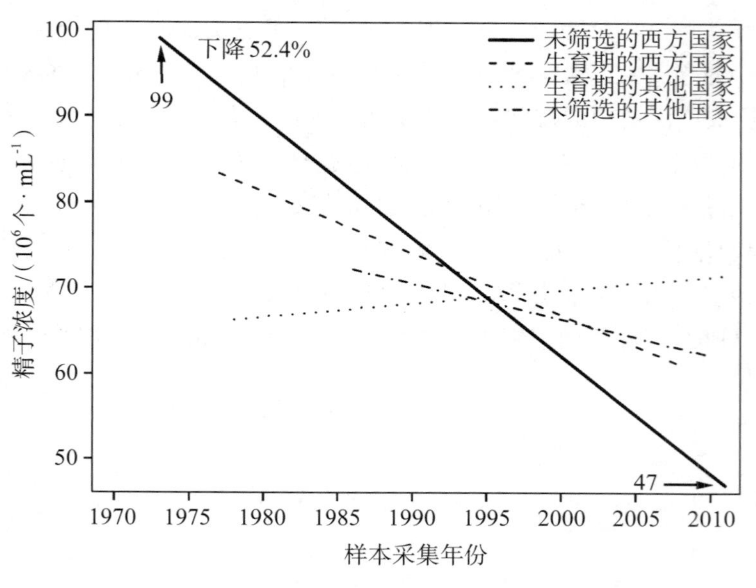

图 3–4　1973—2011 年精子浓度的变化（Levine 等，2017）

南大学湘雅医院对30636名捐精者的精子质量进行统计分析，发现精子浓度、总精子数量、运动性均大幅下降（Huang等，2017）。精子密度平均每年下降1%。很多研究者都认为这些问题的出现与内分泌干扰物的广泛存在有关（Carlsen等，1992；Sharpe和Skakkebaek，1993）。

内分泌干扰物质不仅会对身体健康产生危害，还会对心理健康产生一定的影响。长期接触内分泌干扰物质，不仅会导致身体上的疾病，还会对人的精神状况造成一定的负面影响。如果人体内激素水平长期失衡，易诱发情绪焦虑、抑郁等心理问题（Nguyen等，2022）。

3.3.3　内分泌干扰物清单

20世纪90年代，在全球范围内掀起了污染物内分泌干扰效应研究的热潮。1996年美国学者Colborn等编写的科学小说《我们被偷走的未来》（*Our Stolen Future*）在全球特别是发达国家掀起巨大波澜，极大地促进了美、欧、日等发达国家和地区对环境污染物引发的内分泌干扰问题的重视和研究。为了加强管理，美国国家环境保护局公布了第一批环境内分泌干扰物的清单，其中包括二噁英及其多氯代苯并呋喃类物质、邻苯二甲酸酯类（增塑剂），以及DDT、艾氏剂、狄氏剂等12类67种物质。

1. 二噁英类

二噁英类包括多氯代苯并二噁英和多氯代苯并呋喃，一共有210种。二噁英的脂溶性极强，耐酸碱及氧化，平均半衰期为9年，可破坏免疫系统、生殖系统、内分泌系统。环境中的二噁英主要来源于金属生产、电力生产和供热工业的排放。人体中的二噁英主要来自牛奶、肉类等食物的摄入。

2. 塑化剂

塑化剂也被称为增塑剂，是一种高分子材料助剂，也是环境雌激素中的酞酸酯类（phthalates，PAEs），最常见的品种是DEHP（商业名称为DOP）。塑化剂的种类很多，包括邻苯二甲酸酯类（PAEs）、双酚A、氯化烃类、环氧类、脂肪酸酯、苯多酸酯等。常说的塑化剂主要是指PAEs（图3-5），这类化合物一般在常温下为无色透明的油状黏稠液体，属脂溶性物质，易溶于甲醇等有机溶剂。其添加对象包含了塑胶、混凝土、水泥与石膏等，经常被用于增加塑料制品（如塑料袋、保鲜膜、塑料瓶、塑料杯具等）的柔软性、延展性和可加工性。

塑化剂（如DEHP）可通过消化道、呼吸道、皮肤吸收与静脉输液等途径进入人体，从而对机体产生毒性作用。塑化剂暴露对机体的负面影响具体表现为对生殖系统产生毒性、肥胖、糖尿病、神经行为发育异常，甚至诱发肿瘤等。男性在胎儿期暴露于塑化剂环境中，可能导致隐睾症；青春期暴露于塑化剂环境中，可能引起“娘娘腔”。塑化剂也会促使女孩“性早熟”，并增加罹患乳腺癌的概率。

日常使用的塑料袋、PVC保鲜膜、指甲油、香水、塑料玩具等都含有大量的塑化

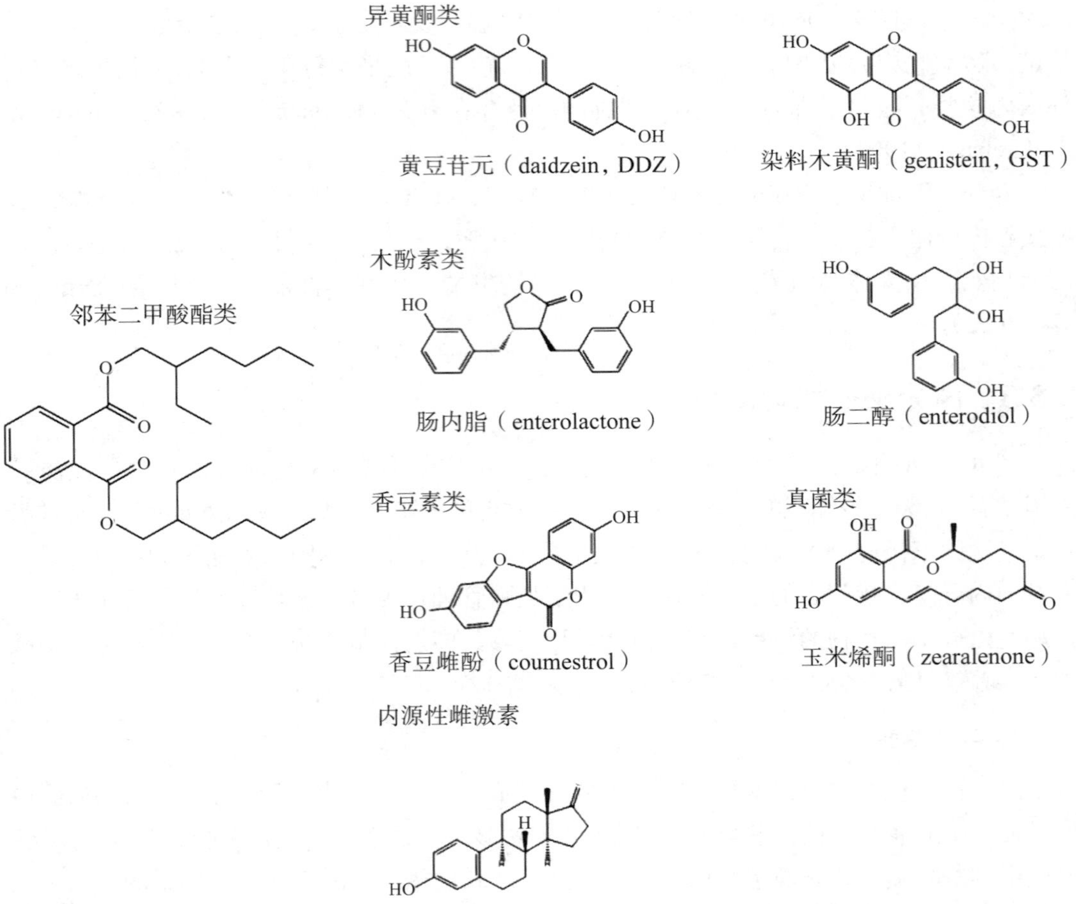

异黄酮类

黄豆苷元（daidzein，DDZ）

染料木黄酮（genistein，GST）

邻苯二甲酸酯类

木酚素类

肠内脂（enterolactone）

肠二醇（enterodiol）

香豆素类

香豆雌酚（coumestrol）

真菌类

玉米烯酮（zearalenone）

内源性雌激素

图3-5　邻苯二甲酸酯类物质与人体激素的化学结构式

剂。食品中使用增稠剂（稳定剂或乳化剂）是为了增加饮料的黏稠性，使得饮料看起来很黏稠，有果胶的质感。增稠剂的主要构成物质原本是淀粉与精制棕榈油，这是罐装饮料常用的添加剂。但精制棕榈油成本高（是工业塑化剂的5倍），所以一些厂商为降低成本，加入塑化剂取代部分棕榈油，从而带来安全风险。

3. 农药类

目前施用的农药中，70%～80%都属于内分泌干扰物，如DDT、六六六、氯丹、阿特拉津、五氯硝基苯等。

将刚出生小鼠暴露在杀虫剂毒死的蜱中，小鼠大脑和前脑DNA的合成大量减少，脑干和前脑中RNA的浓度发生变化；有机磷农药和拟除虫菊酯也都使大鼠子宫雌激素受体显示出拟雌激素活性（王鲁梅等，2006）。

阿特拉津曾经是世界上使用最普遍的除草剂，但后来有研究发现，小鼠暴露于阿特拉津环境中后，其雌性后代的阴道发育延迟，而雄性后代则前列腺炎发生率高（黄淼秋等，2021）。乙草胺也能影响非洲爪蛙的甲状腺功能（刘蕊等，2019）。

4. 自来水中的环境内分泌干扰物

近年来，研究人员在自来水中检出了内分泌干扰物，而内分泌干扰物的来源包括水源、自来水处理过程及市政管网的传输过程。

日本于1971年成立环境省，随后在1974年首次开展大规模的环境监测，并于1978年起每年进行环境监测，在对水源地的水体、底泥、大气、鱼类的检测中发现了760余种的化学物质，其中的EEDs有12种，包括六氯苯、三丁基锡、双酚A、邻苯二甲酸丁基酯等（Shibata，2007）。我国某水源地水库中也检出了非离子表面活性剂和壬基酚（周鸿等，2004）。

传统的自来水厂处理工艺对壬基酚的去除率仅为60%左右，如广州的自来水和瓶装水中都检出了壬基酚，其质量浓度分别为1987 ng/L和108～298 ng/L（Li等，2010）。在自来水的氯消毒过程中，发现多种消毒副产物也都有内分泌干扰效应。如，三卤甲烷对雄性小鼠的睾丸和雌性小鼠的卵巢有显著影响（Melnick等，1987），三氯乙酸和二氯乙酸可以影响甲状腺激素水平和肝脏代谢（Simmons等，2000）。此外，自来水输送管道的材料包括聚乙烯树脂、油溶性酚醛树脂、环氧树脂等，在与水的长期接触中也会有少量溶出（邵晓玲等，2008）。

2021年，研究人员在韩国首尔的两个污水处理厂的进水口、出水口和汉江江水中都检出了磷酸二酯酶–5抑制剂（PED–5i）西地那非成分（Hong等，2021），说明污水中的阳痿治疗药物并未被完全去除，可能会对民众的身体健康产生影响。

5. 微塑料

（1）定义。

微塑料是指直径小于5 mm的塑料颗粒，其表面积大，吸附污染物的能力强。2019年8月22日，世界卫生组织发布的《饮用水中的微塑料》提到，微塑料在环境中无处不在，人们在海水、废水、淡水、食物、空气、瓶装水和自来水等来源中都检测到不同浓度的塑料微粒。

初生微塑料是指通过河流、污水处理厂等排入水环境中的塑料颗粒工业产品，如化妆品中含有的微塑料颗粒、作为工业原料的塑料颗粒和树脂颗粒。次生微塑料则是指由大型塑料垃圾经过物理、化学和生物过程分裂后体积减小而形成的塑料颗粒。

（2）微塑料的危害。

游荡的微塑料很容易被贻贝、浮游动物等低端食物链生物吃掉。微塑料不能被完全消化，只能在胃里一直存在着，占据空间，导致动物生病甚至死亡，且可通过食物链的富集效应进入高等动物体内。

人体不大可能吸收粒径大于150 μm的微塑料，对较小颗粒的吸收也有限，但对纳米颗粒等极小塑料微粒的吸收率可能较高，只是这方面的数据目前还极其有限。因此，世卫组织呼吁深入研究微塑料对人类健康的潜在影响，如开发检测水中微塑料的标准方法，以进一步确定淡水中塑料微粒的来源，以及不同处理方法的效果。

荷兰科学家首次在人类血液中发现了微塑料。研究人员招募了22名健康志愿者，通过静脉穿刺获得全血样本。排除了血液样本受到污染的可能性后，研究人员在17人的血液中检测到了可量化的微塑料，血液中的微塑料平均含量为1.6 μg/mL，这进一步引发了微塑料对人体健康长期影响的担忧（Leslie等，2022）。

在日常生活中，微塑料可能有多个来源，包括果蔬、农作物、贝类、牛羊肉、奶制品、瓶装水、外卖杯、茶包袋、一次性湿巾、服装、洗涤凝珠、片剂、空气等。

另外，也有研究发现，人类胎盘中也存在微塑料。此外，婴儿粪便中的微塑料是成人的10倍（已排除纸尿裤的来源），主要来自于塑料玩具、牙胶、布书、玩偶、一次性塑料包装袋、塑料吸管、餐具、脱落的衣物纤维、室内灰尘、聚丙烯奶瓶等（Zhang等，2021）。

6. 药品及个人护理品

个人护理品中的一些杀菌剂，也含有内分泌干扰物，如一些牙膏、香皂、卫生洗液、除臭剂、消毒吸收液、洗面奶等所含的三氯生，其结构与甲状腺素类似。

此外，一些药物在环境中的残留所引起的环境风险也逐渐得到了关注。例如抗生素滥用造成的抗生素残留和抗性基因的存在，可能促进超级耐药基因的传播，其后果是：越来越多的感染性疾病，如肺炎、结核和淋病变得更难治疗，有时甚至无法治疗；其次，传染病可能将再度肆虐并杀人夺命；此外，抗生素耐药性会导致更长的住院时间，更高的医疗费用和更多死亡。仅在欧盟地区，耐药细菌估计就造成了25 000例病人死亡，每年因此发生的卫生保健支出和生产力损失超过了15亿美元。如果对抗生素耐药不加抑制，到2050年它将冲刷掉高达3.5%的全球GDP（联合国新闻，2015）。

3.3.4 内分泌干扰物摄入的预防

要降低内分泌干扰物的暴露风险，除了需政府制定相关政策和法规禁止生产、使用具有人体雌激素效应的化学品外，在日常生活中，我们也要注意减少一次性塑料纸杯、饭盒的使用；不用塑料容器进行食品加热，尤其是减少婴幼儿使用塑料奶瓶；不过度使用不粘锅；少吃近海养殖鱼类；多吃蔬菜、低等动物；吃饭前彻底洗手；在家中经常除尘和通风换气；对饮用的自来水进行过滤；避免使用某些杀虫剂或除草剂等。

3.4 环境中有机物的转化及降解

3.4.1 有机污染物转化的定义

有机物在环境中的转化包括自净作用、转移、形成二次污染物，并通过生物富集向食物链的上游传递，最后进入生物体。持久性有机物经过这一系列的转化，在环境中的赋存浓度可能有所降低，但如果半衰期很长，在自然或人为排放持续不断的情况下，有机物会不断在动物体内蓄积，尤其是在动物体内脂肪含量比较高的组织蓄积。

自净作用（self purification）是指自然界通过物理、化学、生物过程将有害因素减少，甚至消除到无害程度，其中包括物理作用（扩散、稀释、沉降、挥发等）、化学作用（中和、氧化还原等）和生物学作用。自净作用虽然强大，但非无限。污染物排放的强度和总量超过了环境的自净能力后，环境无法自然修复，从而开始恶化。

二次污染物就是污染物进入环境后，可能转变成另一种毒性更强的有害物质，称为二次污染物（secondary pollutants），也称为次生污染物。

食物链（food chain，FC）指生物系统中的各种生物之间，以摄食者和被摄食者的关系逐级传递物质和能量，彼此呈相互依存的链状关系。而生物富集（biological enrichment，BE）则是指生物体从周围环境中吸收污染物并逐渐积累，使该污染物的浓度超过环境中浓度的过程。

3.4.2 有机物转化、降解的物理、化学及生物过程

为降低环境中持久性有机污染物的危害，环境工程工作者研发了多种技术工艺。目前人类已知的有机物有几千万种，它们的结构各异，会经过物理、化学和生物的过程而进行转化（transformation），包括在太阳光照射下的紫外光解，被大气、水体或土壤中的颗粒物吸附，被微生物的厌氧或好氧生物降解等。如果经过以上的过程，有机物能完全转化为CO_2或CH_4，则称为矿化（mineralization）。

1. 有机物的吸附

环境中存在着多种药品与个人护理品，其中的有机物由于大量而频繁的使用，形成假性持久性存在现象，这些有机物也被称为“伪持久性有机物”。这些物质具有较高的辛醇水分配系数（kow 值），易被多种吸附剂吸附去除。分别采用河水悬浮颗粒物、污水厂二沉池污泥和污水厂浓缩池污泥吸附非甾体抗炎药双氯芬酸（DCF）的吸附平衡曲线及平衡吸附量如图3-6所示。

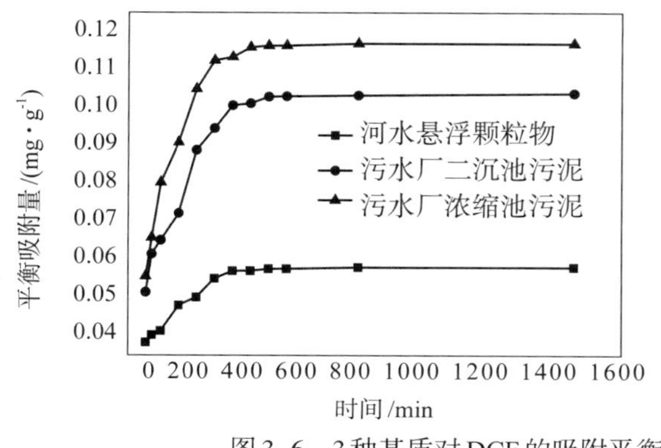

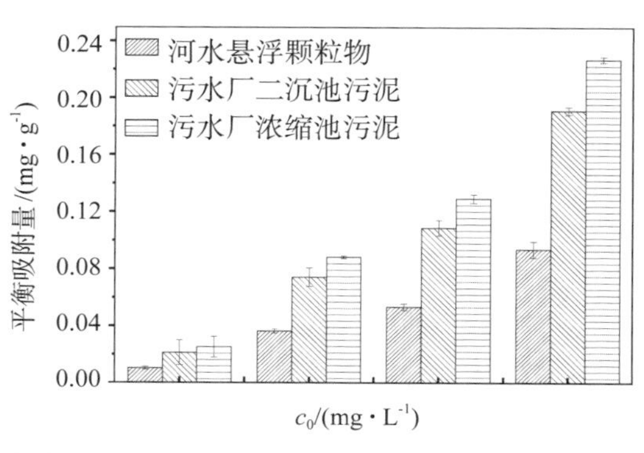

图3-6 3种基质对DCF的吸附平衡曲线和平衡吸附量（Yan等，2019）

吸附量在0～4 h内快速增加，4～8 h吸附量略有增加但趋势缓慢并趋于平衡，8 h后达到平衡。

2. 有机物的光解

紫外消毒是水体中新型有机污染物衰减的重要途径，主要包括直接光解、自敏化光解和间接光解。以抗抑郁药文拉法辛为例，其紫外光解途径见图3-7。它在紫外光解2 h后，仍然未能矿化。而光解后明亮发光杆菌T3小种（Photobacterium phosphoreum T3）的发光强度持续下降，说明降解中间产物的毒性大于母体化合物（图3-8，图中C_0为初始浓度，C_t为t时刻浓度）。研究结果说明，持久性有机物的环境风险应引起高度重视。

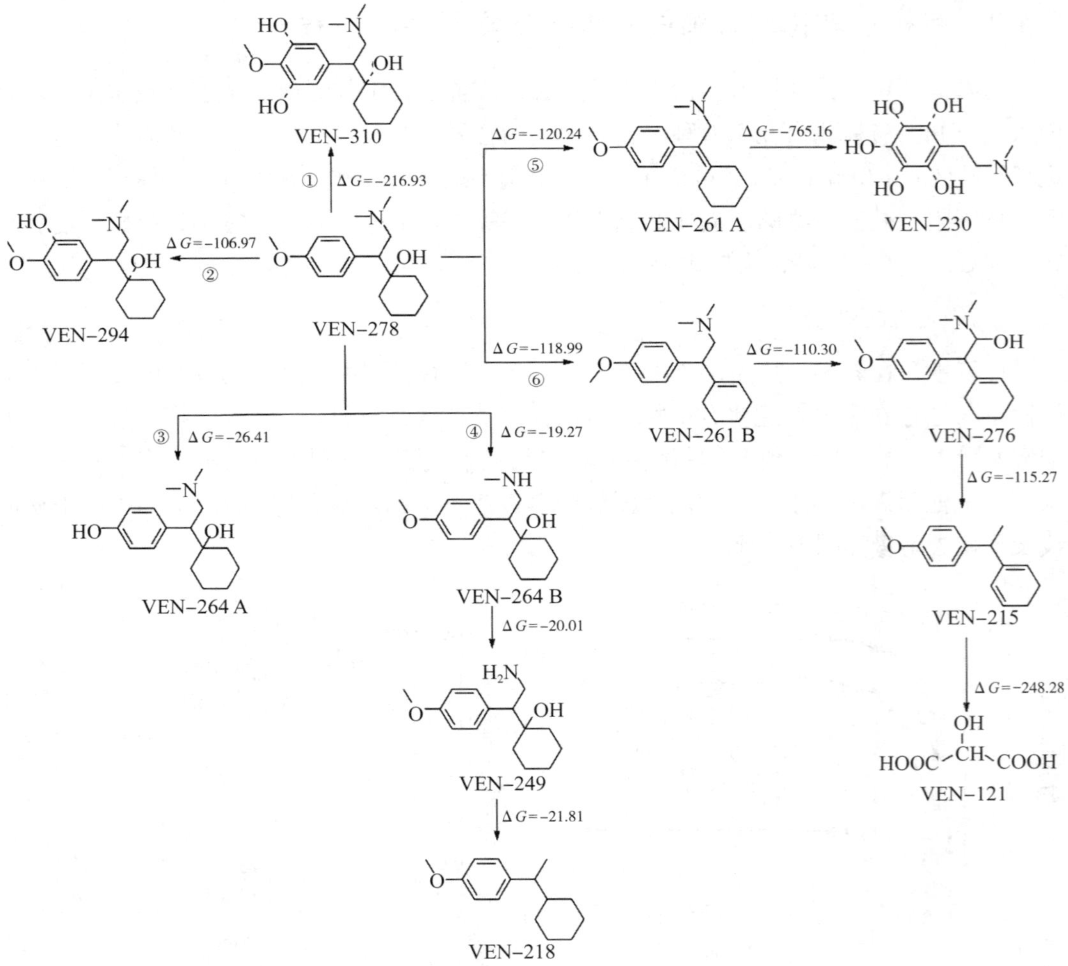

VEN-310
① ΔG=-216.93
VEN-294
② ΔG=-106.97
VEN-278
⑤ ΔG=-120.24
VEN-261 A
ΔG=-765.16
VEN-230
⑥ ΔG=-118.99
VEN-261 B
ΔG=-110.30
VEN-276
ΔG=-115.27
VEN-215
ΔG=-248.28
HOOC-CH(OH)-COOH
VEN-121
③ ΔG=-26.41
VEN-264 A
④ ΔG=-19.27
VEN-264 B
ΔG=-20.01
VEN-249
ΔG=-21.81
VEN-218

图3-7　抗抑郁药文拉法辛的紫外光解途径（Lin等，2022）

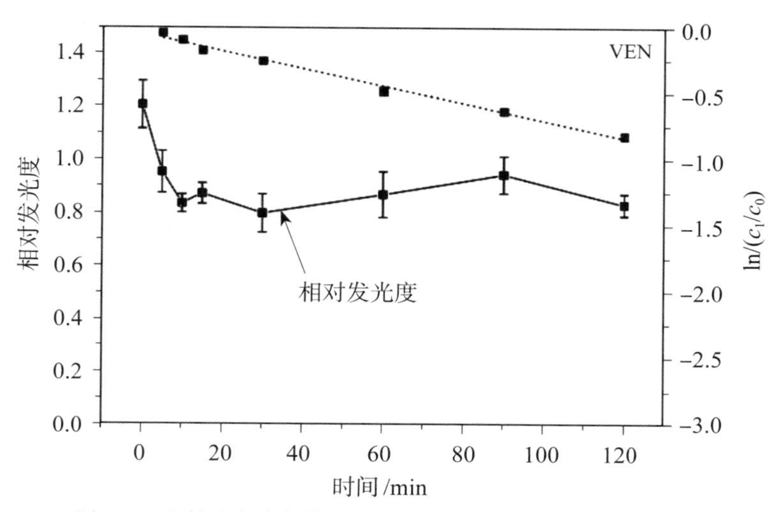

图3–8　文拉法辛光解前后的发光菌发光强度（Lin 等，2022）

3. 有机物的生物降解

虽然环境中的有机物种类繁多，但根据其基本结构，有机物可以分为链烃、环烃和芳香烃类物质。烷烃的生物降解过程为：烷烃被氧化为醇、醛、酸，然后经过β- 氧化使得碳链缩短，最后生成乙酸、二氧化碳（图3–9）。

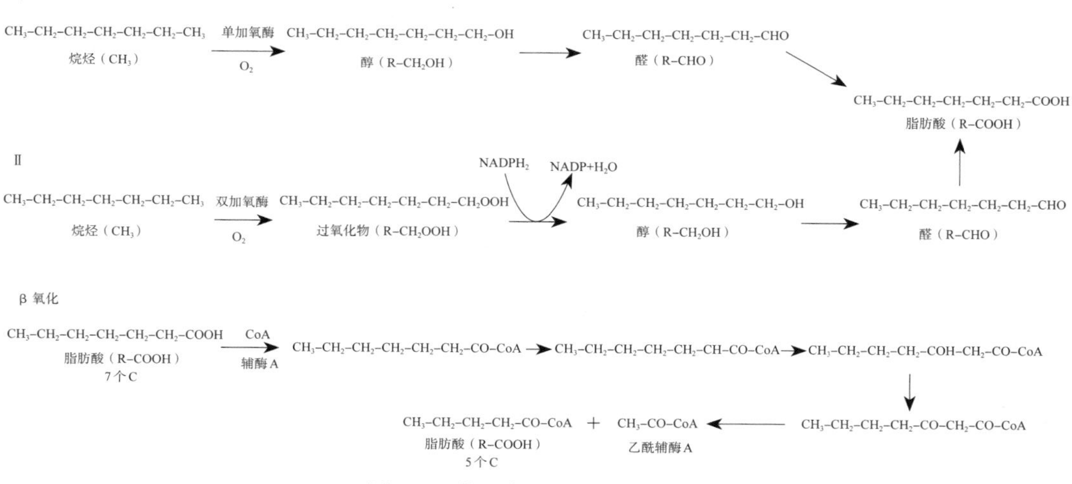

图3–9　典型直链烷烃的生物降解

芳香烃可被细菌或真菌降解，在这个过程中需要有单加氧酶或双加氧酶的参与。芳香烃开环后变成链烃继续降解；多环芳烃的降解途径为苯环陆续开环（图3–10）。

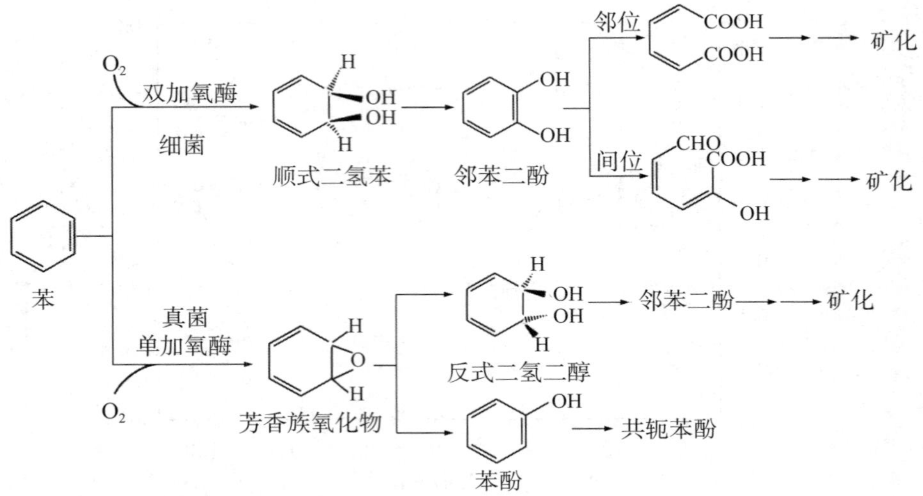

图3-10 芳香烃等的生物降解路径

在210种二噁英中，毒性最大、致癌作用最强的是2，3，7，8-TCDD，它的生物降解时间非常长。图3-11显示的是1，2，3，4-TCDD经过500天的生物降解过程。

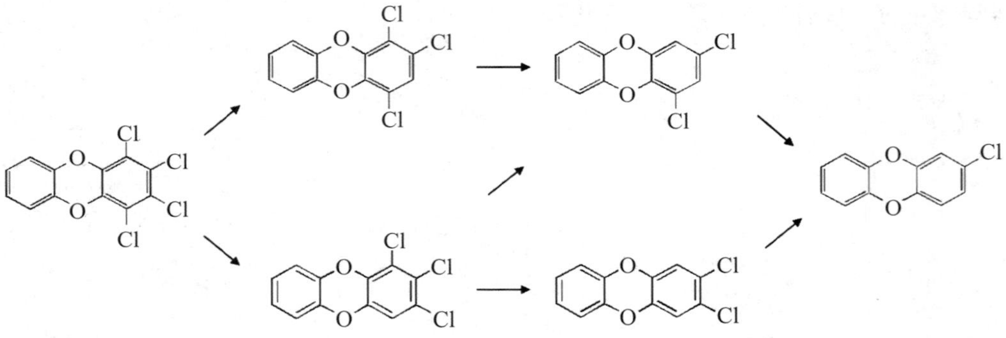

图3-11 四氯二苯并二噁英的生物降解路径

思考题

1. 血脑屏障的原理是什么？

2. 重金属的毒性与什么因素有关？对于水体、土壤，降低重金属危害的修复策略有何异同？

3. 如何看待DDT的广泛使用、禁用以及再恢复使用？

4. 日常生活中有哪些用品中含有较多的内分泌干扰物？应如何减少其对健康的影响？

5. 是否应禁用塑料制品？

参考文献

[1] BARNES J L, ZUBAIR M, JOHN K, et al. Carcinogens and DNA damage[J]. Biochemical Society Transactions, 2018, 46(5): 1213–1224.

[2] BARRY V, WINQUIST A, STEENLAND K. Perfluorooctanoic acid(PFOA) exposures and incident cancers among adults living near a chemical plant[J]. Environmental Health Perspectives, 2013, 121(11): 1313–1318.

[3] BOWES G W, JONKEL C J. Presence and distribution of polychlorinated biphenyls(PCBs) in Arctic and subarctic marine food chains[J]. Environmental Pollution, 1975, 8(1): 1–6.

[4] BUKOWSKA B, MOKRA K, MICHAŁOWICZ J. Benzo[a]pyrene-Environmental occurrence, human exposure, and mechanisms of toxicity[J]. International Journal of Molecular Sciences, 2022, 23(11): 6348.

[5] CARLSEN E, GIWERCMAN A, KEIDING N, et al. Evidence for decreasing quality of semen during past 50 years[J]. BMJ, 1992, 305(6854): 609–613.

[6] DENISSENKO M F, PAO A, TANG M, et al. Preferential formation of benzo[a]pyrene adducts at lung cancer mutational hotspots in p53[J]. Science, 1996, 274(5286): 430–432.

[7] DEZILE N C, WEI W C, ABNET C C, et al. A multi-day environmental study of polycyclic aromatic hydrocarbon exposure in a high-risk region for esophageal cancer in China[J]. Journal of Exposure Science & Environmental Epidemiology, 2013, 23(1): 52–59.

[8] European Union. Directive 2006/122/ECOF the European parliament and of the council[EB/OL].(206-12-12)[2024-07-29]. https://eur-lex.europa.eu/eli/dir/2006/122/oj.

[9] FEI C, MCLAUGHLIN J K, TARONE R E, et al. Perfluorinated chemicals and fetal growth: A study within the Danish National Birth Cohort[J]. Environmental Health Perspectives, 2007, 115(11): 1677–1682.

[10] GRANDJEAN P, ANDERSEN E W, BUDTZ-JØRGENSEN E, et al. Serum vaccine antibody concentrations in children exposed to perfluorinated compounds[J]. JAMA, 2012, 307(4): 391–397.

[11] HONG Y, LEE I, TAE B, et al. Contribution of sewage to occurrence of phosphodiesterase-5 inhibitors in natural water[J]. Scientific Reports, 2021, 11(1): 9470.

[12] HUANG C, LI B S, XU K, et al. Decline in semen quality among 30636 young Chinese men from 2001 to 2015[J]. Fertility and Sterility, 2017, 107(1): 83–88.

[13] JAKUBOWSKI M. Low-level environmental lead exposure and intellectual impairment in children – The current concepts of risk assessment[J]. International Journal of Occupational Medicine and Environmental Health, 2011, 24(1): 1–7.

[14] LESLIE H A, VAN VELZEN M M, BRANDSMA S at al. Discovery and quantification of plastic particle pollution in human blood[J]. Environmental International, 2022(163): 107199.

[15] LIN W T, ZHAO B C, PING S W, et al. Ultraviolet oxidative degradation of typical antidepressants: Pathway, product toxicity, and DFT theoretical calculation[J]. Chemosphere, 2022(305): 135440.

[16] MELNICK R L, KOHN M C, DUNNICK J K, et al. Carcinogenicity of chlorinated methane and ethane compounds in mice and rats. Environmental Health Perspectives[J], 1987(76): 103–112.

[17] MURATA K, IWATA T, DAKEISHI M, et al. Lead toxicity: Does the critical level of lead resulting in adverse effects differ between adults and children[J]. Journal of Occupational Health, 2009, 51(1): 1-12.

[18] LAU C, ANITOLE K, HODES C, et al. Prfluoroalkyl acids: A review of monitoring and toxicological findings[J]. Toxicological Sciences, 2007, 99(2): 366-394.

[19] LEVINE H, JØRGENSEN N, MARTINO-ANDRADE A. Temporal trends in sperm count: A systematic review and meta-regression analysis[J]. Human Reproduction Update, 2017, 23(6): 646-659.

[20] LI X, YING G G, SU H C, et al. Simultaneous determination and assessment of 4-nonylphenol, bisphenol A and triclosan in tap water, bottled water and baby bottles.[J] Environment International, 2010, 36(6): 557-562.

[21] LANPHEAR B P, HORNUNG R, KHOURY J, et al. Low-level environmental lead exposure and children's intellectual function: An international pooled analysis[J]. Environmental Health Perspectives, 2005, 113(7): 894-899.

[22] MA L Q, KOMAR K M, TU C, et al. A fern that hyperaccumulates arsenic[J]. Nature, 2001, 409(6820): 579.

[23] MELNICK R L, KOHN M C, DUNNICK J K,et al. Carcinogenicity of chlorinated methane and ethane compounds in mice and rats[J]. Environmental Health Perspectives, 1987(76): 103-112.

[24] MUTATA K, IWATA T, DAKEISHI M, et al. Lead toxicity: Does the critical level of lead resulting in adverse effects differ between adults and children[J]. Journal of Occupational Health, 2009, 51(1): 1-12.

[25] MELZER D, RICE N, DEPLEDGE M H, et al. Association between serum perfluorooctanoic acid (PFOA) and thyroid disease in the US National Health and Nutrition Examination Survey[J]. Environmental Health Perspectives, 2010, 118(5): 686-692.

[26] NGUYEN H D. Resveratrol, endocrine disrupting chemicals, neurodegenerative diseases and depression: Genes, transcription factors, microRNAs, and sponges involved[J]. Neurochemical Research, 2023(48): 604-624.

[27] OBRYCKI J F, BASTA N T, CULMAN S W. Management options for contaminated urban soils to reduce public exposure and maintain soil health[J]. Journal of Environmental Quality, 2017, 46(2): 420-430.

[28] PHILIPS D H. Fifty years of benzo(a)pyrene[J]. Nature, 1983, 303(5917): 468-472.

[29] SHARPE R M, SKAKKEBAEK N E. Are oestrogens involved in falling sperm counts and disorders of the male reproductive tract[J]. Lancet, 1993(341): 1392-1395.

[30] SHIBATA Y, TAKASUGA T. Chapter 1 Persistent organic pollutants monitoring activities in Japan[J]. Developments in Environmental Science, 2007(7): 3-30.

[31] SIMMONS J E, RICHARDSON S D, SPETH T F, et al. Development of a research strategy for integrated technology-based toxicological and chemical evaluation of complex mixtures of drinking water disinfection by-products[J]. Environmental Health Perspectives, 2000, 108(Suppl 6): 1053-1067.

[32] SCHUYLER Q A, WILCOX C, TOWNSEND K, et al. Mistaken identity? Visual similarities of marine debris to natural prey items of sea turtles[J]. BMC Ecology, 2014(14): 14.

［33］STEENLAND K，TINKER S，SHANKAR A，et al. Association of perfluorooctanoic acid and perfluorooctane sulfonate with serum lipids among adults living near a chemical plant［J］. American Journal of Epidemiology，2010，172（11）：1296-1303.

［34］TATTON J O G，RUZICKA J H. Organochlorine pesticides in Antarctica［J］. Nature，1967，215（5097）：346-348.

［35］TEREPOCKI A K，BRUSH A T，KLEINE L U，et al. Size and dynamics of microplastic in gastrointestinal tracts of Northern Fulmars（*Fulmarus glacialis*）and Sooty Shearwaters（*Ardenna grisea*）［J］. Marine Pollution Bulletin，2017，116（1）：143-150.

［36］YAN J N，ZHANG X H，LIN W T，et al. Adsorption behavior of diclofenac-containing wastewater on three kinds of sewage sludge［J］. Water Science & Technology，2019，80（4）：717-726.

［37］ZHANG J，WANG L，TRASANDE L，et al. Occurrence of polyethylene terephthalate and polycarbonate microplastics in infant and adult feces［J］. Environmental Science & Technology Letter，2021，8（11）：989-994.

［38］环境保护部，国土资源部．全国土壤污染状况调查公报［EB/OL］.（2014-04-17）［2024-07-29］https://www.gov.cn/foot/site1/20140417/782bcb88840814ba158d01.pdf

［39］黄焱秋，刘嘉妮，殷昊．阿特拉津毒性研究进展［J］. 亚洲临床医学杂志，2021，4（8）：60-63.

［40］李欣慧，赵飞，徐倩茹，等．内分泌干扰物对机体脂质代谢的影响及其机制研究进展［J］. 生态毒理学报，2021，16（3）：52-65.

［41］联合国新闻．现在就行动，避免“后抗生素时代”来临［EB/OL］.（2015-12-29）［2024-07-29］https://news.un.org/zh/audio/2015/12/307392

［42］刘蕊，刘春晓，刁金玲，等．农药类内分泌干扰物对无尾两栖动物影响的研究进展［J］. 农药学学报，2019，21（5-6）：841-851.

［43］刘孝英，王毅．全自动固相萃取-高效液相色谱法测定熏烤肉制品中苯并［a］芘含量［J］. 肉类研究，2020，34（3）：63-67.

［44］罗芬兰，蔡文琴．环境雌激素的神经毒性［J］. 神经解剖学杂志，2009，25（4）：474-476.

［45］倪青，姜山．环境内分泌干扰物对糖尿病发病的影响［J］. 医学研究杂志，2010，39（12）：6-8.

［46］邵晓玲，马军，文刚．松花江流域某自来水厂中内分泌干扰物的调查［J］. 环境科学，2008，29（10）：2723-2728.

［47］世界卫生组织．气候变化、污染与健康：化学品、废物和污染对人类健康的影响［EB/OL］.（2023-12-18）［2024-07-29］. https://apps.who.int/gb/ebwha/pdf_files/EB154/B154_24-ch.pdf.

［48］世界卫生组织．饮用水中的微塑料［EB/OL］.（2019-08-28）［2024-07-29］. https://iris.who.int/bitstream/handle/10665/326499/9789241516198-eng.pdf?sequence=5

［49］王鲁梅，刘维屏，马云，等．农药的内分泌干扰研究［J］. 环境化学，2006，25（3）：326-330.

［50］余盖文，史训旺，黄庆德，等．浅析食用油脂中苯并芘的产生来源及控制措施［J］. 粮食与油脂，2019，32（10）：82-84.

［51］周鸿，张晓健，胡建英，等．饮用水中壬基酚及其前体物的分布特性［J］. 环境与健康杂志，2004，21（5）：288-290.

［52］周庆祥，江桂斌．浅谈环境内分泌干扰物质［J］. 中国科技术语，2001，3（3）：12.

第4章　环境生物性污染与人体健康

4.1　细菌

4.1.1　细菌与早期地球环境的形成

细菌是自然界物质循环的关键环节。在45亿年前的地球形成初期，地球表面温度高达1200 ℃，只有CO_2、N_2和水蒸气。地球在冷却的过程中，陨石撞击地球带来了大量的水、氨基酸、甲烷等物质。在阳光中紫外线的照射下，有机分子聚集形成了最早的单细胞和多细胞生物。在35亿年前，叠层石菌落（包括蓝藻、光合细菌及其他微生物）诞生在浅海，借助光合作用，把CO_2和H_2O变成了葡萄糖，同时，把H_2O分解为O_2；O_2慢慢地充满了海洋，并氧化铁元素，形成不溶解的化合物，铁化合物慢慢沉淀到海底的岩石；O_2又从海洋进入大气。在数十亿年的地球环境“改造”之下，大气中温室气体CO_2逐渐减少、O_2逐渐增多，大气组分逐渐稳定，形成了现在的地球环境，地表温度也基本稳定在18 ℃左右。

从单细胞生物到多细胞生物，从低等生物再到高等生物，地球上的生物种类越来越多。为了系统研究的方便，学术界将生物分为原核生物（bacteria）、真核生物（eucarya）和古生物（archaea）以及非细胞结构的病毒。事实上，在地球形成的早期，地球上氧气稀薄、有机物少，因此原始细菌都是厌氧自养型的古细菌，但真正将其单独分类出来，还是在20世纪70年代核酸技术发展之后（Woese等，1977）。

4.1.2　微生物学奠基人

早在上古时代，人类就开始无意识地使用微生物，比如公元前3000年左右，古埃及人就会发酵面包、酿制果酒，居住在安纳托利亚高原的古代游牧民族就已经制作和饮用酸奶，而同时期，我国也已开始利用曲蘖（发霉、发芽的谷粒）进行酿酒。古代劳动人民利用微生物制酱、造醋、发面，利用微生物的发酵功能制作腌菜、腐乳、肥料等。

人类有意识地利用微生物是从列文虎克（Antonie Philips van Leeuwenhoek）用显微镜观察到微生物开始。他自制了500多片能放大50～300倍的透镜，在雨水、污水、血液、体液、酒醋等液体以及牙垢中，观察到了许多微小、结构简单的“微动体”，也就是我们现在所称的“微生物”。列文虎克首先从形态学上研究微生物，是微生物学的奠基人。

另一位杰出的微生物学家是法国的路易斯·巴斯德（Louis Pasteur），他研究了微生物的类型、习性、营养、繁殖、作用等，他从研究微生物形态学转移到研究微生物生理，从而奠定了工业微生物学和医学微生物学的基础，并开创了微生物生理学。他发现感染性疾病是由微生物引起的而且可以传染，于是制备了狂犬病、鸡霍乱、炭疽病、蚕病等疾病的疫苗。他所发明的巴氏消毒法（63～65 ℃，30 mins，可保留嗜热菌以及*Lactobacillus*等益生菌）直至现在仍被应用。英国医生李斯特（Joseph Lister）受巴斯德的启发，提出并推广了外科手术的消毒灭菌方法。从此，整个医学界迈进细菌学时代，外科学发生了彻底的革命，得到空前的发展。

4.1.3　细菌对人类的贡献

微生物细胞不仅是一个比面积大、生化转化能力强、能进行快速自我复制的生命系统，还具有物种、遗传、代谢和生态类型的多样性，这使得它们能够在解决人类面临的各种危机中发挥不可替代的独特作用。总的来说，细菌是人类的朋友，它们参与了自然界物质循环的关键环节。人体内的正常菌群是人体健康的基本保证，能够帮助消化、提供必需的营养物质、组成生理屏障。细菌还可以为我们提供有机酸、酶、药物、疫苗、面包、奶酪、啤酒等多种有用物质。

1. 细菌肥料

细菌肥料是指含有大量活的有益细菌的生物肥料，有固氮、解磷、解钾等作用，这些活的微生物能在植物根际生长、繁殖。细菌肥料的益处在于以下几点。

（1）可以固定、转化空气中不能利用的分子态氮，将土壤中不能利用的化合态磷、钾转化为可利用态的磷、钾，并可解析土壤中的10多种中、微量元素，提高肥料的利用率。

（2）能够分泌生长素、细胞分裂素、赤霉素、吲哚酸等植物激素，促进作物生长，调控作物代谢，使农产品增产提质。

（3）有益微生物在根际大量繁殖而产生的糖胺聚糖，与植物分泌的黏液及矿物胶体、有机胶体相结合，形成土壤团粒结构，可增进土壤蓄肥、保水能力；还能产生多种抗病物质，提高植物的抗逆性。

（4）降解农药，减少农药在土壤中的残留，净化、修复土壤。

2. 产能细菌

微生物在能源生产上有独特的优点，比如能将纤维素转化为乙醇，将可再生资源转化为甲烷，利用光合细菌、蓝细菌或厌氧梭菌等微生物生成清洁能源——氢气等。近年来，研究人员还发现一些微生物可以通过发酵产气或产生代谢产物来提高石油采收率，其原理主要是微生物能够产生生物表面活性剂，改变油水界面张力和接触角（Putra等，2019）。此外，废料可以用作微生物燃料电池的原料以实现产电（Min等，2004）。

3. 微生物与资源

微生物能将可再生资源转化成各种化工、轻工和制药等工业原料。这些原料除了传统的乙醇、丙醇、丁醇、乙酸、甘油、乳酸、苹果酸等外，还可用于生产水杨酸、乌头酸、丙烯酸、己二酸、丙烯酸、长链脂肪酸、亚麻酸油和聚羟基丁酸酯（PHB）等。发酵工程具有代谢产物种类多、原料来源广、能源消耗低、经济效益高和环境污染少等优点，必将逐步取代需高温高压、能耗大和“三废”污染严重的化学工业。

4. 微生物冶金

微生物采矿是利用微生物发酵工程，人工制取细菌浸提剂，然后从收集的浸提液中分离、浓缩和提纯有用的金属（湿法冶金技术）。利用这一技术，可以提取包括金、银、铜、铀、锰、钼、锌、钴、钪等在内的十几种贵重金属和稀有金属（Rawlings 等，1995）。

5. 微生物杀虫剂

微生物杀虫剂是一类利用微生物及其代谢产物来控制害虫的生物农药，具有高效、安全、特异性强的特点，分为细菌杀虫剂（如苏云金杆菌）、真菌杀虫剂（如白僵菌和绿僵菌）、病毒杀虫剂（如核多角体病毒）和原生动物杀虫剂（如寄生蜂和寄生蝇）。苏云金杆菌已广泛应用于农作物、森林、粮仓和蚊蝇等的防治。苏云金杆菌有很多变种，其芽孢内含毒蛋白晶体，通称 δ－内毒素，是杀虫的主要成分（Schnepf 等，1998）。当孢子进入害虫消化道后，毒素被活化，使害虫麻痹瘫痪而死。病毒杀虫剂对昆虫病毒有高度的专一寄生性，因为一种病毒只侵染一种昆虫，而对他种昆虫和人无害，所以病毒杀虫剂不干扰生态环境。

微生物杀虫剂的优点是：①防治对象专一，选择性高。②对生态环境的影响小。如阿维菌素对捕食性昆虫和寄生天敌虽有直接触杀作用，但因植物表面残留少，对益虫的损伤很小。阿维菌素在土内被土壤吸附不会移动，并且被微生物分解，因而在环境中无累积作用。微生物杀虫剂的缺点是：①药效作用较缓慢；②药效易受外界因素（温度、湿度、光照等）的影响；③存在害虫抗性问题，需合理轮用或混用；④一些微生物杀虫剂对储存和运输条件要求较高。

4.1.4 有害细菌

虽然很多细菌对人类有益，但的确还有很多有害细菌危害人类健康。

1. 鼠疫杆菌

鼠疫杆菌也叫鼠疫耶尔森菌（*Yersinia pestis*），是一种革兰氏阴性菌，属于需氧及兼性厌氧菌，最适生存温度为 27～28 ℃，可以分泌外毒素和内毒素。鼠疫杆菌对外界抵抗力较强，在寒冷、潮湿的条件下不易死亡，在 –30 ℃仍能存活，可耐日光直射 1～4 小时，在干燥的痰和蚤粪中可存活数周，在冻尸中能存活 4～5 个月，但对一般消毒剂、杀菌剂的抵抗力不强，对链霉素、卡那霉素及四环素敏感。

鼠疫杆菌常存在于老鼠、旱獭等松鼠科的组织、毛发中，可通过血液、食物、饮水、空气传播。鼠疫患者的腹股沟或腋下的淋巴有肿块，随后胳膊和大腿以及身体其他部位会出现青黑色的疱疹，因此，鼠疫杆菌引发的鼠疫也被称为“黑死病”。患者从患病到死亡一般为三四天，期间会出现高烧、呕吐、淋巴结膨胀，若病情无法控制，则淋巴结爆裂、死亡。按感染途径，鼠疫可分为腺鼠疫、败血性鼠疫和肺鼠疫。由于鼠疫的死亡率高达 75%～100%，它与霍乱一起被列为我国仅有的两种甲类传染病。

历史上的14世纪，鼠疫流行于整个亚、欧和非洲北部。1910年，沙俄南部和我国东北地区暴爆发鼠疫，超过6万人死亡。剑桥大学医学博士伍连德受清政府派遣抗疫，查到疾病源头与旱獭的贸易有关。他制定了隔离病人、焚烧尸体的抗疫方法，并发明了“伍氏口罩”，在短短的4个月就结束了疫情。

当今，鼠疫流行最广的3个国家是刚果民主共和国、马达加斯加和秘鲁。2010—2015年全球共报告了3248例鼠疫，其中584例患者死亡（龚震宇和龚训良，2016）。

2. 金黄色葡萄球菌

金黄色葡萄球菌（*Staphylococcus aureus*）是人类的一种重要病原菌，隶属于葡萄球菌属（*Staphylococcus*），有“嗜肉菌”的别称，细胞壁由90%的肽聚糖和10%的磷壁酸组成，是革兰氏阳性菌的代表，可引起许多严重感染。

典型的金黄色葡萄球菌为球形，直径为0.8 μm左右，在显微镜下排列成葡萄串状。金黄色葡萄球菌无芽孢、鞭毛，大多数无荚膜。金黄色葡萄球菌对营养的要求不高，在普通培养基上生长良好，需氧或兼性厌氧，最适生长温度37 ℃，最适生长pH值7.4，在干燥环境下可存活数周。金黄色葡萄球菌在自然界中无处不在，空气、水、灰尘及人和动物的排泄物中都存在金黄色葡萄球菌。

金黄色葡萄球菌是人类化脓感染中最常见的病原菌，可引起局部化脓感染，也可引起肠炎、肺炎、伪膜性肠炎、心包炎等，甚至败血症、脓毒症等全身感染。金黄色葡萄球菌感染者，可选用红霉素、新型青霉素、庆大霉素、万古霉素或先锋霉素Ⅵ治疗。新出现的耐甲氧西林金黄色葡萄球菌，被称作“超级细菌”，几乎能抵抗人类所有的药物。

3. 幽门螺杆菌

螺旋菌（spirillum）是细菌界 ε－变形菌纲弯曲菌目弯曲菌科的一种菌类，又称幽门螺杆菌、幽门螺旋菌，为革兰氏阴性螺旋杆菌，身体细长，长为5～50 μm。它们极其活跃，呈螺旋状移动，生长在微氧环境。幽门螺杆菌简称HP（*Helicobacter pylori*），此种菌类是由瑞典学者首先从人胃黏膜标本培养中发现，传播方式还不十分明确，但最可能的途径是口口、粪口传播。碳14与碳13呼气试验可用来检测体内的幽门螺杆菌。

幽门螺杆菌会降低胃内的酸度，使原来不能在胃内存活的细菌得以繁殖，破坏胃黏膜，使胃酸腐蚀正常组织、溃疡经久不愈，溃疡若长期存在容易导致胃穿孔，甚至可能导致细胞异生、诱发癌变。美国卫生及公共服务部发布的第15版致癌物报告中，新增了8种致癌物，其中，幽门螺杆菌被列为明确致癌物。在2017年10月27日世界卫生组织国际癌症研究机构公布的致癌物清单初步整理参考中，幽门螺杆菌也在一类致癌物清单中。幽门螺杆菌和胃癌的发生发展有密切关系，可引起胃腺癌。在中国，80%～85%的胃癌是胃腺癌，基本都是幽门螺杆菌感染导致的，该病是近年来国内热门研究课题。

4.2 真菌

4.2.1 真菌的基本概念

生物分为原核、真核、古生物三大类，而真菌（fungus）即是真核生物的一大类群。学界最初是根据比较形态学和细胞学的资料来研究真菌的起源、演化和系统发育。历史上，真菌曾被认为和植物的关系相近，甚至曾被植物学家认为就是植物。但它们又和任何可进行光合作用的生物都不相关。20 世纪 80 年代后，随着科学技术的发展和新技术的广泛应用，例如核酸中的 GC 含量、细胞壁的多糖组分和结构、各类真菌色氨酸生物合成途径的酶沉降图型、赖氨酸的两种不同合成途径以及 rRNA 序列等研究的发展，都推动了真菌起源和演化的研究。

真菌包含酵母、霉菌之类的微生物以及为人熟知的菇类，其拉丁名 fungi 原意即为蘑菇。真菌自成一界，独立于植物、动物和其他真核生物。最常见的真菌是各类蕈类。现在研究人员已经发现了七万多种真菌，这些真菌估计只是所有现存真菌的一小半。

4.2.2 有益的真菌

酵母、霉菌和菇类与人们的日常生活关系密切。

1. 酵母

酵母是一种单细胞真菌，在有氧和无氧条件下都能够存活，是一种典型的异养兼性厌氧微生物。酵母分布于整个自然界，是一种天然发酵剂，可用于酿造生产。早在公元前3000 年，人类就开始利用酵母来制作发酵产品了。酵母是人类文明史中被应用得最早的微生物。酵母是世界上研究最多的微生物之一，酵母工业的发展已有 200 余年的历史。

酵母的菌落多为乳白色，最适 pH 为 4.5～6.0，生长温度在 20～30 ℃。酿酒酵母（也称面包酵母，*Saccharomyces cerevisiae*）可用于酿造啤酒。含水 70% 左右的酿酒酵母有很强的发面能力（Legras 等，2007）；含水 8% 左右的活性干酵母保存期长；含水 5% 的为快速活性干酵母，发酵力强，使用时无须水化则可直接与面粉、水混合制成面团，面团在短时间内即可发酵完毕。

假丝酵母或脆壁克鲁维酵母含有 30%～40% 的蛋白质、B 族维生素、氨基酸等，常用作动物饲料的补充物，能促进动物的生长发育、缩短饲养期、增加肉量和蛋量、改良肉质和提高瘦肉率、改善皮毛的光泽度，并能增强幼禽畜的抗病能力。

酵母菌含有多种维生素和矿物质，如维生素 B 群、铁、钙、锌、硒等，对维持身体健康有重要作用，而且还有一定的降低血糖和胆固醇、血清转氨酶的功效。所含有的抗氧化物质，还能够清除体内的自由基，对皮肤、眼睛等组织具有保护作用。

酵母菌是一种益生菌，在服用之后可以逐渐被肠道吸收从而实现调理肠道菌群的效果，对于长期饮食习惯不良、消化系统受到感染、服用药物等原因引起的肠道菌群失调有治疗功效。此外，酵母菌还有营养神经和改善睡眠质量的效果，也可以为人体提供丰富的能量，提高身体的新陈代谢能力。

由于酵母菌基因具有完备的表达调控机制和对表达产物的加工修饰能力，在现代生物科技中，常被用作外源基因表达的宿主，用于干扰素、胰岛素等的大规模生产（Kullberg和Arendrup，2015；Passolunghi等，2010）。酵母菌也是研究真核基因组编辑的重要模式生物，可用于抗真菌新药的开发，以及环境污染物的降解修复。尤其是针对以毕赤巴斯德酵母（*Pichia·pastoris*）为宿主的外源基因表达系统的研究在近年发展得最为迅速，应用也最为广泛（杜中军等，2002）。

2. 霉菌

霉菌是真菌的一种，霉菌看起来像在“长毛”，是因为霉菌繁殖迅速，其菌丝可以不断生长并分枝，大量菌丝交织成绒毛状、絮状或蛛网状。在我们的日常生活中，许多食品经霉菌加工后风味独特，如腐乳、黄豆酱、臭豆腐、奶酪、火腿等一系列腌制食品。

曲霉（*Aspergillus*）是发酵工业和食品加工业的重要菌种，已被利用的曲霉近60种。2000多年前，我国就将曲霉用于制酱，它也是酿酒、制醋曲的主要菌种。现代工业利用曲霉生产各种酶制剂（淀粉酶、蛋白酶、果胶酶等）、有机酸（柠檬酸、葡萄糖酸、五倍子酸等）；农业上曲霉可用作糖化饲料菌种（郭艳梅等，2010）。

此外，我们常用的抗生素，如青霉素类（青霉素、氨苄西林、阿莫西林等）、大环类脂类（罗红霉素、阿奇霉素、红霉素等）、喹诺酮类（诺氟沙星、左氧氟沙星、环丙沙星等）、四环素类（多西环素、土霉素、盐酸米诺环素等）都是通过霉菌发酵得到的。霉菌还可用于制备抗真菌药物，治疗因真菌感染引起的疾病，如银屑病等。霉菌中的一些复杂化合物被广泛应用于生产免疫调节剂（梁宗琦，1999），还可用于器官移植后的免疫抑制、治疗自身免疫性疾病及对抗某些癌症。

3. 菌菇

菇类（或称菇）即蕈类，是大型、高等的真菌，子实体通常为肉眼可见。菌丝中的横隔壁，将菌丝分隔成多细胞。菇类，可分为子囊菌门（如羊肚菌）和担子菌门，大部分蕈类都属于担子菌门。许多蕈类具有医疗价值，如灵芝、云芝、桑黄、茯苓及冬虫夏草等。药用真菌如灵芝、樟芝等多富含多糖体及三萜类化合物。传统医学观点认为菇类有解毒、活血、增强免疫力、消炎、抗癌、延年益寿等功效，至于实际的功效仍需要进一步的研究。

蘑菇种类繁多，有超过3.6万种，如香菇、洋菇、金针菇、松茸、松露和木耳等；但也有不少的毒蕈如白毒伞、毒鹅膏等含有剧毒（马秀英等，2021）。为避免中毒，切勿任意采食野生菇类。

4.2.3 有害的真菌

4.2.3.1 农业中的有害真菌

真菌能引起植物多种病害，从而造成巨大的经济损失，例如，在1845—1852年的爱尔兰，马铃薯晚疫病（病原体为真菌卵菌，*Phytophthora infestrans*）的流行摧毁了5/6的马铃薯，造成的饥荒导致大约100万人死亡、100万人移民，极大地影响了爱尔兰的社会和经济的发展（Boyle 和 Grádo，1986）。在我国，小麦锈病（由真菌锈菌 Puccinia graminis 引起）和稻瘟病（由稻热病菌 Magnaporthe grisea、Magnaporthe oryzae 等引起）对农业产量造成损失，可使小麦减产5%～50%，水稻减产10%～50%，局部田块甚至可能颗粒无收（唐继成，2019；中国农作物病虫害编辑委员会，1979）。

4.2.3.2 引起人类疾病的真菌

真菌还可引起人类的多种疾病。临床上将真菌感染分为浅部真菌病和深部真菌病，前者侵犯皮肤、毛发、指甲，为慢性，对治疗有顽固性，但对身体的影响较小；后者可侵犯全身内脏，严重的可引起死亡。

浅部真菌病简称为癣，是由寄生于角蛋白组织的致病真菌引起的皮肤病，这些致病真菌主要有小孢子菌、发癣菌、念珠菌和马拉色菌。真菌感染人体后可引起组织反应而导致红斑丘疹、水疱、鳞屑、断发、脱发和甲板改变等。按其侵犯部位的差别，临床上将浅部真菌病分为头癣、体癣、股癣、手足癣和甲癣（张道军等，2012）。

深部真菌病是各种真菌除侵犯皮肤、黏膜和皮下组织外，还累及组织和器官，甚至引起播散性感染，又称侵袭性真菌病。近年来由于抗生素、类固醇激素和免疫抑制剂的广泛应用，深部真菌的感染人数有增加的趋势，常见病原菌为假丝酵母菌、曲霉菌以及新型隐球菌（滕维亚等，1999）。

1. 念珠菌

念珠菌又被称为假丝酵母菌，在这类菌种中能对人致病的仅有几种，以白色念珠菌最为常见，致病力也最强，其次为热带假丝酵母、克柔假丝酵母、近平滑假丝酵母和伪热带假丝酵母。白色念珠菌常寄生于人的皮肤、口腔、阴道和肠黏膜等。当机体免疫机能低下或真菌正常寄居部位的微生态环境失调时，念珠菌感染容易引起念珠菌病。念珠菌可引起皮肤黏膜浅层或全身感染，感染不同部位可引起不同的症状。除皮肤念珠菌病外，还有念珠菌性口腔炎、阴道炎、膀胱炎、肾盂肾炎、脑膜炎和胆囊炎等。

2. 曲霉

曲霉菌是一种典型的丝状真菌，占空气中真菌的12%，主要以枯死的植物、动物的排泄物及动物尸体为营养源。在门诊中，曲霉菌感染引起的疾病并不少见，尤其是曲霉菌性肺炎。

空气中最常见的是链格孢霉和枝孢霉，可引起过敏、过敏性鼻炎，甚至哮喘；青霉在发霉的食物上常见，可以引起呼吸道过敏；黄曲霉在发霉的粮食中常见，例如粮食里的黄色的米粒、有哈喇味和发苦的花生米当中都含黄曲霉，可能引起肝癌；烟曲霉可引起过敏、感染、真菌性肺炎。我国霉菌感染流行病学的多中心回顾性研究显示，曲霉属引起的感染占比最高，为84.8%，其次是镰刀菌属、毛霉目和赛多孢霉等霉菌造成的感染。在霉菌引起的常见感染性疾病中，呼吸道、耳部、眼部和皮肤感染较性疾病为多见（张丽等，2023）。

相关研究显示，血液恶性肿瘤患者、器官移植患者、肿瘤化疗患者、长期使用免疫抑制剂者、长期使用广谱抗菌药物患者、重症监护病房患者、老年患者以及重症病毒或细菌感染者等的真菌感染疾病的患病风险高，因此要尽量减少这些人群的霉菌暴露。

4.3　病毒

4.3.1　病毒的性质

病毒（virus）是由一个核酸分子（DNA或RNA）与蛋白质构成的非细胞形态的营寄生生活的生命体，其结构简单，通过复制进行繁殖。病毒的颗粒很小，以纳米为测量单位，要用电子显微镜才能观察到，如疯牛病病毒、埃博拉病毒、禽流感病毒、天花病毒、艾滋病病毒、SARS及SARS-CoV-2等冠状病毒。

病毒的外壳（capsid）一般由蛋白质构成，能保护其核酸免于被降解。但由于病毒不具备普通的膜结构，所以抗生素无法将其杀死。病毒对许多常见的消毒剂（如75%医用酒精）都敏感，易被灭活。

病毒的生长周期包括吸附、穿透、复制、成熟、释放这5个过程。病毒不在活体细胞内时无法繁衍，因此流感病毒离开人体进入环境时，它们的数量只减不增，完全不用担心它们在各种脏污处疯狂繁衍。

4.3.2　几种致病力强的病毒

1. 埃博拉病毒

埃博拉病毒是一种烈性传染病病毒，能引起灵长类产生出血热，是一种罕见但严重的人类疾病。埃博拉病毒于1976年首次出现在两次同时暴发的疫情中，一次发生在南苏丹恩扎拉镇，另一次发生在刚果民主共和国的亚布库，后一次疫情发生在埃博拉河附近的一个村庄，埃博拉病毒因此而得名。据WHO统计，自首次疫情暴发后，埃博拉一共出现过11次大的疫情，导致34164人感染，14951人死亡，累计病死率44%，是最易致死的烈性病毒传染病之一（殷启凯和梁国栋，2023）。

狐蝠科的果蝠是埃博拉病毒的天然宿主，人群可通过密切接触热带雨林中的患病或死亡果蝠、黑猩猩、大猩猩、猴子、森林羚羊或豪猪等动物的血液、分泌物、器官或其他体液而感染埃博拉病毒。埃博拉病毒可以通过被感染的动物及其体液，如汗液、唾液或血液等传播，还可通过皮肤上的伤口或眼睛、鼻子或嘴巴进入人体内，从而发生人际传播，潜伏期约为2周。这种病毒主要出现在几内亚和刚果民主共和国境内。

感染后的早期症状是高烧、疲劳、头痛、咽喉疼、虚弱和肌肉疼痛，然后是呕吐、腹痛、腹泻、发病后的两周内，病毒外溢，人体内外出血、血液凝固，坏死的血液很快传输到全身各个器官，最终人体出现口腔、鼻腔和肛门出血等症状，可在24h内死亡。

出现埃博拉病毒病症状的人应立即就医，治疗方法包括口服药物或注射医院提供的静脉注射液。早治疗能够提高埃博拉病毒病患者的生存率。目前已有一种有效的疫苗可以预防扎伊尔类型的埃博拉病毒病。

良好的疫情控制有赖于采取全面的干预措施，包括病例管理、监测和接触者追踪、良好的实验室服务、安全掩埋尸体和社会动员。社区参与对疫情的成功控制十分重要，提高人们对埃博拉感染风险因素以及个人可以采取的防护措施的认识可以有效减少人际传播。预防措施包括保持基本手卫生和呼吸卫生、使用个人防护装备（防止飞溅或以其他方式接触受到感染的材料）、采用安全的注射方法和安全的埋葬方法。

2. 禽流感病毒

流感共有4种类型，即甲型、乙型、丙型和丁型。甲型流感病毒存在于许多动物物种中，具有感染人类和维持人际传播能力。根据目前的研究发现，只有甲型流感病毒可以引起全球大流行。

当动物流感病毒感染其宿主时，根据宿主命名病毒，如猪流感病毒、马流感病毒、犬流感病毒等。这些动物流感病毒有别于人类流感病毒，一般不容易感染人类，也不容易在人与人之间传播。禽流感病毒是人畜共患流感病毒，可以感染人类。人类感染禽流感的主要危险因素似乎是接触被感染的活禽、死禽或者受污染的环境，如活禽市场。屠宰、拔毛、处理被感染的家禽尸体以及烹饪家禽，尤其是在家庭环境中，也可能是感染的危险因素。感染后可引起上呼吸道的症状（发热和咳嗽）、严重的肺炎、急性呼吸窘迫综合征（呼吸困难）、休克甚至死亡。

野生水鸟是大多数甲型流感病毒亚型的主要天然宿主。家禽的禽流感疫情会对农业部门造成直接和严重的后果。

近年来，我国和其他国家均有不同类型的禽流感疫情发生。1997年，中国香港发生全世界第一宗人感染禽流感（H5型），感染的18人中6人死亡。香港特区政府为扑灭疫情，屠宰了150万只鸡。2002年2月1日，香港再次暴发禽流感病毒疫情，扑杀了860000只鸡，为补偿家禽养殖户的损失耗掉政府上亿元的港币。自2003年以来，该病毒通过鸟类种群从亚洲传播到欧洲和非洲，于2021年传播到美洲，并在许多国家的家禽种群中流行。疫情已导致数百万家禽感染、数百起人类病例和多人死亡。

2013年，我国报告了首例人感染甲型H7N9禽流感病例，该病毒在中国各地的家禽种群中传播，此后共报告了1500多例人感染的病例。此外，我国还报告了人感染其他亚型流感病毒（如H5N1、H5N6、H7N4、H9N2、H10N8）的病例。

流感病毒是不可能消灭的，人畜共患感染将继续发生。公众应尽量减少与来自已知的受动物流感病毒影响地区（包括可能出售或屠宰活体动物的养殖场和场所）的动物接触，并避免接触任何看似被动物粪便污染的表面。儿童、老年人、孕妇和产后妇女（产后6周内）或免疫系统受到抑制的人不应捡拾鸡蛋、协助屠宰或制备食物。应严格避免接触生病或死亡的动物，包括野生鸟类，并且应联系本地野生动物或兽医主管部门，报告发现的死亡动物，要求将其清走。

保持手部卫生可有效预防感染，最好用肥皂和流动的水洗手（特别是如果手上有明显的污渍）或使用酒精免洗洁手液洗手，并且在任何情况下都尽可能彻底和频繁地洗手，尤其是在接触动物及其环境之前和之后。还要养成良好的食品安全习惯，将生肉与熟食或即食食品分开，彻底煮熟食物以及妥善处理和储存肉类。前往暴发禽流感的国家的旅行者和当地居民应尽可能避开家禽养殖场，避免在活禽市场接触动物，避免进入可能屠宰家禽的区域，避免接触任何看似受到家禽或其他动物粪便污染的表面。如出现疑似人畜共患流感病毒感染的呼吸道症状，或有从受影响地区返回的旅行者，应通知当地卫生服务机构。

3. 疯牛病病毒

朊病毒引起的进行性中枢神经系统的慢性致命性脑病即为疯牛病。疯牛病又被称为“牛海绵状脑病”，发生在牛身上的症状与羊瘙痒症类似，被认为是通过给牛喂养动物肉骨粉传播的。

疯牛病可以通过接触或食用得了疯牛病的牛肉、牛内脏及其制品，以及医疗感染和遗传等途径传播。新型克雅氏病（早老痴呆症）、病程进展快速的痴呆（进行性痴呆）是该病的主要症状，同时该病可能伴随肌肉抽搐（肌阵挛）、眼睛看东西发花（视觉障碍）、走路不稳（小脑障碍）、全身肌肉功能障碍（椎体及椎体外系功能异常）、失语症及非间歇性的运动不能（无动性缄默）。新型克雅氏病的死亡率为100%，潜伏期可达15年，一旦发病，病人会在12～18个月内死亡，目前没有有效的治疗手段。

1996年3月20日，英国政府宣布，英国20余名克新型雅氏病患者与疯牛病传染有关，引起世界的震惊。英国将疯牛病疫区的1100多万头同群牛屠宰处理，造成了约300亿美元的损失，引起了全球对英国牛肉的恐慌。现在世界上已有26个国家发现本国有疯牛病存在，遍布欧亚及南北美洲。

疯牛病的预防方法包括：遇到患病和疑似患病的畜类，一律屠杀，并对尸体进行焚烧处理，不让疯牛肉流入市场；全面禁止使用骨粉、肉骨粉等由动物的组织制作的饲料（动物源性饲料）投喂牛、羊等反刍动物，阻断传染途径。

4. 天花病毒

天花病毒包括大天花病毒（variola major）和小天花病毒（variola minor），感染大天花病毒引起的天花更为严重，致死率可达30%，而感染小天花病毒引起的天花（被称为类天花/亚天花/小天花）致死率较低，约为1%。出血性天花死亡率高达97%，被感染者如能存活，则可获得终身免疫。人类是天花病毒的唯一宿主，天花病毒可通过飞沫吸入或直接接触传播，潜伏期为10～14天。感染了天花病毒后，患者全身高热、起红色丘疹，幸存者全身皮疹化脓，10天左右结痂，痂脱后留有疤痕，俗称“麻子”。

由天花病毒（variola virus）造成的急性传染性疾病，最早发现于中国及印度。16世纪，天花在全球肆虐，造成350多万人死亡。1970年以前，全球每年感染人数超过1500万人，其中至少200万人死亡。在天花存在的几千年里，它的传染性之强、肆虐范围之广、死亡率之高，可谓使人“闻之丧胆”。

接种天花疫苗是预防病毒感染的方式之一。这种疫苗取自一种叫牛痘的活体病毒，所以叫作牛痘疫苗，预防效果较好。牛痘疫苗的发现大大遏制了天花病毒的发作，降低了死亡率。最后一次天花流行发生在1977年索马里，之后世界卫生组织于1980年宣布天花病毒已经灭绝，只有世界卫生组织指定的2个实验室仍保存着天花病毒样本。目前，世界上多数国家停止了天花疫苗的生产，只有部分国家生产少量的储备疫苗。

消灭天花的最大功臣——“天花疫苗”的一位发明者是英国的外科医生詹纳。他是一名英国医生，以研究、发明及推广种牛痘预防天花而闻名，是现代疫苗学的奠基人之一，被称为免疫学之父。他的研究成果造福了人类，为此后的医学研究打开了通道，使巴斯德、科赫等人能有效地针对其他疾病寻求免疫和治疗之法。多年的乡村行医经历使他注意到，牛痘（发生在牛身上的一种急性传染病，由牛的天花病毒引起，其症状通常是在母牛的乳房出现疱疹和局部溃烂）是一种人畜共患性疾病，这种病可以通过接触传染给人。人感染牛痘后身上也会长出一些小疱疹，会产生与天花相似但极轻的症状。詹纳敏锐地意识到，天花与牛痘是同类疾病，以牛痘的浆液作为痘苗给人种牛痘，应该是使人获得天花免疫力的一种安全有效的方法。他在两年间又做了23次人体试验，全部成功预防了天花。詹纳种牛痘预防天花的方法公布后，欧美各实验室纷纷重复他的试验，均获得了成功，于是该法迅速被大家所接受。因为种牛痘，英国的天花发病率、死亡例数大幅度下降，英国议会为了对詹纳表示感谢，分两次奖励3万英镑给他以支持他的研究。从那时起，种牛痘预防天花的方法延续了200年，造福了无数的人们。随着科学进步和医学技术的发展，詹纳的天花防治方法被不断优化，并被制成对人体毫无害处的疫苗。这是全人类用人工免疫的方法消灭的第一个疾病，也是迄今为止唯一被消灭的疾病。

猴痘（Monkey pox）是一种病毒性人畜共患病，是由猴天花病毒引起的自然疫源性疾病。传染性远小于天花，感染后的症状类似于天花。猴痘病毒主要通过被感染的动物咬伤、人血液和体液传播。2022年5月7日，猴痘疫情最先在英国被发现，随后在欧洲发生了大规模的社区传播。截至2023年8月21日，113个国家（地区）报告了89000多例猴痘确诊病例，包含152例死亡病例。2023年10月16日，中国疾控中心官网通报，2023年9月1日—30日，中国内地（不含港澳台）新增报告305例猴痘确诊病例，其中有303例男例。

5. 艾滋病病毒

艾滋病病毒又被称为人类免疫缺陷病毒（human immunodeficiency virus，HIV），是一种攻击人体免疫系统的病毒，获得性免疫缺陷综合征（艾滋病）是该疾病的最晚期。艾滋病病毒攻击人体的T4淋巴细胞，大量吞噬、破坏T4淋巴细胞，使整个人体免疫系统遭到破坏，这使感染者更容易患上肺结核、感染病和癌症等疾病。

艾滋病的临床症状、并发症等多种多样，分布在急性期、无症状期和艾滋病期。疾病早期症状可能包括发热、咽痛、盗汗、恶心、呕吐、腹泻、皮疹、关节疼痛、淋巴结肿大及神经系统症状等。晚期患者常常患有多种机会性感染疾病和肿瘤，如链球菌性肺炎、肺孢子菌肺炎、弓形虫感染、巨细胞病毒感染、卡波西肉瘤等。

迄今，艾滋病已经夺去4040万人的生命。截至2022年底，全球现有HIV携带者和患者达3900万人，其中2/3的患者在非洲区。2022年，全球有63万人死于艾滋病病毒相关原因，有130万人新感染艾滋病病毒（世界卫生组织，2023）。

不同的高危行为中，艾滋病感染风险最高的为输血，其后是接受性肛交和共用针头。

艾滋病病毒作为RNA病毒，突变率非常高，在一个艾滋病病人体内不只存在一种艾滋病病毒，而是一个准种，所以只注射一种疫苗不足以预防艾滋病。目前市面上还没有能够预防和治疗艾滋病病毒感染的疫苗，各种相关的疫苗正在研制当中。

目前世界各地治疗艾滋病的主要应用是抗反转录病毒制剂。随着人们获得越来越多的有效的艾滋病病毒预防、诊断、治疗和护理措施，包括针对机会性感染的措施，艾滋病病毒感染已成为一种可管理的慢性健康疾患，艾滋病病毒感染者能够过上健康长寿的生活。2024年6月20日，吉利德公司公开宣布了一项关键三期试验结果，在针对5300多名年轻女性的双盲随机研究试验中，每年给药两次的“注射用衣壳抑制剂”来那卡帕韦（Lenacapavir）的试验组的2134名女性的感染病例为0例（药渡数据，2024）。

世界卫生组织、全球基金和联合国艾滋病规划署都制定了全球艾滋病病毒战略，这些战略与可持续发展目标的具体目标3.3（到2030年终结艾滋病病毒流行）相一致。到2025年，95%的艾滋病病毒感染者（PLHIV）应该得到诊断，其中95%的人应该接受挽救生命的抗逆转录病毒治疗（ART），95%的艾滋病病毒感染者应该达到抑制病毒载量的目标，以利于人体健康并减少艾滋病病毒的继续传播（世界卫生组织，2023）。

6. 狂犬病毒

狂犬病毒（lyssa virus）是一种动物来源的病毒，它的储存宿主只分布在哺乳纲的食肉目和翼手目，食肉目包括狗（最主要）、猫、浣熊和雪貂等，而翼手目就是蝙蝠。

狂犬病是由狂犬病毒引起的急性传染病，常见于被已感染的犬或猫等动物咬伤或抓伤的伤者。被咬伤后，病毒首先在被咬伤的肌肉组织中复制，然后侵入神经系统进入脑部，进一步影响呼吸和循环系统。当狂犬病病毒进入人体内，所含的糖蛋白能与人体的乙酰胆碱受体结合，这决定了其嗜神经性，病毒的复制几乎只限于神经元内。病毒在周围神经上行的速度大概是3 mm/h，即为12～100 mm/d，因此，狂犬病的潜伏期多为2周～3月。

狂犬病的初期症状主要为发热、伤口部位疼痛、有异常的颤抖或病痛感。随着病毒在中枢神经系的扩散，病人可能会出现典型的病症诸如狂躁型或麻痹型等。不接种狂犬疫苗的话，狂犬病最终可能导致咽肌痉挛、窒息或呼吸循环衰竭，死亡率为100%。目前没有任何药物能够治疗狂犬病，病毒暴露后进行伤口处置、接种疫苗、被动免疫等非常关键，是最重要也是唯一的预防方式。目前我国批准上市的狂犬病疫苗的暴露后免疫程序包括“5针法”和“2–1–1”程序两种。根据国外的疫苗的临床研究数据，按此免疫程序接种疫苗后，大多数人可在接种后7天出现中和抗体，在14天时100%抗体转阳。我国97%～99%的人狂犬病暴露来源为狗。中国香港、澳门和台湾已经几十年没有报告狂犬病。根据《2022年中国卫生健康事业发展统计公报》，2022年中国狂犬病发病例数为133例，死亡人数为118人。预防狂犬病最有效的措施是给狗打疫苗，出门为狗拴绳，不要遗弃狗，不要投喂流浪猫狗。

7. SARS病毒和新冠病毒

（1）SARS病毒。

SARS病毒为β属B亚群冠状病毒。病毒粒子多呈圆形，有囊膜，外周有冠状排列的纤突，分布于细胞质中，直径在80～120 nm。冠状病毒的S蛋白是该病毒的主要抗原成分与受体结合的部位，M蛋白是一种膜蛋白，参与病毒的出芽（budding）和包膜的形成（envelope formation）。N蛋白是一种磷酸蛋白，可能参与病毒核酸的形成。病毒可通过空气飞沫和接触传播。被传染的病人多数都与患者直接或间接接触，或生活在流行区内，病死率约为3.5%。

对我国SARS病毒的起源进行研究，结果表明该病毒来自野生动物，而与家畜家禽和宠物无关。专家们从蝙蝠、猴、果子狸和蛇等数种野生动物体内检测到冠状病毒基因，已测出的病毒基因序列与SARS病毒基因序列完全一致。据此，调查组认为SARS病毒或类SARS冠状病毒可能存在于部分野生动物体内（国家卫生与计划生育委员会，2003）。

根据有限的病例资料得出，SARS病毒的潜伏期为2～14 d，中位数7 d。感染者起病急，以高热为首发症状，70%～80%的感染者体温在38.5 ℃以上，偶有畏寒，可伴有头痛、关节酸痛、乏力，有明显的呼吸道症状，包括咳嗽、少痰或干咳，也可伴有血丝痰。重症感染者发生呼吸衰竭、急性呼吸窘迫综合征、ARDS、休克和多脏器功能衰竭，也有SARS病例并发脑炎。

常规预防措施：与疑似SARS感染者接触后，应认真做好手部的卫生消毒，这包括用肥皂和水洗手，如果手上没有明显的污染，可以用酒精棉球擦手代替洗手。

（2）新冠病毒。

2019年底，我国武汉首先暴发了不明肺炎疫情。2020年2月11日，国际病毒分类委员会冠状病毒小组建议将引发新冠肺炎的病毒命名为SARS-CoV-2，此前流行的名字是2019-nCoV。新冠病毒是目前已知的7种冠状病毒之一，在这7种中，4种感染上呼吸道，但症状很轻，就是我们常见的感冒或流感；另外3种就是SARS-CoV、MERS-CoV和SARS-CoV-2。

新冠病毒的刺突蛋白可与人体呼吸道的血管紧张素转换酶Ⅱ（ACE2）结合。新冠病毒感染的肺炎患者以发热、乏力、干咳为主要临床表现，鼻塞、流涕等上呼吸道症状较为少见，患者还会出现缺氧低氧状态。半数患者约在一周后出现呼吸困难，严重者快速进展为急性呼吸窘迫综合征、脓毒症休克、难以纠正的代谢性酸中毒和出凝血功能障碍。值得注意的是，重症、危重症患者病程中可为中低热，甚至无明显发热。部分患者起病症状轻微，可无发热，多在1周后恢复。多数患者预后良好，少数患者病情危重，甚至死亡。

SARS-CoV-2引发的肺炎为“新型冠状病毒肺炎”，简称“新冠肺炎”，其英文名为COVID-19。据2020年2月28日世界卫生组织新冠肺炎情况每日报告，全球风险级别均提升为最高级别“非常高”，2020年3月11日，世界卫生组织认为当前新冠肺炎疫情可被称为全球大流行（pandemic）。

新冠肺炎疫情是首个真正的“全球化疫情”。疫情在3个月的时间里波及全球210多个国家和地区，影响了将近70亿人口。

科学家们也在创纪录的短时间内取得了进展，开发了新的有效的新冠疫苗，到2020年底，第一批人（主要是发达国家的人）接种了疫苗。截至2023年6月，全球已接种疫苗超过130亿剂。

4.4 寄生虫

寄生虫（parasite）指具有致病性的低等真核生物，可作为病原体，也可作为媒介传播疾病。寄生虫的特征为在宿主或寄主（host）体内，或附着于宿主或寄主体外，以获取维持其生存、发育或者繁殖所需的营养或者庇护的一切生物。许多小动物以寄生的方式生存，依附在比它们更大的动物身上。

寄生虫可以改变寄主的行为，以达到自身更好地繁殖生存的目的。寄生在脑部的寄生虫，如终生寄生在脑部的弓形虫（toxoplasmosis），会使人的反应能力降低。许多消化道内的寄生虫能在低氧环境中以酵解的方式获取能量。寄生虫繁殖能力特别强，雌蛔虫日产卵约24万个；牛带绦虫日产卵约72万个；日本血吸虫每个虫卵孵出的毛蚴进入螺体内后，经无性的蚴体增殖可产生数万条尾蚴。单细胞原虫的增殖能力更强。这是保持虫种生存，对自然选择适应性的表现。

联合国开发计划署、世界银行、世界卫生组织联合倡议的热带病特别规划中要求防治的6类主要热带病中，除麻风病外，其余5类都是寄生虫病，即疟疾（malaria）、血吸虫病（schistosomiasis）、丝虫病（filariasis）、利什曼病（leishmaniasis）和锥虫病（trypanosomiasis）。通过按蚊传播的疟疾是热带病中最严重的一种寄生虫病。此外，寄生虫导致的常见疾病还有小龙虾肺吸虫病、生鱼片肝吸虫病、广州管圆线虫病、菱角姜片虫病等。

寄生虫对人体的危害，主要包括其作为病原引起寄生虫病及作为疾病的传播媒介两方面。寄生虫病对人体健康和畜牧家禽业生产的危害均十分严重。在占世界总人口77%的广大发展中国家，特别是在热带和亚热带地区，寄生虫病依然广泛流行，威胁着儿童和成人的健康甚至生命。寄生虫病的危害仍是普遍存在的公共卫生问题。

4.4.1 疟原虫

疟原虫（plasmodium）是人疟疾的病原体。寄生于人体的4种疟原虫生活史基本相同，需要人和按蚊两个宿主。疟原虫在人体内先后寄生于肝细胞和红细胞内，进行裂体增殖（schizogony）。在红细胞内，疟原虫除进行裂体增殖外，其部分裂殖子形成配子体，开始有性生殖的初期发育。在蚊体内，疟原虫完成配子生殖（gametogony），继而进行孢子增殖（sporogony）。

疟原虫的主要致病阶段是在红细胞内的裂体增殖期。致病力强弱与侵入的虫种、数量和人体免疫状态有关。疟疾的一次典型发作表现为寒战、高热和出汗退热三个连续阶段。疟疾是严重危害人类健康的疾病之一，据世界卫生组织统计，世界上仍有90多个国家为疟疾流行区，全球每年发病人数达3亿～5亿人，年死亡人数达100万～200万人，其中80%以上的病例发生在非洲。

1946年DDT杀灭成蚊的试验取得成效，使得消灭疟疾成为可能，1955年第8届世界卫生大会把以前的控制疟疾策略改为消灭疟疾策略。随着时间的推移，人们发现利用杀虫剂消灭媒介面临着越来越多的问题，诸如耐药蚊种的出现、杀虫剂造成的环境污染以及生态平衡等问题，使得全球灭疟规划受到严重挫折。1978年第31次世界卫生大会决定放弃全球限期灭疟的规划，把对疟疾的防治对策改回控制的策略。20年间的两次策略大转变，不仅反映了疟疾问题的复杂性，同时体现了人们与疟疾作斗争的认识在不断提高。

4.4.2 螨虫

螨虫（acari）是蛛形纲蜱螨目动物的统称，又名菌虱。螨虫身体微小，大多在1 mm以下，偶有数毫米的。螨多为椭圆形，头、胸、腹连成一体，形成躯体，突出在躯体前方的是颚体，为口器部分。螨虫的分布十分广泛，遍布全球。沙漠和北极冻土带，山顶和海底，江河和温泉，洞穴和空中，森林和草原，都有它们的踪迹；至于土壤中，植物、动物和贮藏物上更是常见。

螨虫是继跳蚤、苍蝇之后，最为猖獗的人类居室害虫，它专靠刺吸收人的皮肤组织细胞、皮肤腺分泌的油脂等为生。其中隐藏在家庭并与人类健康密切相关的主要有尘螨、蠕形螨、粉螨、蒲螨、果螨、食甜螨等，居室的阴暗角落、地毯、床垫、枕头、沙发、空调等处，都是螨虫滋生的地方。人们接触了被螨虫污染的物品后，即能引起皮炎。过敏体质的人在接触到尘螨时，会出现过敏性哮喘、过敏性鼻炎或过敏性皮炎。此外，接触螨虫还能引起消化道、尿道的螨病。

预防螨虫的方法主要有以下几点。

①房间内要经常清洁除尘，除了要经常清洗床单、被褥、枕芯、地毯等，还需要将它们放在阳光下暴晒。定期对沙发、地垫、地板缝等进行吸尘处理，卧室内最好不要铺地毯。

②居室内要常开门窗，保持室内空气清新干燥，清扫居室时最好采用湿式清扫，避免扬尘。

③在厨房、卫生间等潮湿角落喷洒一些杀虫剂。

④养成良好的个人卫生习惯，勤换洗衣物，不要共用毛巾和脸盆等用具。

⑤要注意家中饲养的宠物卫生，不要与宠物过分亲近，接触宠物后要及时洗手。

4.5　有害微生物的杀灭

4.5.1　人体的免疫反应

免疫反应（immunity）是指对于侵入的异物或体内自生的异物，人体会产生具有识别和清除异物的自我保护性生理反应。免疫功能包括免疫防御（immunological defense）和免疫监视（immunological surveillance）。免疫防御是防止外源病原微生物入侵及将其清除；免疫监视是监视机体内突变细胞和肿瘤，将其清除，防止肿瘤发生和抑制肿瘤发展。人类大部分疾病均与免疫有关，如感染性疾病、肿瘤、自身免疫病（糖尿病、甲亢等）。

机体的免疫反应分为天然免疫反应和获得性免疫反应。天然免疫包括结构性屏障（呼吸道黏膜）、化学性屏障（胃酸）和免疫细胞（白细胞）。天然免疫作用广泛、较为稳定、反应迅速，并能代代遗传。获得性免疫反应包括后天感染和人工预防接种。这种免疫反应有针对性、不能遗传，再次接触病源能使免疫强度增加。

提高免疫力的方法包括改善睡眠，保持乐观情绪，限制饮酒，参加运动，全面均衡适量营养，每天适当补充维生素和矿物质，食用微生态制剂，改善体内生态环境等。

4.5.2　治疗药物及疫苗

疫苗是用细菌、病毒、肿瘤细胞等制成的可使机体产生特异性免疫的生物制剂。疫苗接种可使接种方获得免疫力。疫苗分为死亡的微生物（死毒或灭活）、活的但减弱毒性的（弱毒或减毒）、活的毒性充分的（强毒）几种类型。有些疫苗可使接种者终身免疫，有些有有效期。

活菌或减毒苗的菌株保持了免疫原性。接种后，菌株在体内有一定的生长繁殖能力，使接种者产生类似轻型或隐性感染的反应。这种疫苗一般只需接种一次，且需要量较小，但引起的免疫效果好，且能维持较长时间。

用化学或物理方法将病原菌杀死后病原菌仍保持免疫原性，可用于制备死菌疫苗。由于病原菌已被杀死，不能繁殖，因此死菌疫苗用量较大，接种后接种者可能出现局部肿痛或发热等全身反应。死菌疫苗大多需要多次接种才能获得较好的免疫效果。

4.5.2.1　细菌性感染治疗及疫苗

1928年，英国细菌学教授亚历山大·弗莱明（Alexander Fleming）偶然发现青霉培养液能够杀死金黄色葡萄球菌，而且还能杀灭白喉菌、炭疽菌等，但当时还没有掌握提纯技术，所以此发现一直没有得到应用。1939年，在英国的澳大利亚病理学家弗洛里（Howard Florey）和德国生物化学家钱恩（Emst Chain）提纯了青霉素，并在英美政府的支持下，找到了大规模生产青霉素的方法。二战期间对青霉素等抗生素的迫切需求又大大推动了微生物发酵制药的发展。1945年，弗莱明、弗洛里和钱恩共同获得诺贝尔生理学或医学奖。

1940年，美国微生物学家赛尔曼·瓦克斯曼（Selman Waksman）从土壤中发现了放线菌素，又于1942年发现了棒曲霉素，于1943年筛选并分离到了能够杀灭结核杆菌的链霉素。随后他还陆续发现了灰链丝菌素、新霉素和其他抗生素。后来他建议把这些物质总命名为抗生物质，这些发现为以后大量的抗生素药物的出现打开了大门。由于这一贡献，瓦克斯曼获得了1952年的诺贝尔生理学或医学奖。

抗生素是杀灭感染性细菌的治疗方法，其主要原理是：①干扰细胞壁的合成，能使水分侵入细胞内，导致细菌细胞膨胀破裂，如青霉素杀菌；②影响细胞膜的通透性，使细胞内容物流出，如多黏菌素杀菌；③阻止蛋白质的合成，使细菌无法生长繁殖，如四环素、氯霉素杀菌；④抑制细菌核酸合成，如灰黄霉素杀菌。

细菌外的细胞壁和细胞膜（有些细菌还有菌毛和荚膜）含有很多蛋白质和核酸；这些成分一起可构成几千个抗原。在细菌的诸多抗原中找出真正能做成疫苗的抗原，其难度很大。目前已有针对四种重点细菌病原体的疫苗：肺炎球菌病疫苗（肺炎链球菌）、嗜血杆菌乙型流感疫苗（乙型流感嗜血杆菌）、结核病疫苗（结核分枝杆菌）和伤寒疫苗（伤寒沙门氏菌）。

4.5.2.2 病毒感染及疫苗

病毒没有细胞结构，也缺乏酶系统，杀灭细菌的各种抗生素对病毒都没有作用。抗病毒感染药物主要作用于病毒的感染途径（见本章4.3节），如直接抑制或杀灭病毒、干扰病毒吸附、阻止病毒进入细胞、抑制病毒生物合成、抑制病毒释放或增强宿主抗病毒能力等。抗病毒药物的作用主要是通过影响病毒复制周期的某个环节而实现的。如金刚烷胺可以抑制病毒颗粒进入宿主细胞内部，也抑制病毒的早期复制，阻断病毒基因的脱壳及阻断核酸转移进入宿主细胞；阿昔洛韦主要抑制病毒的胸苷激酶和DNA聚合酶，从而能显著地抑制感染细胞中DNA的合成，而不影响非感染细胞的DNA复制；齐多夫定可降低HIV感染患者的发病率，并延长其存活期。美国辉瑞公司研发的新冠口服药Paxlovid是奈玛特韦与利托那韦的组合，其中奈玛特韦是SARS-CoV-2主要蛋白酶Mpro（也称为3C-样蛋白酶，3CLpro）的拟肽类抑制剂。通过抑制蛋白酶，奈玛特韦能够阻止病毒复制，因为这种酶在病毒复制过程中不可或缺。利托那韦则通过抑制CYP3A介导的奈玛特韦代谢，从而升高奈玛特韦在血液中的浓度。同时作为CYP3A4抑制剂，利托那韦与奈玛特韦联用后还可增加奈玛特韦全身暴露量，以及抑制奈玛特韦的代谢。

大多数病毒性疾病无特效的抗病毒治疗药物，因此预防尤为重要，接种疫苗是国际医学界公认的防控传染病大流行的“最有效方式”。由于某些病毒的变异速度很快，而药品和疫苗的研发、生产都需要大量时间，所以相关药物和疫苗的研发都面临着很大的挑战。病毒和细菌的体量大小悬殊，造成两者的结构复杂性有质的区别，也造成免疫学上的重要差异。病毒的全部成分能构成几十个抗原（抗原是指能够引起人体免疫系统反应的物质），病毒疫苗通过引入病毒的部分或全体成分，或者使用经过处理的病毒，来激发人体免疫系统产生针对该病毒的免疫反应。病毒疫苗的接种可以通过注射、口服或鼻腔喷雾等途径。常见的病毒疫苗包括流感疫苗、麻疹疫苗、水痘疫苗、乙肝疫苗等，此外还有抗人乳头瘤病毒的HPV疫苗、带状疱疹疫苗等，在疾病预防方面都发挥了重要作用。

但疫苗并不能提供完全（100%）的保护力，注射疫苗后人体也可能会发生突破性感染。评价一个疫苗的保护力，是用接种疫苗试验组的感染人数与接种安慰剂对照组的感染人数计算得到的。比如，两组人数均超过1万且基本相等，如果试验组感染人数为10人，对照组感染人数为200人，则保护力 =(200−10)/200=95%。一般来说，疫苗须达到50%或50%以上的效力才能获得批准，之后还需对其进行持续的安全性和有效性监控。如流感疫苗在我国的研究中的总体保护效果为58%，辉瑞公司的新冠mRNA疫苗的保护力超过95%。

1995年前的医学界普遍认为，疫苗只作预防疾病用。随着免疫学研究的发展，人们发现了疫苗的新用途，即可以治疗一些难治性疾病。从此，疫苗兼有了预防与治疗双重作用，如接种治疗性乙肝疫苗就属于特异性主动免疫疗法，但这一方法还不能完全代替抗病毒药物，两者联合将成为新的治疗方法。

4.5.2.3　寄生虫病防治及疫苗

寄生虫病防治的基本原则是针对寄生虫病流行的3个环节，控制传染源、切断传播途径和保护易感人群来采取综合防治措施。为表彰在疟原虫、盘尾丝虫的杀灭中做出的杰出贡献，2015年的诺贝尔生理学或医学奖颁给了屠呦呦、威廉·C·坎贝尔和大村智。

1. 河盲症

河盲症是由盘尾丝虫引起的疾病。在非洲，雌蚋将卵产在快速流动的河流的水面之上，这里的水流能够带来充足的氧气，满足卵发育所需。幼虫破壳之后还要在水中生存大约一个星期，直到发育为成体。雌虫破蛹之后会立即交配，之后它们会拼命地寻找温血动物，饱饮人或其他动物的血液之后，它们才能获得充足的营养，满足体内虫卵发育所需。这种飞虫唾液里多种多样的化合物会使猎物休克。吸人鲜血的时候可通过伤口传播旋盘尾丝虫。成年旋盘尾丝虫会在人类的皮肤之下形成小瘤，它们能在其中生活、交配，尽可能地繁殖——每天可产生多达1000个后代——长达15年之久。寄生在人眼中的盘尾丝虫通过掘洞导致人失明，此外盘尾丝虫还会造成丘疹、瘙痒，导致细菌感染。

控制这种疾病的一个方法是消灭蚋，这一行动自从20世纪50年代DDT被发明以来就开始了，但蚋很快就对DDT有了抗药性。日本的科学家大村智和美国默克（Merck）公司开发的阿维菌素被证明能够杀死旋盘尾丝虫的微丝蚴，但对于它们的成体来说却无济于事。因此，阿维菌素的制造商Merck公司制订了长期的治疗方案，他们将阿维菌素免费提供给公共卫生团体，再由他们将阿维菌素分发给感染者，直到旋盘尾丝虫的成虫死亡——这大约需要10年，这种治疗不能间断。在此期间，患者必须按时服用药物，这样才能杀死旋盘尾丝虫的幼虫，并保证疾病不会传染给其他人。

2. 疟疾

疟疾是指通过蚊虫叮咬或输入带疟原虫者的血液感染疟原虫而引起的虫媒传染病，主要表现为周期性规律发作，全身发冷、发热、多汗。疟原虫的宿主是蚊虫和人。

在全世界，疟疾每年的发病人数为3亿～5亿，年死亡人数为100万～200万，其中80%以上的病例发生在非洲，一半是非洲儿童，尤其是5岁以下儿童。这种通过按蚊叮咬传播的疾病，和艾滋病、结核病一起被WHO列为全球三大公共卫生问题。2022年，全球85个国家约有2.49亿例疟疾病例，60.8万例疟疾死亡病例。

青蒿素能治疗部分疟疾，其作用机理是多靶点的模式：疟原虫有很多蛋白，青蒿素与它的100多种蛋白都可以结合，使这些蛋白失活，从而杀死疟原虫。

过去我们所有的疫苗，从百白破到麻风腮，从狂犬疫苗到新冠疫苗，都是针对病毒或细菌的，尚无任何针对寄生虫的疫苗。而疟原虫有超过5000个基因，其表面蛋白质存在多种遗传变异，容易出现耐药性（氯喹、奎宁、青蒿素等），其药物或疫苗研发都面临着巨大的困难。葛兰素史克（GSK）公司经过数十年的努力，开发了疟疾疫苗（mosquirix），10年的临床结果显示，该疫苗能预防39%的感染和29%的重症，虽然不是十分理想，但仍然相当于能预防540万例5岁以下儿童病例和2.3万例死亡。因此，2021年10月6日，WHO正式批准这个疫苗，并建议面向撒哈拉以南的非洲地区及其他深受疟疾威胁的地区的儿童广泛接种。2023年10月，牛津大学开发的、印度血清研究所生产的世界第二款疟疾疫苗R21/Matrix-M也获得WHO预认证，用于预防儿童疟疾。这两种疟疾疫苗由世卫组织推荐并获得预认证后，将提供足够的疫苗剂量，从而满足非洲国家的大量需求，惠及所有生活在疟疾构成重大公共卫生风险地区的儿童。

思考题

1. 如何理解微生物在地球环境演化中的作用？

2. 思考人类活动对生物多样性破坏和野生动物栖息地的侵占，以及动物病毒传染人类的关系。

3. 比较细菌、病毒和寄生虫的结构及治疗差异。

4. 结合DDT的应用发展，思考疟疾的防控措施。

参考文献

[1] BOYLE P P, GRÁDO C. Fertility trends, excess mortality, and the Great Irish Famine[J]. Demography, 1986, 23(4): 543-562.

[2] KULLBERG B J, ARENDRUP M C. Invasive candidiasis[J]. New England Journal of Medicine, 2015, 373(15): 1445-1456.

[3] LEGRAS J L, MERDINOGLU D, CORNUET J M, et al. Bread, beer and wine: *Saccharomyces cerevisiae* diversity reflects human history[J]. Molecular Ecology, 2007, 16(10): 2091-2102.

[4] MIN B, LOGAN B E. Continuous electricity generation from domestic wastewater and organic substrates in a flat plate microbial fuel cell[J]. Environmental Science & Technology, 2004, 38(21): 5809-5814.

[5] PASSOLUNGHI S, HU H, WANG H. The genetic and molecular biology of *Kluyveromyces lactis*[J]. Advances in Applied Microbiology, 2010(72): 53-91.

[6] PUTRA W, HAKIKI F. Microbial enhanced oil recovery: Interfacial tension and biosurfactant-bacteria growth[J]. Journal of Petrolem Exploration and Production Technology, 2019(9): 2353-2374.

[7] RAWLINGS D E, SILVER S. Mining with microbes[J]. Nature Biotechnology, 1995, 13(8): 773-778.

[8] SCHNEPF E, CRICKMORE N, VAN RIE J, et al. *Bacillus thuringiensis* and its pesticidal crystal proteins[J]. Microbiology and Molecular Biology Reviews, 1998, 62(3): 775-806.

[9] WOESE C, FOX G. Phylogenetic structure of the prokaryotic domain: The primary kingdoms[J]. Proceedings of the National Academy of Science, 1977(74): 5088-5090.

[10] 杜中军，朱水芳，黄文胜，等. 毕赤酵母外源基因表达系统研究进展[J]. 生物技术通报，2002(4): 7-11.

[11] 龚震宇，龚训良. 2010—2015年全球鼠疫流行概况[J]. 疾病监测，2016，31(8): 711-712.

[12] 郭艳梅，郑平，孙际宾. 黑曲霉作为细胞工厂：知识准备与技术基础[J]. 生物工程学报，2010，26(10): 1410-1418.

[13] 国家卫生与计划生育委员会. 研究发现SARS病毒来自野生动物[EB/OL]. (2003-05-25)[2024-08-01]. http://www.nhc.gov.cn/wsb/pzcjd/200804/21422.shtml.

[14] 梁宗琦. 真菌次生代谢产物多样性及其潜在应用价值[J]. 生物多样性，1999，7(2): 145-150.

[15] 马秀英，朱玲，布冰，等. 血液净化治疗在含鹅膏毒肽蕈类中毒致肝衰竭中的作用[J]. 中国中西医结合急救杂志，2021，28(6): 763-766.

[16] 唐继成. 小麦锈病的发生原因及防治策略剖析[J]. 南方农业，2019，13(15): 29，31.

[17] 滕维亚，狄惠芝. 深部真菌感染研究进展[J]. 中华医院感染学杂志，1999，9(1): 62-64.

[18] 世界卫生组织. 艾滋病毒和艾滋病[EB/OL]. (2023-07-13)[2024-08-01]. https://www.who.int/zh/news-room/fact-sheets/detail/hiv-aids.

[19] 卫生健康委员会. 2022年卫生健康事业发展统计公报发布[EB/OL]. (2023-10-12)[2024-08-01]. http://www.nhc.gov.cn/cms-search/.

[20] 药渡数据. 100%预防艾滋！吉利德科学创新药物"Lenacapavir"3期临床结果喜人[EB/OL]. (2024-06-25)[2024-08-05]. https://www.sohu.com/a/788237955_121655721.

[21] 殷启凯，梁国栋. 埃博拉病毒病——病死率极高的人畜共患病[J]. 中国热带医学，2023，23(1): 1-9.

[22] 张道军，黄云丽，张卫卫，等. 浅部真菌病2600例病原菌分析[J]. 中国皮肤性病学杂志，2012，26(6): 501-503.

[23] 张丽，康梅，陈中举，等. 我国霉菌感染流行病学分析：多中心回顾性研究[J]. 协和医学杂志，2023，14(3): 559-565.

[24] 中国农作物病虫害编辑委员会. 中国农作物病虫害（上）[M]. 北京：农业出版社，1979.

第5章　水体环境与人体健康

5.1　水资源

5.1.1　全球水资源现状

水是人类社会的宝贵资源，全球水资源中的97.3%是海水。77%的淡水以冰川的形式存在，人类可利用的淡水资源只有江河、淡水湖和地下水，仅占淡水资源的1%。世界水量分布极不均衡，60%～65%的淡水集中分布在9～10个国家，如俄罗斯、美国、加拿大、印度尼西亚、哥伦比亚等。

由于人口增长、经济发展和气候变化等因素，全球对水的需求不断增长。据《2024年联合国世界水发展报告》，世界1/4的人口面临着“极高”的水资源短缺压力，这些区域的水资源利用率都超过了80%。在低收入国家，污水处理程度低是环境水质差的主要原因；而在高收入国家，农业面源污染是最严重的问题。水污染物中值得关注的新污染物包括全氟烷基物质和多氟烷基物质（PFAS）、药品、激素、工业化学品、洗涤剂、蓝藻毒素和纳米材料等。

人们正在试图利用人工智能技术帮助解决供水、卫生设施和个人卫生系统、农业和工业用水以及水资源管理方面的挑战。许多新兴技术，如“大数据”“物联网”“云计算”等技术，都在不断提高水利资源管理的信息化与智能化水平，加强了水利设施的效率和可靠性，为水利管理部门提供了更加便捷的服务。虽然人工智能（AI）还处在研究和发展阶段，但这类技术在水文自动化测报、流域水模拟与预测、水工程安全分析与科学调度、水行政智能管理应用、水信息智能服务应用等领域具有广阔的应用前景。

5.1.2　用水情况

全球70%的淡水用于农业，但工业用水（约20%）和生活用水（约10%）是淡水需求增加的主要领域。这是经济产业化、人口城镇化以及供水和卫生系统扩张带来的结果。人口增长的影响并不突出，因为人口增长最快的地区往往人均用水量也最低。发达国家中，工业用水占59%，农业和居民用水分别占30%和11%，而发展中国家超过82%的水量都用于农业，工业和居民用水分别占10%和8%。灌溉用水量约占所有用水量的80%。

不同人群的用水量差异极大，全球生活在缺水地区的人群中，20%的平均每人每年水资源量不足1000 m^3，他们无法得到足量且安全的水来维持基本需求。2023年*Nature Sustainability*的一篇文章报道：“在干旱前，富裕人群和中上收入人群的用水量占该市用水量的51%，尽管他们只占人口的13.7%。'开普敦富人群体用水量这么大有几个原因，比如很多人有游泳池，这需要大量的水。他们还有华丽的花园，需要定期浇灌。'"（Savelli等，2023）。海湾阿拉伯国家合作委员会（GCC）成员国是全世界水资源消耗最高的国家。中国北方和南方每人每天用水量大约分别为250升、350升，而在卡塔尔，每人每天用水量能达到500～1000升。除了用来盥洗、洗衣服，大量的水要用于种树、洗车、维护游泳池等。

5.1.3　我国水资源状况

根据水利部的《中国水资源公报》（中国水利部，2015；中国水利部，2018；中国水利部，2021；中国水利部，2024），我国近年来的水资源及用水、排水状况如表5-1所示。

表5-1　近20年我国的水资源状况

分类	年份			
	2014年	2017年	2020年	2023年
降水量/mm	622.3	664.8	706.5	642.8
地表水/（$1 \times 10^8 m^3$）	26263.9	27746.3	30407.0	24633.5
水资源总量/（$1 \times 10^8 m^3$）	27266.9	28761.2	31605.2	25782.5
供水量/（$1 \times 10^8 m^3$）	6095	6043.4	5812.9	5906.5
用水消耗总量/（$1 \times 10^8 m^3$）	3222	3206.8	3141.7	3201.7
废污水排放量/（$1 \times 10^8 m^3$）	716.2	699.7	—	—
用水量/（L/d）	213（城镇） 81（农村）	221（城镇） 87（农村）	207（城镇） 100（农村）	177

据2024年发布的《中国水资源公报》，2023年全国水资源总量为25 782.5亿立方米，人均水资源量1829.0立方米，为世界平均水资源量的1/4，灌溉用水占据了所有用水消耗的74.2%。全国水利普查结果显示，20世纪90年代以来，政府数据库里的28 000条河流消失，仅剩不足23 000条河流。水利普查并未给出河流消失的原因。中国气象局称，1970年以来，包括黄河在内的几条主要河流一直在缩小，该趋势可能继续（Reuters，2013）。

5.2 水体污染

5.2.1 水污染

水污染是指进入水体的污染物含量超过水体本底值和自净能力，使水质受到损害，破坏了水体原有的性质和用途。水污染的类型有酸污染、碱污染、有机污染、无机污染引起的化学性污染，色度、浊度、悬浮固体、热、放射性等的变化引起的物理性污染和生活污水、医院污水等带来的生物性污染。根据污染源，水污染还可以分为人为污染和自然污染，点源污染和面源污染。

水体污染中的化学性污染，一般来自于未达标处理排放的工业废水以及农田和生活污水；色度和浊度污染主要来自于未达标处理排放的工业废水，以及植物的叶、根、腐殖质、可溶性矿物质、泥沙等；悬浮固体来自生活污水、垃圾和工农业废物、农田水土流失；放射性污染来自医院放射科或同位素治疗、核电站、核试验。

污染物质进入天然水体后，一系列物理、化学和生物因素的共同作用使水中污染物质的浓度降低，水体往往能恢复到受污染前的状态，这种现象称为水体自净。自净的原理包括稀释、扩散、沉淀、挥发等物理净化，氧化、还原、分解、中和等化学净化和好氧、厌氧生物净化。

我国的国家地表水水质自动监测站已覆盖了松花江、辽河、海河、黄河、淮河、长江、珠江、东南诸河、西南诸河及西北内陆河等十大流域的主要河流，每 4 h 发布一次水温、pH、DO、电导率、浊度、COD_{Mn}、氨氮、总磷、总氮共 9 项监测指标的实时数据，湖库水站还监测叶绿素 a 和藻的密度。对于工农业废水和生活污水的排放，主要的水质监测指标有以下几项。

（1）悬浮物（SS）。它是污水中呈固体状的不溶性物质，是水体污染的基本指标之一。悬浮物降低水的透明度，降低生活和工业用水的质量，影响水生生物的生长。

（2）pH 值。污水的 pH 值对污染物的迁移转化、污水处理厂的污水处理、水中生物的生长繁殖等均有很大的影响，是重要的污水指标之一。

（3）细菌。一部分细菌是无害的，另一部分细菌对人、畜是有害的。大肠杆菌是细菌污染的指示生物，用来指示水体受肠道菌污染的情况。细菌污染指示早期采用的是总大肠杆菌数，后来不断发展至粪肠杆菌、粪链球菌、粪肠球菌，更能代表肠道菌的污染情况。

（4）有毒物质。有毒物质包括无机有毒物质（主要是重金属）和有机有毒物质（主要是指酚类化合物、农药等）。

（5）有机物。一般用化学需氧量（chemical oxygen demand，简称 COD）来代表绝大多数的有机物。水体中的有机物一般呈还原性，当用化学氧化剂（如 $K_2Cr_2O_7$）氧化水中有机物时，氧化剂消耗的准确量用 O_2 mg/L 表示。有机物含量越高，则 COD 越高，水质越差。

国家地表水标准中将水质分为 5 级，Ⅰ类为最优，Ⅱ类为轻度污染，Ⅲ类为中度污染，Ⅳ类为重度污染，Ⅴ类为极重度污染。如果水质指标中有一项达不到Ⅴ类地表水标准，则整个水体的水质会被判定为劣Ⅴ类。近年来我国河流水质状况见表5-2。从表中数据可以看出，近年来我国地表水质在Ⅲ类以上的占比持续增加，而Ⅴ类及以下的水体占比明显减少，说明水体治理取得了明显成效。

表5-2　近年来全国地表水总体水质状况（生态环境部，2015—2024年）

年份	Ⅰ类	Ⅱ类	Ⅲ类	Ⅳ类	Ⅴ类	劣Ⅴ类
2014	2.8%	36.9%	31.5%	15.0%	4.8%	9.0%
2017	2.2%	36.7%	32.9%	14.6%	5.2%	8.4%
2020	7.3%	47.0%	29.2%	13.6%	2.4%	0.6%
2023	9.0%	50.1%	30.3%	8.4%	1.5%	0.7%

生态环境部于2018年底开始试点排查入河入海排污口，从长江干流以及岷江等9个重要支流开始，首先是由2300架次无人机完成的遥感排查，覆盖4.6万平方公里；随后抽调了4600多人，累计行程18万公里，排查6万多个站点，这个数字是之前地方掌握数据的30倍。黄河流域等其他流域的排查也在进行中（图片中国，2022）。

5.2.2　河流污染

河流污染主要来自于工业废水、生活污水和农业污水的排放。

工业废水包括无毒但浓度高的食品、发酵工业废水以及石化、制药、杀虫等有毒且高浓度的工业废水。其特点是污染物浓度大，成分复杂且不易净化，带有颜色或异味。

生活污水来源于家庭、商业、学校、旅游服务业及其他城市公用设施，包括厕所冲洗水、厨房洗涤水、洗衣机排水、沐浴排水及其他排水，其主要成分为蛋白质、碳水化合物、植物油和动物油、尿液、洗涤剂、杀虫剂等痕量有机物。

农业废水来源于农作物栽培、牲畜饲养、农产品加工等过程，其性质与生活污水相似，含有有机物（主要为农药）和致病菌。

造纸行业的废水排放量和COD排放量均为各种工业废水之首。近年来，工业废水的排放量基本稳定，处理率约为95%；生活污水排放量明显增加，处理率仅为57%（生态环境部，2024）。

5.2.3　湖泊污染

5.2.3.1　湖泊水质

湖泊水质污染主要是由水体富营养化造成的“水华”问题。所谓“富营养化”，是指水体中氮、磷等营养物质的质量浓度超标（$\rho_N > 0.3$ mg/L，$\rho_P > 0.03$ mg/L），导致水生态系统物种分布失衡。湖泊富营养化的主要特征是藻类大量繁殖、水生生物种类少但数量多，缺乏底栖动物。在湖泊、海湾等缓流水体中，这种现象出现的概率较大。在自然条件下，湖泊也会从贫营养状态过渡到富营养状态，不过这种自然过程非常缓慢，而人为排放的含营养物质的工业废水和生活污水所引起的水体富营养化则可以在短时间内出现。

近年来我国重点湖泊水质的营养状态如表 5-3 所示。从图中可以看出，除了 2017 年各项指标不理想之外，湖泊水质有明显提升，凸显了党的十八大以来我国生态环境保护的成效。

表 5-3　近年来全国湖泊总体水质状况（生态环境部，2015—2024 年）

年份	Ⅰ类：贫营养	Ⅱ类：中营养	Ⅲ类：轻度富营养	Ⅳ类：中度富营养	Ⅴ类及以上：重度富营养
2014	16.4%	59.0%	21.3%	3.3%	/
2017	5.4%	24.1%	33.0%	19.6%	17.8%
2020	9.1%	61.8%	23.6%	4.5%	0.9%
2023	8.3%	64.4%	23.4%	3.9%	/

5.2.3.2　藻毒素

引起湖泊水华的蓝藻，会释放各种各样的生物毒素（表 5-4），其中最为常见的是微囊藻毒素。它能够专一地与肝、肾内的蛋白磷酸酶结合，在致死剂量暴露的情况下，15～60 min 之内即可造成不可逆的器官损伤。产毒蓝藻众多，已知的蓝藻水华中有 60%～70% 含有产毒的株系。在某一段时期内的水华甚至可以产生 20 多种微囊藻毒素。一种蓝藻水华的毒性取决于有毒株的细胞浓度以及所出现的毒素的相对毒性。

最新的研究表明，微囊藻毒素对生殖、神经和心脏等的影响亦不可小视（Qiu 等，2009；Liu 等，2010；Li 等，2012；Zhao 等，2012；Chen 等，2015）。微囊藻毒素的化学性质十分稳定，能耐 300 ℃的高温、耐酸碱，因此，泡茶和烹饪对其影响甚微（Zhang 等，2009）。因此，若自来水中或水产品中存在这种毒素，长期的慢性暴露将对消费者的健康带来不容忽视的健康风险（Xie 等，2005；谢平，2006；Zhang 等，2009）。一项研究表明，我国南方原发性肝癌的高发病率与饮用水中的微囊藻毒素污染有密切关系（谢平，2009）。2009 年的一项研究发现，巢湖渔民由于长期饮用未经处理的巢湖水，引发了一些个体的实质性肝损伤，其血检中普遍检出多种蓝藻毒素（Chen 等，2009）。

表 5-4　水华藻类释放的毒素（Svrcek 和 Smith，2004）

<table>
<tr><th colspan="3">毒素类别</th><th>毒性或刺激效应</th><th>产毒蓝藻属名</th></tr>
<tr><td colspan="2" rowspan="2">环肽</td><td>微囊藻毒素</td><td>肝毒性</td><td>鱼腥藻，项圈藻，隐球藻，陆生软管藻，微囊藻，念珠藻，颤藻</td></tr>
<tr><td>节球藻毒素</td><td>肝毒性</td><td>节球藻（主要在咸淡水）</td></tr>
<tr><td rowspan="3">生物碱</td><td rowspan="3">神经毒性生物碱</td><td>类毒素 -a</td><td>神经毒性</td><td>鱼腥藻，束丝藻，颤藻</td></tr>
<tr><td>拟类毒素 -a（s）</td><td>神经毒性</td><td>鱼腥藻，颤藻</td></tr>
<tr><td>石房蛤毒素</td><td>神经毒性</td><td>鱼腥藻，束丝藻，拟柱胞藻，鞘丝藻</td></tr>
</table>

续表

毒素类别			毒性或刺激效应	产毒蓝藻属名
生物碱	细胞毒性的生物碱	筒胞藻毒素	细胞毒性，肝毒性，神经毒性，遗传毒性	鱼腥，束丝藻，拟柱胞藻
		皮炎毒性生物碱	—	海洋蓝藻
		海兔毒素	皮炎毒性	鞘丝藻，裂须藻，颤藻
		鞘丝藻毒素	皮炎毒性，口腔和肠胃发炎	鞘丝藻
	脂多糖内毒素		具有刺激任何暴露组织的可能	—

5.2.3.3 “三湖”水污染治理情况

太湖、滇池、巢湖是我国重点治理的“三湖”，从1996年起，生态环境部制定了“九五”至“十四五”期间的水污染防治规划，先后投资数千亿元实施相关防治改造工程。

2007年5月，太湖暴发了有史以来最严重的蓝藻水污染事件，大量蓝藻的集中繁殖使太湖水域质受到了严重的污染。湖水发出刺鼻臭味，自来水厂停止向居民供水，饮水危机严重影响了该流域居民的稳定生活。同时，各个超市都发生抢购纯净水的事件，影响了社会的稳定和谐，给当地的经济发展、环境保护工作和社会稳定带来不利影响。影响太湖蓝藻生长的自然条件因素是前一年冬天气温比往年明显升高，太湖流域雨水偏少，水位偏低，湖水缺乏必要的更换与循环，风向也使蓝藻在太湖北部堆积、腐烂，导致太湖蓝藻暴发。经过多年的连续治理，2023年，太湖湖体高锰酸盐指数和氨氮指数稳定保持在Ⅱ类和Ⅰ类，东部湖区水质稳定保持在Ⅲ类，湖心区水质首次达到Ⅲ类，西部湖区水质大幅好转，上半年太湖水质首次达到良好湖泊标准。蓝藻防控实现新成效，藻情达到2007年以来最轻。2023年太湖出现蓝藻水华53次，同比减少51次，平均面积、最大面积、藻密度同比下降45.7%、50.8%和30.3%，连续16年实现安全度夏。流域水生生物多样性指数达到3.08，水质等级从“良好”提升到“优秀”。湖体水生植被面积达到200 km^2，同比增加25.8%（澎湃新闻，2024）。

滇池流域面积2920平方公里，以约占昆明市14%的土地面积承载了全市约67%的人口和77%的经济总量。近年来，针对滇池河道、截污管网等旱季“藏污纳垢”、汛期“零存整取”的问题的治理，有效降低入湖污染负荷，使滇池保护治理取得积极成效。据昆明市滇池管理局统计，2023年滇池全湖水质持续向好，自2018年上升为Ⅳ类水质后，连续六年保持全湖水质Ⅳ类。目前滇池水质的草海水体富营养化仍然较为严重，外海富营养化虽较为缓慢，但富营养指数处于临界水平。

20世纪90年代中期至2012年，巢湖水质明显改善，但是近年来水质改善速度变缓，2018年蓝藻水华面积显著增加。为进一步改善湖水水质，合肥市新增了污水处理能力43万吨/天，2021年起投资151亿元实施巢湖流域“山水工程”，累计已完成生态保护修复总面积780平方公里、矿山修复面积149.3公顷、湿地修复面积417.1公顷、林草等植被生态覆绿面积1589公顷、岸堤修复长度42.3公里、水污染治理面积90.3公顷、水土流失治理面积172.8公顷、生物多样性保护治理面积499.1公顷。巢湖水质改善明显，稳定保持Ⅳ类，全湖平均水质达到Ⅲ类，创1979年有监测记录以来最高水平，富营养指数较去年同期下降2.4。国控断面达标率自2020年以来一直稳定保持全面达标（中安在线，2023）。

5.2.4 近海海域污染

5.2.4.1 《中华人民共和国海洋环境保护法》

我国是海洋大国，海域辽阔，岸线漫长，岛屿众多，资源丰富，生态多样，拥有世界海洋大部分生态系统类型。海洋环境保护是生态文明建设、美丽中国建设的重要组成部分。《中华人民共和国海洋保护法》于1982年8月23日经第五届全国人民代表大会常务委员会第二十四次会议通过，后又经历了1999年、2013年、2016年、2017年、2023年的多次修订，对于建设海洋强国、维护海洋权益、实现生态文明建设及人与自然和谐共生，具有极其重要的意义。新修订的海洋环境保护法将“陆海统筹、综合治理”作为重要基本原则，增加了对海洋生物多样性的保护、各级地方政府的监管责权、加大处罚力度等方面的内容，已于2024年1月1日起正式施行。

5.2.4.2 海水污染的定义

海洋污染物指主要经由人类活动直接或间接进入海洋环境，并能产生有害影响的物质或能量，通常有以下几类：石油及其产品污染、重金属污染、农药污染、工业和生活污水、放射性物质、热污染以及固体碎片。石油及其产品污染物从开采、运输、炼制和使用等过程中的流失并直接排放或间接输送入海，它们对海洋生物和海滨环境危害最大。重金属污染主要来自工农业废水和大气，易蓄积于海洋生物体内。农药污染来自农田径流和大气搬运，工业和生活污水中含有大量有机物和营养盐，过量流入海洋易引起赤潮。热污染一般指发电厂冷却水。固体碎片主要指各种难降解的塑料，它们对海洋中的哺乳动物危害最大。

随着工业化和城市化的快速发展，除了传统的氮、磷等污染物，陆源中新污染物浓度不断增加，河口处的污染物浓度处于较高水平，这些污染物不断向近海海域排放，使得近海生态系统的污染情况日趋严重。目前已在不同水生生物，包括浮游植物、浮游动物、鱼类和其他大型海洋哺乳动物等生物体内检测到PFAS、抗生素、内分泌干扰物和微塑料。它们在生物体内富集，并会沿食物链产生生物放大行为。新污染物在水环境中的持久性残留可对水生生物产生多种毒性效应，通过不同的作用机制干扰关键基因的调控，并引起氧化应激、DNA损伤、免疫干扰和生殖障碍等负面作用，从而对生物体、后代和种群造成不利影响。其对人体健康的具体风险见本书第3章3.2节。

5.2.4.3 我国近海海域水质

近年来，我国管辖海域水质总体稳中趋好，近岸海域水质持续改善，2023年优良（一、二类）水质面积比例为85.0%（图5-1）。在四大海域的入海河流监测断面中，渤海海区的水质为轻度污染（Ⅰ～Ⅲ类水比例＜75%，且劣Ⅴ类水质比例＜20%），其余三个海域（黄海、东海、南海）的水质均为良好（75%≤Ⅰ～Ⅲ类水比例＜90%）。2016—2023年中国管辖海域呈富营养化状态的海域面积见图5-2（生态环境部，2024）。

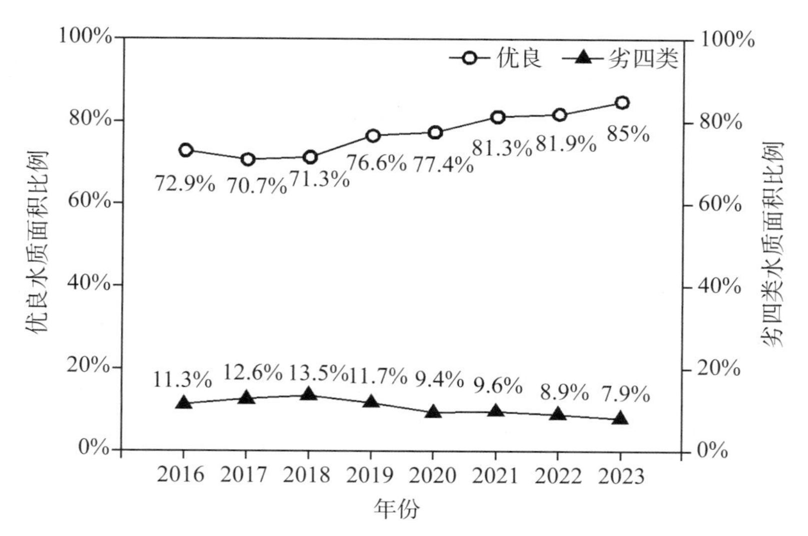

图5-1　2016—2023年全国近岸海域优良水质和劣四类水质面积比例变化趋势（生态环境部，2024）

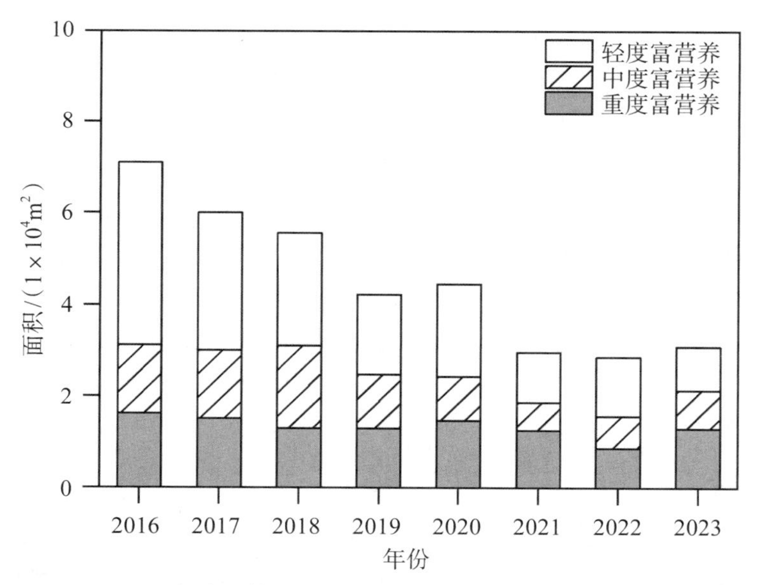

图5-2　2016—2023年中国管辖海域呈富营养化状态的海域面积（生态环境部，2024）
（富营养化状态根据富营养化指数（E）计算结果确定，该指数计算公式为E=［化学需氧量］×［无机氮］×［活性磷酸盐］×106/4500，当$E\geqslant 1$时为富营养，其中$1\leqslant E\leqslant 3$为轻度富营养，$3\leqslant E\leqslant 9$为中度富营养，$E>9$为重度富营养）

在各海区中，东海受纳污水排放量最多，其次是南海和黄海，而沿海各省（自治区、直辖市）中，浙江污水排放量最大，其次是福建和广东。污染最严重的海域主要集中在长江口、杭州湾和宁波近岸。长江径流携带工农业生产所产生的大量污染物入海，是东海大面积污染的主要原因。海水重点养殖区水体中超标的指标主要为无机氮含量、活性磷酸盐含量、化学需氧量和石油类含量。

近海污染导致海水质量下降，从而增加了沿海地区居民患病的风险。水中的污染物包括病原体、有毒物质和重金属等，通过接触、进食或呼吸进入人体，可能导致腹泻、肠胃疾病、皮肤病等健康问题。此外，近海污染还通过食物链影响人类。

5.2.4.4 常见的海水污染类型

1. 赤潮

赤潮是海洋中一些微藻、原生动物或细菌在一定环境条件（海洋污染）下爆发性增殖或聚集，引起水体变色或对海洋中其他生物产生危害的一种生态异常现象。赤潮的危害主要有：①赤潮生物集聚于鱼类的鳃部，使鱼类因缺氧而窒息死亡；②赤潮生物死亡后，藻体在分解过程中大量消耗水中的溶解氧，导致鱼类及其他海洋生物因缺氧而死亡；③赤潮生物还会释放出大量有害气体和毒素，严重污染海洋环境，使海洋的正常生态系统遭到严重的破坏；③使鱼类因吞食大量有毒藻类而死亡。

我国赤潮的高发季节为每年的4～9月。海水的富营养化、水文气象和海水理化因子的变化、海水养殖的自身污染是赤潮的成因。首先，水域中氮、磷等营养盐类，铁、锰等微量元素以及有机化合物的含量大大增加，促进赤潮生物的大量繁殖。在水温方面，20～30 ℃是赤潮发生的适宜温度范围，尤其是当一周内水温突然升高大于2 ℃时，很有可能预示着赤潮的发生；而且当盐度在15～21.6时，海水容易形成温跃层和盐跃层，也容易爆发赤潮。此外，饲料和鲜活饵料投放量过大，或者虾池排换水中含有的氨氮、尿素、尿酸及其他形式的含氮化合物，都会造成水体富营养化，形成赤潮。

可以采用撒播黏土絮凝赤潮生物、加入硫酸铜等化学试剂除藻、养殖吃藻鱼类或微生物的生物学方法防治赤潮。撒播黏土质量浓度达到1000 mg/L时，黏土颗粒可以絮凝赤潮生物，赤潮藻去除率可达到65%左右。硫酸铜和缓释铜离子除藻剂、臭氧、二氧化氯以及新洁尔灭、碘伏、异噻唑啉酮等有机除藻剂也可以杀灭赤潮生物。鱼类、水生高等植物和微生物都可以控制藻类的生长。

2. 海水石油污染

海水石油污染指石油开采、运输、装卸、加工和使用过程中，由于石油泄漏和排放引起的污染，主要发生在海面上。石油漂浮在海面上，迅速扩散形成油膜，可通过扩散、蒸发、溶解、乳化、光降解及生物降解、吸收等方法来迁移、转化石油。

石油的主要成分是碳（C）、氢（H）、硫（S）、氮（N）、氧（O），其中C和H占95%以上。原油是气态、液态和固态的天然混合物，密度一般介于0.75～1.0，常温常压下，$C_{1\sim4}$为气态，$C_{5\sim16}$为液态，C_{17}以上为固态。由于石油是密度不同的多种碳氢化合物的混合物，溢油后会在海面形成油膜，并对不同深度的海水造成污染，主要的破坏作用包括：①黏附在鱼鳃，使鱼窒息，降低水产品质量；②油膜阻碍空气交换和复氧作用，降低海水的DO，影响海洋浮游生物生长，破坏海洋生态平衡；③破坏海滨风景，影响美学价值；④油气污染大气环境，生成光化学烟雾。总的来说，一次海上溢油事故涉及多方面的赔偿，至少包括清污费用、水产养殖损失、渔业捕捞损失、旅游业损失、海洋环境损失、其他财产损失、其他经济损失、事故调查和评估费用等八项内容。

渤海油田是中国海上最大的油田，也是全国第一大原油生产基地，2023年11月的日产量首次突破10万吨油当量。与此同时，该海域呈现溢油发生风险高、损害范围广、持续时间长以及评估难度大等特点。2011年6月4日，我国渤海湾蓬莱19–3油田发生溢油事故，累计造成5500平方公里海水受到污染，直接导致870平方公里的海水面积水质由一类下降为劣四类（自然资源部，2011）。受影响海域的浮游幼虫幼体密度在溢油后的一个月内下降了69%。2011年6月、7月鱼卵平均密度较背景值分别下降了83%、45%，7月份鱼卵畸形率达到92%；6月、7月仔（稚）鱼平均密度较背景值分别下降了84%、90%，给养殖户造成重大损失（生态环境部，2012）。根据《中华人民共和国海洋环境保护法》，2012年9月1日，国家海洋局对康菲公司作出罚款20万元的行政处罚，康菲公司支付超过21亿元用于海洋生态损害赔偿、养殖渔业、天然渔业资源损害赔偿，另外赔偿了21名河北养殖户共168万元。

3. 塑料污染

自20世纪50年代以来，全球塑料使用量迅速增加，2019年的塑料的产量比翻了一番，达到4.6亿吨，预计到2060年塑料的产量将达到12.31亿吨。塑料以及制造过程中添加的持久性有机物使塑料在其生命周期内的安全性更为复杂。

塑料污染增速与塑料产量增速呈1∶1的关系，这一严重问题引起了国际社会的广泛关注，海洋塑料污染问题尤其突出。据统计，每年塑料污染造成逾100万海鸟和10万海洋哺乳动物死亡。2018年6月2日的世界环境日主题为“塑战速决”，呼吁世界齐心协力解决一次性塑料污染问题。当年5月底到6月初，不少地区及国家相继出台了一次性塑料产品的使用禁令。欧盟、智利、美国等多个国家及地区推行塑料吸管、塑料袋等塑料制品的禁用规定，如欧盟规定吸管、饮料搅拌棒等制品不能由塑料制成，而必须用环保材料制造。

图5–3为近年来我国海域监测区的海洋垃圾的主要类型，可以看出塑料类占了70%以上。2023年，我国“限塑令”再度升级，商务部以及发展和改革委员会联合发布的《商务领域经营者使用、报告一次性塑料制品管理办法》规定，商品零售、电子商务、餐饮、住宿、展览等企业在经营活动中禁止、限制向消费者提供塑料制成的不以重复使用为目的的制成品。零售场所、电子商务企业、外卖企业等需要每半年向有关部门报告一次性塑料制品的使用和回收情况。对于违反相关规定的，商务部门责令限期整改，限期不改正的，可处1万～10万元的罚款。

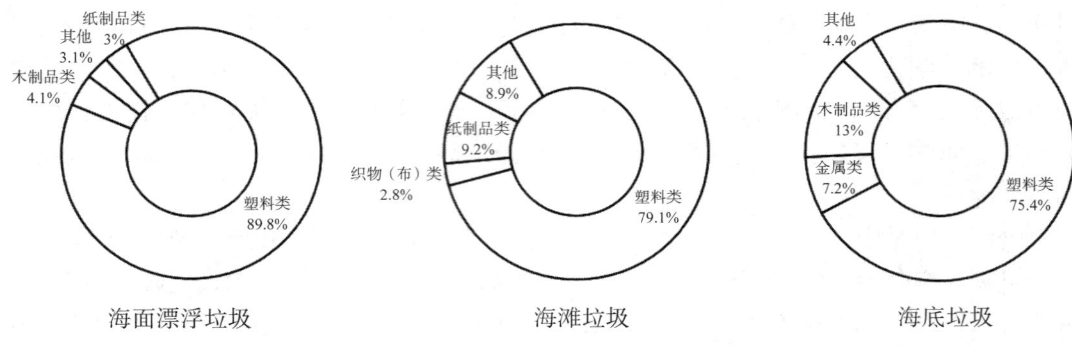

图5-3　2016—2023年监测区海洋垃圾主要类型（生态环境部，2024）

4. 海水放射性污染

海洋放射性污染是指人类活动产生的放射性物质进入海洋而造成的污染，危害大的主要是放射性元素。海洋环境中，正常运行的核设施、核事故、核试验释放到海洋环境中的人工放射性核素种类繁多，特性各异，主要有^{3}H、^{14}C、^{51}Cr、^{54}Mn、^{55}Fe、^{65}Zn、^{90}Sr、^{95}Zr、^{106}Ru、^{134}Cs、^{137}Cs、^{239}Pu、^{241}Am等。核武器在大气层和水下爆炸释放大量放射性核素（主要是^{3}H、^{90}Sr和^{137}Cs）进入海洋，整个海洋都会受到污染。建在海边或河边的原子能工厂，包括核燃料后处理厂、核电站和军用核工厂在生产过程中将低水平放射性废液直接或间接排入海中。核电站向水域排入的低水平放射性液体废物（主要是^{3}H），其数量要比核燃料后处理厂少得多。此外，一些国家会向太平洋和大西洋海底投放用不锈钢桶包装的固化放射性废物，核动力潜艇也有少量放射性废物外泄，这些都是海洋的潜在放射性污染源。

放射性物质进入海洋后，经过物理、化学、生物和地质等作用过程，其时空分布不断发生改变。海流是转移放射性物质的主要动力，风能影响放射性物质在海中的侧向运动。由于温跃层的存在，上混合层海水中的离子态核素难于向海底方向转移，只有通过水体的垂直运动，被颗粒吸着，与有机或无机物质凝聚、絮凝，或通过累积了核素的生物的排粪、蜕皮、产卵、垂直移动等途径，才能较快地沉降于海洋的底部。沉积物对大多数核素有很强的吸着能力，其富集系数因沉积物的组成、粒径、环境条件不同而有较大的差异。

核工厂向近海排放的低放射水平液体废物，大部分沉积在距离排污口几公里到几十公里的沉积物里。海流、波浪和底栖生物还可以解吸沉积物吸着的核素，使核素重新进入水体，造成二次污染。因此，近海和河口核素沉积的速率高于外海。

由于海洋生物更容易吸收和积累放射性核素，所以其生态风险不容忽视。核素能沿着海洋食物链（网）转移，有的还能沿着食物链扩散。不同种类生物，对辐射的抗性有较大的差异。低等生物对辐射的抗性比高等生物强，胚胎和幼体对辐射的敏感性高于成体。

5.3　水污染控制

在水体中的多种污染物中，重金属类污染物可能导致急性、慢性中毒，引起器官病变或诱发癌症；农药等持久性有机物以及富营养化的湖泊、海域中的藻类过度繁殖，会消耗水中的溶解氧，还可能分泌藻毒素，使水体发黑发臭、水生生物死亡；而污水汇总的微生物可能导致伤寒、霍乱、肠胃炎、痢疾等疾病。相关的健康风险在本书的第三、4章已做过介绍，此处不再赘述。

为了保证水体的生态安全，需要对被污染的水进行净化，水污染控制主要采用“三级控制”的管理模式：一级为源头控制，二级为污水集中处理，三级为尾水处理与处置。

5.3.1　源头控制

工业废水的源头污染控制措施包括优化产业结构、进行清洁生产、降低单位产品耗水量。近年来，为了减少工业废水的排放，我国首先从源头减少了工业用水量，2015—2020年，我国工业用水量及占比均呈逐年递减趋势（国家统计局，2015—2020）。2020年我国工业用水量约为1191亿立方米，占比下降至18.2%（图5-4）。总的来看，我国工业用水管理效果显著，但我国工业用水量整体体量仍较大，行业仍面临较大的工业废水处理需求。

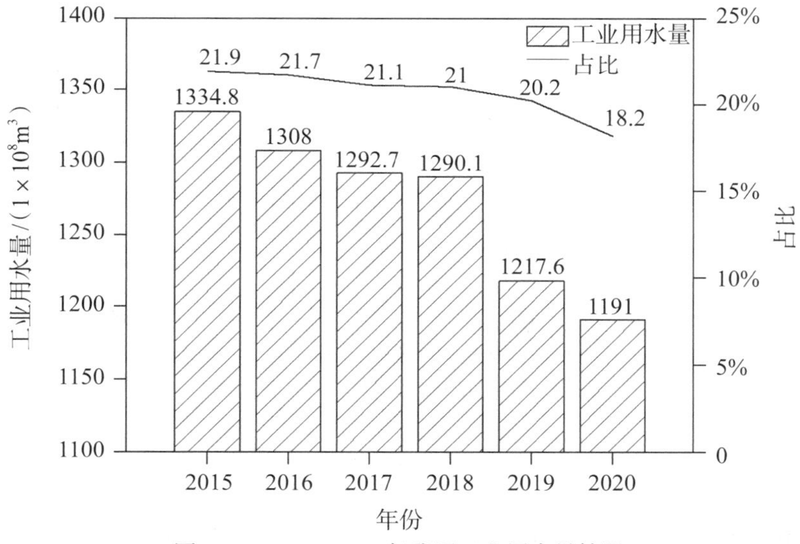

图5-4　2015—2020年我国工业用水量情况

我国工业废水排放量较为严重的行业主要是化学原料和化学制品制造业、造纸和纸制品行业、煤炭开采和洗选业以及纺织业。2020年该四个行业废水排放量分别占12.35%、11.31%、8.02%和6.75%，合计38.43%。重点行业的产品取水量见表5-5。

表 5–5　重点行业主要产品取水量（国家统计局，2021）

行业	产品名称	2020 年每吨产品取水量 /m^3
钢铁	粗钢	2.5
石化、化工	煤制烯烃	22
	钛白粉	60
纺织	纱线 / 针织印染布	95
造纸	漂白化学木浆	75
食品	原酒	51
有色金属	铜精矿	16

在国家产业政策和技术进步的多重作用下，我国工业用水量持续下降，工业废水处理能力和企业数量不断增加，工业废水再利用水平不断提高，工业废水排放量总体呈下降趋势（图 5–5）。

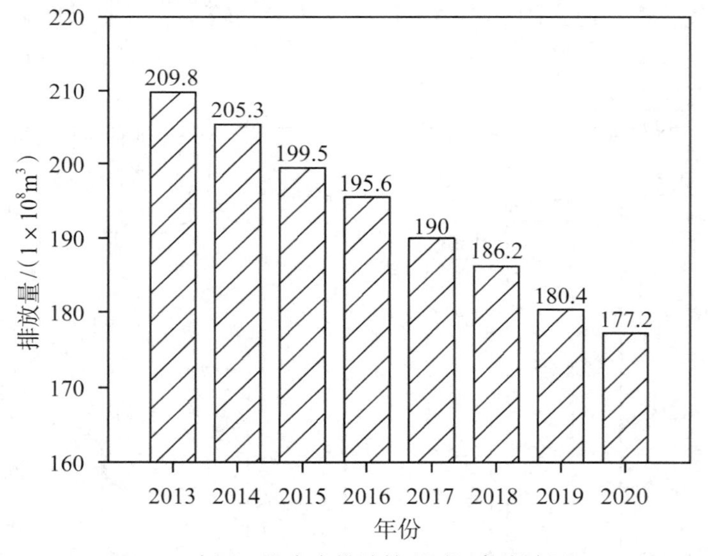

图 5–5　2013—2020 中国工业废水排放情况（国家统计局，2013—2020）

污染物排放情况也有明显改善，据生态环境部发布的《2016—2019 年全国生态环境统计公报》，2016—2019 年，我国工业源废水主要污染物有 COD（化学需氧量）、氨氮、总氮，整体的排放量呈下降趋势，说明我国的工业废水处理能力有所加强，工业废水处理质量亦有所提升。

我国是钢铁大国，钢铁行业用水量约占工业用水量的 10% 以上，位居工业行业第三位，属于高耗水行业。钢铁行业生产的全流程几乎都离不开水，选矿、烧结、球团、焦化、炼铁、炼钢、轧钢等工序耗水量较大，年用水量约42亿m^3。近年来，钢铁企业采用多项节水技术，加强了对水的管理，提高了水重复利用率，产生了较好的节水效果。2005—2023年钢铁行业的耗水量见表5-6（中国钢铁新闻网，2019）。

表5-6　我国2005—2023年钢铁行业每吨钢耗新水量及水重复利用率

年份	2005	2007	2009	2011	2013	2015	2017	2019	2021	2023
每吨钢耗新水量/m^3	8.03	5.10	4.40	3.76	3.43	3.08	3.48	2.56	2.44	2.41
水重复利用率/%	94.3	96.3	97.0	/	/	/	97.83	97.98	98.07	98.25

随着社会经济的快速发展，居民经济收入不断提高，居民生活方式也发生了巨大变化，卫生洁具、洗衣机等设施也进入平常百姓家，使得生活用水量和污水排放量增加。2022年我国城市污水排放量为639亿立方米，占总排放量的60%。对于生活污水，政府需合理规划人口分布，加强公众教育，倡导“绿色消费”“绿色生活”。居民应节约用水，减少含磷洗涤剂的使用（前瞻产业研究院，2024）。在农业节水方面，要大力发展以喷灌、滴灌为代表的节水农业，减少土壤侵蚀，合理利用农药，截留农业污水，统一处理畜禽粪便，集中处理乡镇企业废水及村镇生活污水。

5.3.2　污水集中处理

集中处理是提高水处理设施运行效率、提高吨水处理效益的途径。城市污水和工业废水集中处理方法包括物理处理法、化学处理法和生物处理法。

物理处理法主要是采用格栅和筛网、沉砂池和沉淀池、气浮装置、离心机、旋流分离器等设备，通过筛滤截留、重力分离、离心分离等方法去除不溶的、呈悬浮状态的污染物。

化学处理法主要是采用中和、混凝、化学沉淀、氧化还原、吸附、离子交换、膜分离等工艺去除可溶解的、呈胶体状态的污染物。

生物处理法是工农业、生活污（废）水的主要处理方法，分为好氧生物处理法和厌氧生物处理法。好氧生物处理法是利用需氧微生物在有氧条件下将废水中复杂的有机物分解为二氧化碳和水；厌氧生物处理法是在厌氧细菌或兼性细菌的作用下将污泥中的有机物分解，最后产生甲烷和二氧化碳等气体。污水的处理需要组合多种处理方法、多个处理单元。

近年来，我国城镇污水处理设施和废水处理能力的增长情况见图5-6和图5-7。

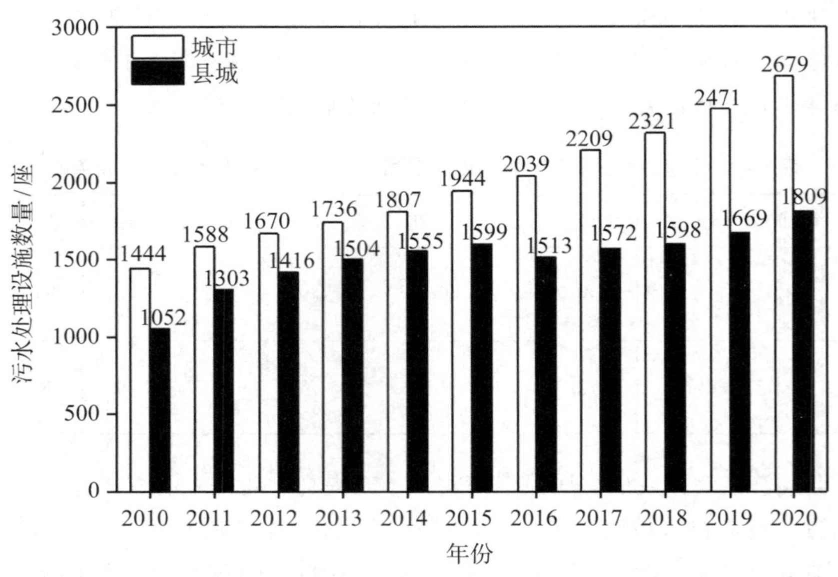

图 5-6　2010—2020 年全国城市和县城污水处理设施增长情况（国家统计局，2011—2021）

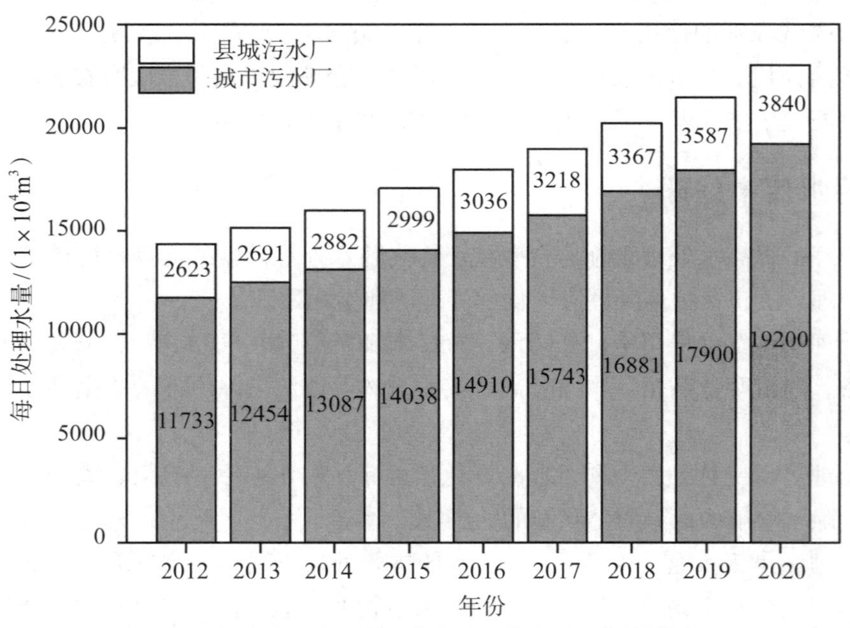

图 5-7　2012—2020 年我国污水处理厂废水处理能力（国家统计局，2011—2021）

近年来，我国农村人均生活用水量和污水排放量增加，同时由于化肥的大量应用，减少了传统农家肥的使用，造成农村生活污水失去了重要的净化途径。2022 年农村污水排放量为 345.3 亿 m^3，对生活污水进行处理的乡占全国乡的比重为 45.68%；镇乡级特殊区域污水处理率为 57.25%；建制镇污水处理率为 77.84%（国家统计局，2023）。总体来看，农村污水排放量大，污水处理率较低（图 5-8）。在全国加快推进乡村振兴背景下，农村污水处理行业需求规模不断增大。

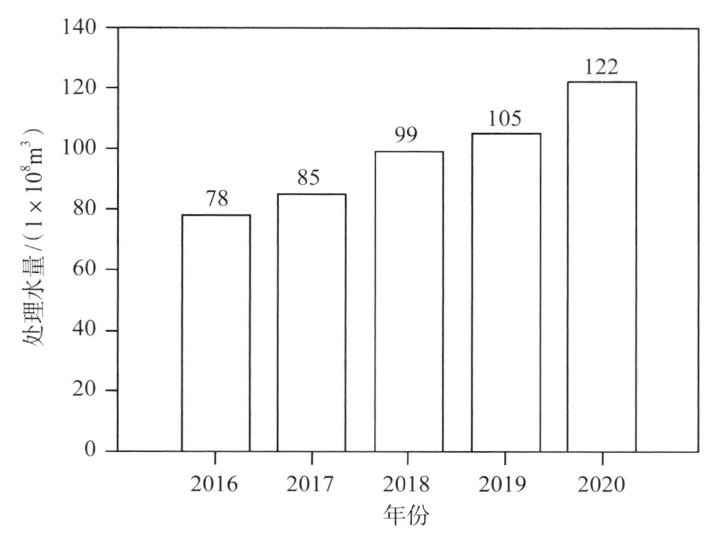

图5-8　2016—2020年我国农村污水处理规模变化情况（国家统计局，2011—2021）

5.3.3　尾水处理与处置

“尾水”即为污水厂处理后的水，可以直接排放，或通过生态工程进行净化，若满足某类水质标准和要求，则可再次利用，此睦又被称为“再生水”，有时也被称为中水。中水水质介于自来水（上水）与排入管道内污水（下水）之间，故名为“中水”。中水通常来自污水处理厂经二级处理和深化处理后的水和大型建筑物、生活社区的洗浴水、洗菜水等集中处理后的水，可用于厕所冲洗、园林和农田灌溉、道路保洁、洗车、城市喷泉、冷却设备补充用水等。

再生水不等同于中水。再生水水源更为广泛，包括生活污水、工业污水、农业污水等。再生水执行的是《城镇污水处理厂污染物排放标准》（GB18918—2002），达标后往往排入地表水体，而地表水处理执行的标准是《地表水环境质量标准》（GB3838—2002）。《城镇污水处理厂污染物排放标准》中最严格的一级排放标准也低于《地表水环境质量标准》中地表Ⅴ类水质标准，因此，达标排放的尾水仍是含有一定的有机物及其他污染物的劣Ⅴ类水。将城镇污水处理厂尾水进行深度处理，使之成为再生水，一方面可以减轻环境污染负荷，另一方面可以为城镇开辟新的水源，有利于解决我国水资源匮乏问题，实现水资源可持续利用。可以说，再生水比远距离引水、海水淡化都更为经济。尤其在河湖水质敏感、河道生态基流严重不足的区域，对尾水治理提标升级已成为改善水环境质量、保障水生态系统的重要举措。我国近几年的工业废水再生利用情况见图5-9。近年来，由于长期大规模超采，地下水水位持续下降，将地下水回灌可以有效补给地下水源，防止海水入侵，防止地面沉降。对于严重缺水的地方，再生水可用作农田灌溉用水，但要避免其中的有毒有机物和重金属对土壤结构和作物品质的影响。

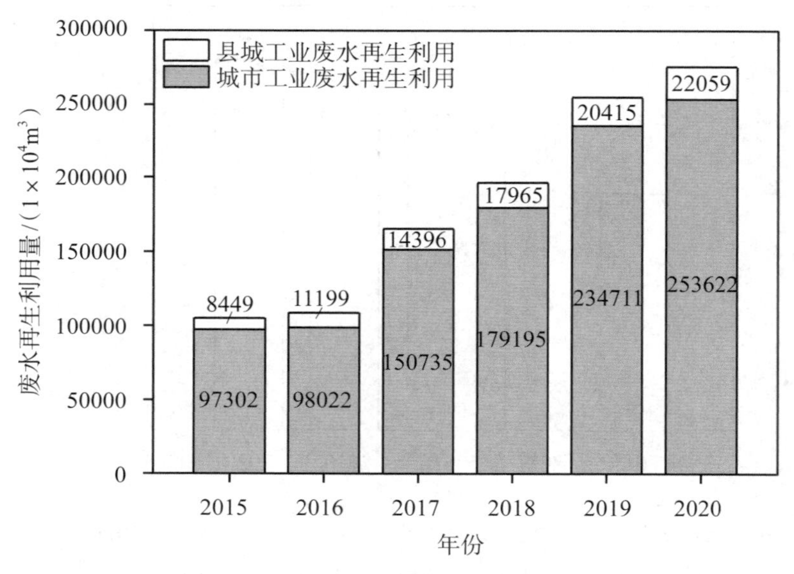

图 5-9　2015—2020 年我国工业废水再生利用情况

思考题

1. 经济发展、人民生活水平的提高是否必然带来用水量增加和废水量增多？
2. 湖泊水质为什么比河流水质更难恢复？
3. 气候变化对海洋环境的影响。
4. 工业废水与生活污水的成分差异对处理工艺有何影响？

参考文献

[1] CHEN J，XIE P，LI L，et al. First identification of the hepatotoxicmicrocystins in the serum of a chronically exposed human population togetherwith indication of hepatocellular damage[J]. Toxicological Sciences，2009，108(1)：81-89.

[2] CHEN L，CHEN J，ZHANG X Z，et al. A review of reproductive toxicity of microcystins[J]. Journal of Hazardous Materials，2015，301(15)：381-399.

[3] LI G Y，CAI F，YAN W，et al. A proteomicanalysis of MCLR-induced neurotoxicity：Implications for Alzheimer's disease[J]. Toxicological Sciences，2012(27)：485-495.

[4] LIU Y，XIE P，QIU T，et al. Microcystinextracts induce ultrastructural damage and biochemical disturbance in male rabbit testis[J]. Environmental Toxicology，2010(25)：9-17.

[5] QIU T，XIE P，LIU Y，et al. The profound effects of microcystin on cardiac antioxidant enzymes，mitochondrial function and cardiac toxicity in rat[J]. Toxicology，2009(257)：86-94.

[6] Reuters. 博客：中国水资源危机引发思考[EB/OL].(2013-09-29)[2024-08-05]. https://jp.reuters.com/article/amp/idCNCNE98S01620130929/.

[7] SAVELLI E, MAZZOLENI M, DI BALDASSARRE G, et al. Urban water crises driven by elites' unsustainable consumption[J]. Nature Sustainability, 2023(6): 929–940.

[8] SVRCEK C, SMITH D W. Cyanobacteria toxins and the current state of knowledge on water treatment options: A review[J]. Journal of Environmental Engineering and Science, 2004, 3(3): 155–185.

[9] XIE L Q, XIE P, GUO L G, et al. Organ distribution and bioaccumulation of microcystins in freshwater fishes with different trophic levels from the eutrophic Lake Chaohu, China[J] Environmental Toxicology, 2005(20): 293–300.

[10] ZHANG D W, XIE P, LIU Y Q, et al. Transfer, distribution and bioaccumulation of microcystins in the aquatic foodweb in Lake Taihu, China, with potential risks to human health[J]. Sci.Total Environ. 2009(407): 2191–2199.

[11] ZHAO Y Y, XIE P, FAN H H. Genomicprofiling of microRNAs and proteomics reveals an early molecular alteration associated with tumorigenesis induced by MC-LR in mice[J]. Environmental Science & Technology, 2012(46): 34–41.

[12] 国家统计局. 中国统计年鉴(2022)[M], 北京: 中国统计出版社, 2023.

[13] 国家统计局. 中国统计年鉴(2020)[M], 北京: 中国统计出版社, 2021.

[14] 国家统计局. 中国统计年鉴(2019)[M], 北京: 中国统计出版社, 2020.

[15] 国家统计局. 中国统计年鉴(2018)[M], 北京: 中国统计出版社, 2019.

[16] 国家统计局. 中国统计年鉴(2017)[M], 北京: 中国统计出版社, 2018.

[17] 国家统计局. 中国统计年鉴(2016)[M], 北京: 中国统计出版社, 2017.

[18] 国家统计局. 中国统计年鉴(2015)[M], 北京: 中国统计出版社, 2016.

[19] 昆明市滇池管理局. "高原明珠"滇池连续六年全湖保持Ⅳ类水质[EB/OL].(2024-01-17)[2024-08-05]. https://dgj.km.gov.cn/c/2024-01-17/4823038.shtml.

[20] 澎湃新闻. 去年太湖水质藻情达2007年以来最佳, 连续16年安全度夏[EB/OL].(2024-02-27)[2024-08-05]. https://baijiahao.baidu.com/s?id=1792046297166548170&wfr=spider&for=pc.

[21] 前瞻产业研究院. 中国污水处理行业市场前瞻与投资战略规划分析报告[EB/OL].(2024-08-18)[2024-08-02]. https://bg.qianzhan.com/report/detail/29b2aaa4e66842e7.html.

[22] 图片中国. 生态环境部: 无人机遥感辅助查出排污口6万多个[EB/OL].(2022-10-23)[2024-08-02]. https://baijiahao.baidu.com/s?id=1747408189117738678&wfr=spider&for=pc.

[23] 生态环境部. 地表水水质[EB/OL].(2022-10-18)[2024-08-02]. https://szzdjc.cnemc.cn: 8070/GJZ/Business/Publish/Main.html.

[24] 生态环境部. 2023中国生态环境状况公报[EB/OL].(2024-05-22)[2024-08-05]. https://www.mee.gov.cn/hjzl/sthjzk/zghjzkgb/202406/P020240604551536165161.pdf.

[25] 生态环境部. 2020中国生态环境状况公报[EB/OL].(2021-05-26)[2024-08-02]. https://www.mee.gov.cn/hjzl/sthjzk/zghjzkgb/202105/P020210526572756184785.pdf.

[26] 生态环境部. 2017中国生态环境状况公报[EB/OL].(2018-05-31)[2024-08-05]. https://www.mee.gov.cn/hjzl/sthjzk/zghjzkgb/201805/P020180531534645032372.pdf.

[27] 生态环境部. 2014中国生态环境状况公报[EB/OL].(2016-05-26)[2024-08-05]. https://www.mee.gov.cn/hjzl/sthjzk/zghjzkgb/201605/P020160526564730573906.pdf.

[28] 生态环境部. 2023 年中国海洋生态环境状况公报 [EB/OL]. (2024-05-24) [2024-08-03]. https://www.mee.gov.cn/hjzl/sthjzk/jagb/202405/P020240522601361012621.pdf.

[29] 生态环境部. 2011 年中国近岸海域环境质量公报 [EB/OL]. (2012-07-27) [2024-08-03]. https://www.mee.gov.cn/hjzl/sthjzk/jagb/201605/P020160527563195693481.pdf.

[30] 水利部. 中国水资源公报 (2023) [M], 北京: 水利水电出版社, 2024.

[31] 水利部. 中国水资源公报 (2021) [M], 北京: 水利水电出版社, 2022.

[32] 水利部. 中国水资源公报 (2019) [M], 北京: 水利水电出版社, 2020.

[33] 水利部. 中国水资源公报 (2014) [M], 北京: 水利水电出版社, 2015.

[34] 王新红, 于晓璇, 王思权, 等. 河口—近海环境新污染物的环境过程、效应与风险 [J]. 环境科学, 2022, 43 (11): 4810-4821.

[35] 谢平. 水生动物体内的微囊藻毒素及其对人类健康的潜在威胁 [M]. 北京: 科学出版社, 2006.

[36] 谢平. 微囊藻毒素对人类健康影响相关研究的回顾 [J]. 湖泊科学, 2009, 21 (5): 603-613.

[37] 自然资源部. 海洋局召开蓬莱 19-3 油田溢油事故处置情况通报会 [EB/OL]. (2011-08-26) [2024-08-03]. https://www.gov.cn/gzdt/2011-08/26/content_1933466_3.htm.

[38] 中安在线. 巢湖今年上半年全湖水质达到Ⅲ类, “最好名片” 正在精彩呈现 [EB/OL]. (2023-08-21) [2024-08-03]. http://ah.anhuinews.com/hf/sh/202308/t20230821_7032913.html.

[39] 中国钢铁新闻网. 加快构建钢铁行业用水定额标准体系 [EB/OL]. (2019-11-21) [2024-08-03]. http://www.csteelnews.com/xwzx/djbd/201911/t20191121_20818.html.

第6章 大气环境与人体健康

6.1 大气环境污染

6.1.1 大气、空气和空气污染

1. 大气和空气

大气是包围在地球周围的气体分子，称为“大气圈”，高度为2000～3000 km。以80～100 km的高度为界，在这个界限以下的大气，尽管有稠密稀薄的不同，但它们的成分大体是一致的，都是以氮和氧为主。在100～1000 km处，大气成分以氧为主；在1000～2400 km处，以氦为主；再往上，则主要是氢。在3000 km以上的地方，大气便稀薄得与星际空间的物质密度相近。按大气层的成分、温度、密度等物理性质在垂直方向上的变化，世界气象组织把它分为五层，自下而上依次是对流层、平流层、中间层、暖层和散逸层。

大气圈中近地面10 km的对流层为空气层，主要成分为N、O、Ar、Ne等气体，占空气总重的75%。其中的不变气体组分为N_2、O_2、Ar，可变组分以水蒸气、CO_2、O_3为主，变化最大的是H_2O，约占4%。

2. 大气污染

大气污染是指大气中污染物质的浓度达到有害程度，以至破坏生态系统和人类正常生存与发展的条件，对人和物造成危害的现象。其成因有自然因素和人为因素。火山爆发时的粉尘、H_2S、SO_2，森林灾害时的CO_2、C_nH_m、热，岩石风化时破碎的粉尘等，是造成大气污染的自然因素。工业革命以来，电力、冶金、化工、机械、建材行业排放的工业废气，家庭炉灶与取暖设备排出的烟尘、SO_2、CO、CO_2，汽车、火车、轮船、飞机等交通设备排放的尾气以及核爆炸等人为因素，是大气污染的主要排放源。通常所说的大气污染源是指由人类活动向大气输送污染物的发生源。

目前研究人员已认识到的、在环境中已产生和正在产生影响的主要大气污染物种类很多，主要包括含硫化合物（SO_2、H_2S等）、含氮化合物（NO、NO_2、NH_3等）、含碳化合物（CO、VOCs等）、光化学氧化剂（O_3、H_2O_2等）、含卤素化合物（HCl、HF等）、颗粒物、持久性有机污染物、放射性物质等八类共100多种。按其物理状态分，大气污染物可分为气态污染物（如SO_2、NO）和颗粒物两大类；按形成过程，则可分为一次污染物和二次污染物。一氧化碳（CO）、二氧化硫（SO_2）、氮氧化物（NO_x）、$PM_{2.5}$、PM_{10}等，通常由污染源直接排放，被称为一次污染物。二次污染物由挥发性有机物、NO_x、

SO_2、NH_3 等转化而来，常见的二次污染物包括硫酸及硫酸盐、硝酸及硝酸盐、O_3、丙烯醛、光化学烟雾等，又叫作次生污染物。

在各种气候、气象条件下，一次和二次污染物相互叠加，这些因素共同导致大气的复合污染形成。同时大气污染相互作用，并经历一系列复杂的均相反应和多相反应。

6.1.2 大气污染的主要指标

评价空气质量的指标主要有大气颗粒物、SO_2、CO、NO_2 和光化学氧化剂。

1. 大气颗粒物

大气颗粒物是大气中存在的各种固态和液态颗粒状物质的总称。各种颗粒状物质分散在空气中，构成一个相对稳定的庞大的悬浮体系，即气溶胶体系，因此大气颗粒物也被称为大气气溶胶。气溶胶是多相系统，由颗粒及气体组成，平常所见到的灰尘、熏烟、烟、雾、霾等都属于气溶胶的范畴。

颗粒物的大小决定其沉积于呼吸道中的位置，化学组成决定其在沉积位置上对组织的影响。按颗粒物的大小，可分为降尘和飘尘，其中降尘是指直径 $> 10\ \mu m$ 的颗粒物，飘尘直径 $< 10\ \mu m$。按照颗粒物中的含水率，又可以分为雾和霾，其中雾中的水分 $>$ 90%，霾的水分 $<$ 80%。颗粒物的直径越小，进入呼吸道的部位越深。直径为 10 μm 的颗粒物通常沉积在上呼吸道，5 μm 直径的颗粒物可进入呼吸道的深部，2 μm 以下的颗粒物可全部深入到细支气管和肺泡。

2. 二氧化硫（SO_2）

SO_2 是无色透明的气体，有刺激性臭味，可损害肝脏。火山爆发时会喷出大量 SO_2 气体，由于煤和石油通常都含有硫元素，因此燃烧时会生成 SO_2。且由于 SO_2 通常与多种污染物共存，吸入之后产生的复合作用危害更大。当 SO_2 溶于水中，会形成亚硫酸。若在 $PM_{2.5}$ 存在的条件下进一步氧化亚硫酸，便会迅速高效生成硫酸，即为酸雨。

大气中 SO_2 的质量浓度在 0.5 mg/m^3 以上对人体有潜在影响；在 1～3 mg/m^3 时，多数人开始感到刺激；在 400～500 mg/m^3 时，人会出现溃疡和肺水肿直至窒息死亡。SO_2 与大气中的烟尘有协同作用。当大气中 SO_2 质量浓度为 0.21 mg/m^3，烟尘质量浓度大于 0.3 g/m^3 时，可使呼吸道疾病发病率增高，慢性病患者的病情迅速恶化。例如伦敦烟雾事件、马斯河谷事件和多诺拉等烟雾事件，都是这种协同作用造成的危害。

根据 2017 年 10 月 27 日世界卫生组织国际癌症研究机构公布的致癌物清单初步整理参考，二氧化硫在 3 类致癌物清单中，即目前数据不足，不能对其致癌性进行分类。

3. 一氧化碳（CO）

CO 无色、无臭、无味，是所有大气污染物中散布最广的一种。CO 具有毒性，较高浓度时能使人出现不同程度中毒症状，危害人体的脑、心、肝、肾、肺及其他组织，甚至电击样死亡。CO 进入人体后会严重阻碍血液输氧（与血红蛋白的亲和力比氧高 200～300 倍，且稳定性很高），此时血液特别鲜红。吸入 5000 mg/m^3 的 CO 可使人在 5 min 内缺氧中毒死亡。

4. 二氧化氮（NO_2）

NO_2 是一种棕红色气体，吸入后对肺组织具有强烈的刺激性和腐蚀性，可引起肺水肿、慢性支气管炎等疾病。人为产生的二氧化氮主要来自高温燃烧过程，比如机动车尾气、锅炉废气的排放等，少部分来自闪电和微生物释放等天然过程。NO_2 溶解后形成硝酸酸雨。若与 SO_2 共存，NO_2 则危害更重，不仅会消耗臭氧，还是 $PM_{2.5}$ 和 O_3 形成的关键前体物之一。

5. 光化学氧化剂

光化学氧化剂（photochemical oxidant）又称“光氧化剂”“总氧化剂”，通常指能将碘化钾氧化为碘的物质，主要是大气光化学反应的产物，包括臭氧（O_3）、二氧化氮（NO_2）、过氧酰基硝酸酯（PAN）、过氧化氢（H_2O_2）及过氧自由基（如过氧烷基 RO_2）等。由于一般情况下，臭氧占光化学氧化剂总量的 90% 以上，故常以臭氧浓度计作总氧化剂的含量。世界卫生组织和美国、日本以及中国等许多国家都把光化学氧化剂或臭氧浓度作为判断大气环境质量的标准之一。臭氧主要存在于距地球表面 20 km 的同温层下部的臭氧层中，含量约为 50 mg/m^3。它吸收对人体有害的短波紫外线，防止其到达地球，以屏蔽地球表面生物，使其不受紫外线侵害。少量吸入臭氧对人体有利，但过量的臭氧对鼻腔、咽喉、肺等呼吸器官有刺激作用，运动时吸入则更严重。

6.1.3　空气质量指数的计算

空气质量指数（air quality index，AQI）是根据空气环境质量标准和各项污染物的生态环境效应及其对人体健康的影响，确定污染指数的分级数值及相应的污染物浓度限值。空气质量的等级划分为 6 档，指数越大，级别越高，说明污染越严重，对人体健康的影响也越明显。空气质量指数及其等级如表 6–1 所示。

表 6–1　空气质量指数及其等级

空气质量指数	空气质量等级	健康提示	适用范围
0～50	优	可多参加户外活动，呼吸新鲜空气	自然保护区、风景名胜区和其他需要特殊保护的地区
51～100	良	除少数对某些污染物特别容易过敏的人群外，其他人群可以正常进行室外活动	为城镇规划中确定的居住区、商业交通居民混合区、文化区、一般工业区和农村
101～150	轻度污染	敏感人群需减少体力消耗较大的户外活动	特定工业区
151～200	中度污染	敏感人群应尽量减少外出，一般人群适当减少户外活动	—

续表

空气质量指数	空气质量等级	健康提示	适用范围
201～300	重度污染	敏感人群应停止户外活动，一般人群尽量减少户外活动	—
＞300	严重污染	除有特殊需要的人群外，尽量不要留在室外	—

为计算AQI，需要分别计算大气污染的主要指标的“空气污染指数”（API），通过归一化将每个空气质量指标的浓度处理为指数值的形式，并分级表征空气污染程度和空气质量状况，这一算法适用于表示城市的短期空气质量状况和变化趋势。空气主要指标的浓度对应的污染指数见表6-2。

表6-2　空气主要指标的浓度对应的污染指数

污染指数	污染物质量浓度均值/（μg/m^3）							
API	SO_2（日均）	NO_2（日均）	PM_{10}（日均）	$PM_{2.5}$（日均）	SO_2（小时均）	NO_2（小时均）	CO（小时均）	O_3（小时均）
0	0	0	0	0	0	0	0	0
50	50	40	50	35	250	100	5000	160
100	150	80	150	75	500	200	10000	200
150	475	180	250	115	650	700	35000	300
200	800	280	350	150	800	1200	60000	400
300	1600	565	420	250	—	2340	90000	800
400	2100	750	500	350	—	3090	120000	1000
500	2620	940	600	500	—	3840	150000	1200

计算空气质量指数需按式6-1计算PM_{10}、$PM_{2.5}$、二氧化硫、氮氧化物、O_3这5个指标的API（下文所指I值）。在式（6-1）中，C为测定浓度，$C_大$、$C_小$分别为该浓度在表6-2中的上下限，$I_大$、$I_小$分别为其浓度上下限对应的I值。最后选择所得的最大的数值作为空气质量指数，该物质亦为主要污染物。以$PM_{2.5}$ = 72 μg/m^{3}为例，该值在表6-2中位于35～75 μg/m^{3}之间，对应的I值分别为50和100，则$I_大$=100，$I_小$=50，$C_大$=75，$C_小$=35。根据式（6-1）则可计算当天$PM_{2.5}$的API为96.25。表6-3为空气质量指数计算实例。

$$I=\frac{I_大-I_小}{C_大-C_小}(C_大-C_小)+I_小 \tag{6-1}$$

表6-3　空气质量指数的计算实例

（单位：μg/m³）

数值	SO_2		NO_2		PM_{10}		$PM_{2.5}$	
	质量浓度	API	质量浓度	API	质量浓度	API	质量浓度	API
测定值	10		78		92		72	
上限	50	50	80	100	150	100	75	100
下限	0	0	40	50	50	50	35	50
计算值	10		97.5		71		96.25	
最终评价值	当日AQI为98，NO_2为主要污染物							

我国生态环境部网页（https://www.mee.gov.cn/hjzl/dqhj/qgkqzlzk/）展示了“全国空气质量状况”“空气质量预报”等信息，并定期公布全国重点城市的空气质量排名和空气质量级别对应的天数的比例。

6.2　大气主要污染物的特征

6.2.1　$PM_{2.5}$

1. $PM_{2.5}$的特征

空气中的颗粒物通常用PM（particulate matter）表示，$PM_{2.5}$是指空气动力学特征与直径小于或等于2.5 μm且密度为1 g/cm³的球形颗粒一致的细颗粒物。在没有人为污染的情况下，空气中$PM_{2.5}$的背景浓度为3～5 μg/m³。颗粒物在空气中的浓度也可以用单位体积空气中的颗粒物的个数来表示。在比较洁净的空气中，颗粒物的个数一般为每立方厘米几百个到1000个。2013年2月，全国科学技术名词审定委员会将$PM_{2.5}$命名为“细颗粒物”，其化学成分主要包括有机碳（OC）、元素碳（EC）、硝酸盐、硫酸盐、铵盐、钠盐等。自然界中$PM_{2.5}$的形状各异（图6-1），但它们都具有相似的空气动力学性质。

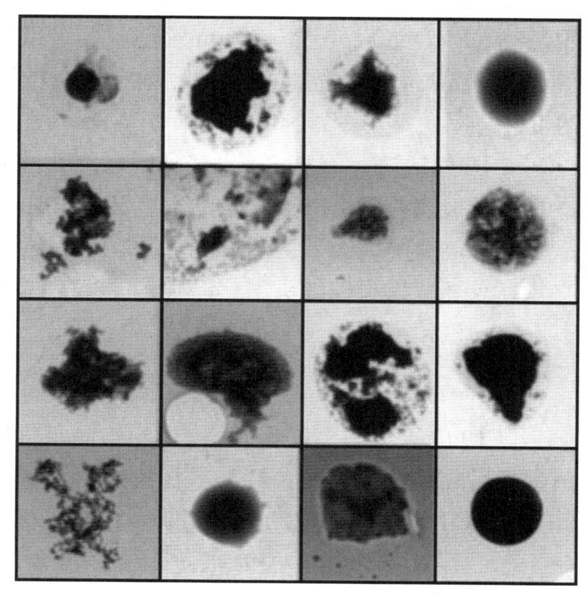

图6-1　不同形态的$PM_{2.5}$颗粒

$PM_{2.5}$虽然只是地球大气成分中含量很少的组分，但对空气质量和能见度等有重要的影响。与较粗的大气颗粒物相比，$PM_{2.5}$粒径小，比表面积大，活性强，易附带有毒、有害物质（例如，重金属、微生物等），会通过呼吸道直接进入肺泡，因此，$PM_{2.5}$也被称为可入肺颗粒物。由于细颗粒物在大气中的停留时间长、输送距离远，因而对人体健康和大气环境质量的影响很大。$PM_{2.5}$中的粒子越细，比表面积就越大，吸附空气中的有害物就越多，对人体健康的危害也就越严重。世界卫生组织认为，空气中$PM_{2.5}$的质量浓度为10 μg/m^{3}是安全值，当空气中$PM_{2.5}$的年均质量浓度达到35 μg/m^{3}时，人的死亡风险会增加15%。Pope等人2002年发表于《美国医学会杂志》的一项研究表明，$PM_{2.5}$会导致动脉斑块沉积，引发血管炎症和动脉粥样硬化，最终导致心脏病或其他心血管问题。

大气中的颗粒物，尤其是$PM_{2.5}$，对全球气候变化有重要的影响。悬浮在空气中的$PM_{2.5}$粒子具有很强的反射太阳辐射的作用，因而可以增加地球的行星反照率，使地表和大气冷却，可以部分地抵消由温室效应增加导致的增温效应。同时，$PM_{2.5}$作为一种云的凝结核，可以影响云和降水的微物理过程，改变云中水滴的数量和大小分布，还可以改变云的类型，从而增强或减弱降水量，改变降水的分布和强度。

据统计，在全世界范围内，自然活动和人为活动平均每年向空气中排放25～30亿吨的颗粒物质，其中较大的颗粒物质会在较短的时间内沉降到地球表面，而较小的颗粒物质却能够较长时间地悬浮在空气中。细颗粒物在介质中沉降速率可根据Stock公式计算：

$$V=\frac{D^2\times(\rho_p-\rho_1)\times g}{18\rho} \tag{6-2}$$

其中：V是沉降速度；D是颗粒物的直径；ρ_P为颗粒物的密度；ρ_1为介质的密度；g为重力加速度；ρ为介质的黏度。简单地说，颗粒物的沉降速度与其直径的平方成正比。

2. $PM_{2.5}$的浓度测量方法

（1）称重法。按照《环境空气PM_{10}和$PM_{2.5}$的测定重量法》（HJ 618—2011），采用切割粒径Da50=(2.5±0.5)μm的切割器，以恒速抽取定量体积空气，使环境空气中的$PM_{2.5}$被截留在已知质量的滤膜上，根据采样前后滤膜的重量差和采样体积计算$PM_{2.5}$的浓度。

（2）β射线法。将$PM_{2.5}$收集到滤纸上，然后照射一束β射线；射线穿过滤纸和颗粒物时由于被散射而衰减，衰减的程度和$PM_{2.5}$的重量成正比。

（3）微量振荡天平法。采用一头粗一头细的空心玻璃管，将粗头固定，在细头安装滤芯。空气从粗头进细头出，$PM_{2.5}$就被截留在滤芯上。在电场的作用下，细头以一定频率振荡，该频率和细头重量的平方根成反比。

3. $PM_{2.5}$的目标值

自1997年美国率先将$PM_{2.5}$列为检测空气质量的一个重要指标后，国际上主要发达国家先后陆续出台了相关标准。在我国已发布的新的环境空气标准中，$PM_{2.5}$的目标值已经与世界卫生组织（WHO）过渡期目标-1一致（表6-4），但暂未规定达标率。

表6-4　世界卫生组织及主要国家的$PM_{2.5}$目标值

国家/组织	年平均值	24小时平均值	备注
WHO准则值	10	25	2005年发布
WHO过渡期目标-1	35	75	
WHO过渡期目标-2	25	50	
WHO过渡期目标-3	15	37.5	
澳大利亚	8	25	2003年发布，非强制标准
美国	15	35	2006年12月17日生效
日本	15	35	2009年9月9日发布
欧盟	25	无	2005年1月1日强制标准生效 2015年1月1日发布目标值
中国	35	75	2005年发布，2016年1月1日起实施

自2012年起，我国在京津冀、长三角、珠三角等重点地区以及直辖市和省会城市开展$PM_{2.5}$的监测，2015年起所有地级以上城市开展$PM_{2.5}$的监测。2023年，我国几大城市的$PM_{2.5}$和PM_{10}浓度均值见表6-5。

表6-5　北京、上海、广州的细颗粒物浓度均值（2023年）

地点	$PM_{2.5}$	PM_{10}
北京	30	54
上海	25	39
广州	22	39
国家标准	35	40/70

4. $PM_{2.5}$的来源解析

颗粒物的成分很复杂，其来源主要有自然源和人为源两种。自然源包括土壤扬尘（含有氧化物矿物和其他成分）、海盐（颗粒物的第二大来源，其组成与海水的成分类似）、植物花粉、孢子、细菌等。人为源包括固定源和流动源。固定源包括各种燃烧源，如发电、冶金、石油、化学、纺织印染等各种工业过程，供热、烹调过程中燃煤与燃气或燃油排放的烟尘。流动源主要是各类交通工具在运行过程中使用燃料时向大气中排放的尾气。人为源的危害较大。

细颗粒物一般由二氧化硫SO_2、氮氧化物NO_x、挥发性有机物VOCs、O_3等其他大气污染物经过复杂的物理和化学反应而二次生成，而这些气体污染物往往是人类燃烧化石燃料（煤、石油等）和垃圾造成的。在发展中国家，煤炭燃烧是家庭取暖和能源供应的主要方式。没有先进废气处理装置的柴油汽车也是颗粒物的来源。燃烧柴油的卡车，排放物中的杂质导致颗粒物较多。在室内，二手烟是颗粒物最主要的来源。颗粒物的来源是不完全燃烧，因此只要是靠燃烧的烟草产品，都会产生具有严重危害的颗粒物。除自然源和人为源之外，大气中的气态前体污染物会通过大气化学反应生成二次颗粒物，实现由气体到粒子的相态转换。

在不同的地区，$PM_{2.5}$的来源相差较大，但通常以机动车尾气排放、煤炭燃烧、水泥等工业排放，以及生物质燃烧（如秸秆等）为主。在北京地区，$PM_{2.5}$的来源见图6–2，广州市的$PM_{2.5}$主要来自于燃煤、机动车排放、农业面源和生物质燃烧（表6–6）。

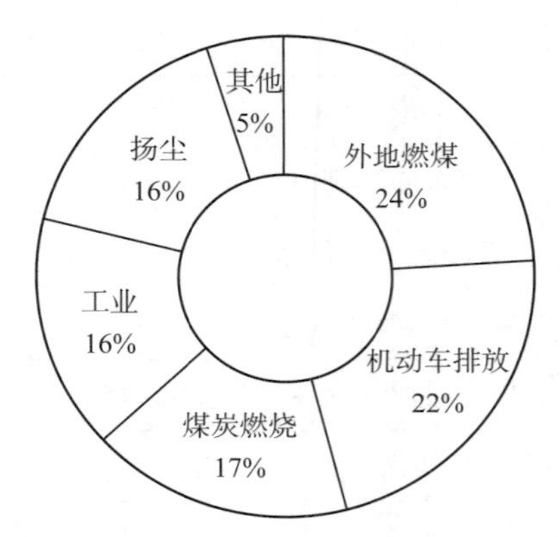

图6–2　北京地区的$PM_{2.5}$来源解析

表6–6　广州市近几年的$PM_{2.5}$来源类型变化情况

$PM_{2.5}$来源类型		2022年占比	比2021	比2020
移动源	机动车源	20.8%	—	3.2%
	非道路移动源	10.9%	—	
工业源	燃煤源	8.4%	↓36.0%	↓23.9%
	工业工艺源	5.0%	↓31.5%	↓14.6%
扬尘源		11.5%	—	
自然源		8.5%	↓12.9%	↓10.4%
生物质燃烧		8.0%	↓17.9%	↓36.4%

需要注意的是，在我国颗粒物检测标准中，最小颗粒是$PM_{2.5}$，而大部分发达国家采用的是$PM_{0.5}$。污染物的重量主要是由大颗粒决定的，而对人体的伤害主要是由小于0.5 μm的小颗粒引起的，根据上海复旦大学医学院的研究结果，北京雾霾中小于1 μm超细微颗粒物的比重高达95%以上，但重量只占不到1%。此外，我国对于颗粒物采用计量单位“μg/m³”，发达国家采用“个 /m³”，对大气质量要求的提高也是评价标准发展的趋势。

5. $PM_{2.5}$的防护

挡住空气颗粒物的最有效办法是戴口罩，但是普通棉纱和时尚口罩对$PM_{2.5}$的阻挡作用并不大，常见的医用口罩如N95、KN90对$PM_{2.5}$的防护作用很好，特殊人群应该咨询医师后再选择口罩佩戴。

N95口罩中的“N”表示不耐油（not resistant to oil），“95”表示暴露在规定数量的专用试验粒子下，口罩内的粒子浓度要比口罩外粒子浓度低95%以上。其原理不是普通的过滤，而是通过中间的熔喷布实现对较小颗粒的静电吸附。制造N95口罩的材料是聚丙烯纤维，制成无纺布后由专用设备附加静电（驻极处理）。随着时间的推移，被束缚的电荷会游走，静电会慢慢消失。所以，N95口罩一般保质期是5年左右，而且不能接触水，否则电量被水传导后，口罩只能隔绝10 μm的颗粒，难以发挥原有的防护作用。

最常用的改善室内空气的方法是开窗通风，但是空气质量较差时不宜开窗，应该使用空气净化器。雾霾天建议少外出，尤其是易感人群，应尽量减少户外锻炼；雾霾天出门后进入室内时，应及时洗脸、洗手、漱口、清理鼻腔，防止颗粒物对呼吸道及肺部造成伤害，阻止$PM_{2.5}$经肺进入血液；此外要多食用富含维生素等抗氧化食品，清理$PM_{2.5}$携带的致癌物在体内形成的自由基，少吃刺激性食物。

6.2.2　臭氧

1. 臭氧的特征

臭氧是氧气的同素异形体，化学式为O_3，具有强氧化性，在常温下可以自行还原为氧气。臭氧的气态为淡蓝色，液态为深蓝色，固态为紫黑色；气味类似鱼腥味，浓度过高时类似于氯气的气味。国际环境空气质量标准（national ambient air quality standards，NAAQS）指出，人在一个小时内可接受的臭氧的极限质量浓度是260 μg/m^3。在质量浓度为320 μg/m^{3}的臭氧环境中活动一小时就会引起咳嗽、呼吸困难及肺功能下降。臭氧还能参与生物体中的不饱和脂肪酸、氨基及其他蛋白质反应，使长时间直接接触高浓度臭氧的人出现疲乏、咳嗽、胸闷胸痛等症状。

臭氧可吸收太阳光中对人体有害的短波（30 nm以下）光线，防止这种短波光线射到地面，保护人类和地球。但在地表的臭氧却会损害细胞，引发上呼吸道炎症、中枢神经中毒等。

2. 臭氧的来源

O_3的来源分为自然源和人为源。在波长小于240 nm的紫外线的辐射下，平流层中的O_3分解后产生的O与O_2结合产生臭氧，平流层O_3向下传输到对流层，成为对流层中O_3的来源。人为源的臭氧主要是由人为排放的NO_x、VOCs等污染物的光化学反应生成：当空气中存在大量VOCs等污染物时，VOCs等产生的自由基与NO反应生成NO_2，此反应与O_3和NO的反应形成竞争，不断取代消耗NO_2光解产生的NO、HO_2、RO_2、H、OH，引起了NO向NO_2转化，使上述动态平衡遭到破坏，导致O_3逐渐累积，其反应过程见图6-3。NO_x和VOCs是O_3的前体物，它们还可经由多种方式生成$PM_{2.5}$和霾。

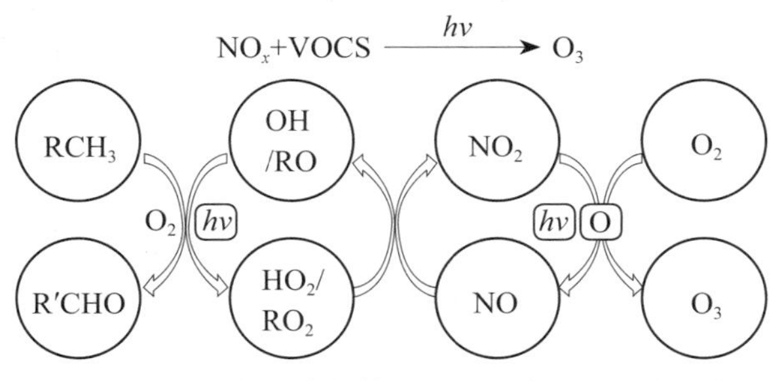

图6-3　大气中臭氧作为二次污染物的生成反应

3. 臭氧的监测

随着 O_3 污染程度的加重以及人们对 O_3 危害认识的加深，对 O_3 的准确预报显得尤为重要。上海、广东等省市已连续多年开展 O_3 的预报。自 2018 年起，我国已全面开展 O_3 气象预报，为生态环境部门的决策与管理提供支撑。

按照我国 2012 年 2 月发布的《环境空气质量标准》(GB3095—2012)，O_3 的日最大 8 小时平均值二级浓度限值为 160 μg/m^3。测定臭氧的标准方法主要参考《环境空气臭氧的测定 靛蓝二磺酸钠分光光度法》(HJ 504—2009) 和《环境空气臭氧的测定 紫外光度法》(HJ 590—2010)，自动监测方法主要有紫外荧光法和差分吸收光谱分析法。

4. 臭氧的防控

O_3 污染与雾霾不同，其产生机制复杂，治理难度很大。VOCs 和 NO_x 是 O_3 形成的重要前体物，控制 O_3 污染，就要协同控制好 VOCs 和 NO_x 的排放。例如使用天然气、太阳能、风能、生物质能等清洁能源，整治各类散乱污企业，限制煤炭等的消费总量；优化发展方式，改进工艺设计，在火电、钢铁、水泥建材、焦化、有色、石油炼制、化工、农药医药、包装印刷等重点行业实施清洁生产，减少污染物排放；控制城市机动车数量，进一步严格尾气排放标准，鼓励购买和使用清洁能源汽车，减少机动车尾气排放量。

要注意个人健康防护，因为戴口罩基本阻挡不了 O_3 的吸入，所以儿童和老人等敏感人群应尽量避免在午后日照强烈时外出，应远离马路边、装修污染严重的地方。

6.2.3 氮氧化物

1. 氮氧化物特征

氮氧化物包括 N_2O、NO、NO_2、N_2O_3、N_2O_4、N_2O_5，通式为 NO_x，几种气体的混合气被称为“硝气”。在大气平流层，NO_x 可与 O_3 反应生成 NO、NO_2，形成酸雨或光化学烟雾。

同时，NO_x 也是 O_3 生成的重要前体物。NO—NO_2—O_3 之间的光化学循环过程是大气光化学反应的基础（图 6-3）。在洁净的大气中，NO_2 光解产生 O_3，O_3 将 NO 氧化为 NO_2，这是一个循环反应过程，并不会导致 O_3 浓度升高。但当空气中存在大量 VOCs 等污染物时，VOCs 产生的自由基会争夺 NO 生成 NO_2，从而大大减少了 O_3 的消耗量，导致 O_3 浓度逐渐累积升高。NO_x、VOCs 与 O_3 并不是简单的线性关系，通常可以使用 EKMA 曲线（图 6-4）来表征。

2. 氮氧化物来源

空气中的氮氧化物主要来源于天然源，但城市大气中的氮氧化物大多来自于燃料燃烧，即人为源，如汽车等流动源，工业窑炉等固定源。据计算，1 吨天然气燃烧生成 6.35 千克 NO_x，1 吨石油燃烧生成 9.1～12.3 千克 NO_x，1 吨煤燃烧生成 8～9 千克 NO_x。而以汽油、柴油为燃料的汽车尾气中氮氧化物的浓度相当高，因此对机动车尾气的污染防治尤为重要。

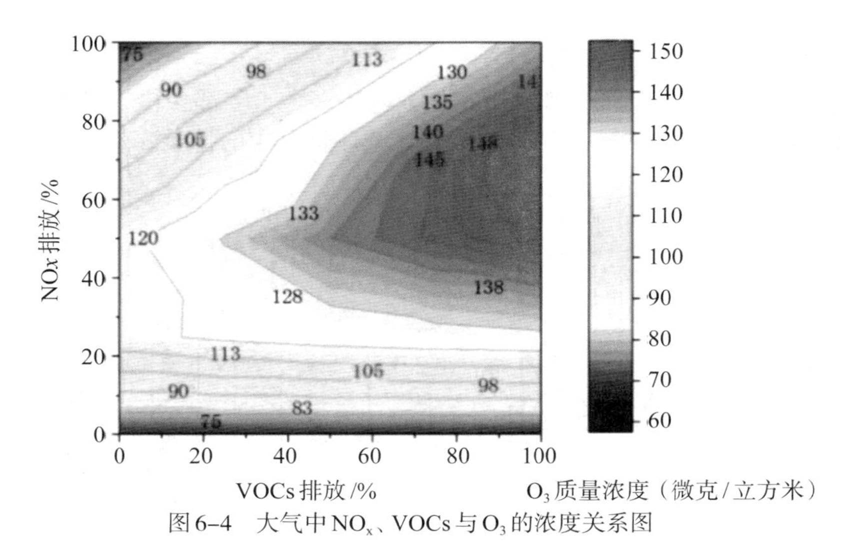

图6-4　大气中NO_x、VOCs与O_3的浓度关系图

3. 氮氧化物的健康危害

吸入NO_2当时无明显症状或有眼及上呼吸道刺激症状，如咽部不适、干咳等。常在6～7 h的潜伏期后出现迟发性肺水肿、急性呼吸窘迫综合征，可并发气胸及纵隔气肿。NO可与血红蛋白结合引起高铁血红蛋白血症。

6.2.4　挥发性有机物

1. 定义

挥发性有机物（volatile organic compounds，VOCs）是指在常压下沸点低于250 ℃的有机物，而美国则将任何能参加大气光化学反应的有机化合物统称为VOCs。它们虽然在大气中的浓度不高，但对环境的影响却很大，对复合型大气污染的形成具有十分重要的促进作用，主要包括烷烃、芳香烃类、烯烃类、卤烃类、酯类、醛类、酮类等8大类化合物。但由于大气中的VOCs包含了成千上万种微量的有机挥发物，而且因活性强、易发生转化，其监测和分析有较高难度。

2. 挥发性有机物的来源

VOCs的来源主要有天然源和人为源。天然源包括植物释放、火山喷发、森林草原火灾等，其中最重要的排放物是森林和灌木林释放的异戊二烯和单萜烯。人为源可分为固定源、流动源和无组织排放源三类，其中固定源包括化石燃料燃烧、溶剂（涂料、油漆）的使用、废弃物燃烧、石油存储和转运以及石油化工、钢铁工业、金属冶炼的排放；流动源包括机动车、飞机和轮船等交通工具的排放，以及非道路排放源的排放；无组织排放源包括生物质燃烧以及汽油、油漆等溶剂挥发。交通运输是全球最大的VOCs人为排放源，高速路周围的VOCs浓度是远离高速路位置的2倍，主要物质依次为乙烯、丙烷、乙烷、异戊烷、甲苯和正丁烷。溶剂使用是第二大排放源，占了总排放量的1/3。对涂料和印刷行业的VOCs成分谱进行研究，结果表明，甲苯和C8芳香烃是涂料VOCs中含量最丰富的物质，长链烷烃和芳香烃是印刷生产中VOCs中含量最高的物质。就全球而言，天然源对VOCs的贡献超过了人为源。

由于VOCs源头多且散，如在石化企业内，多个工艺都会释放VOCs（图6-5）。图6-6为几个城市的VOCs排放源解析，可以看出不同城市的排放源差异也比较大。

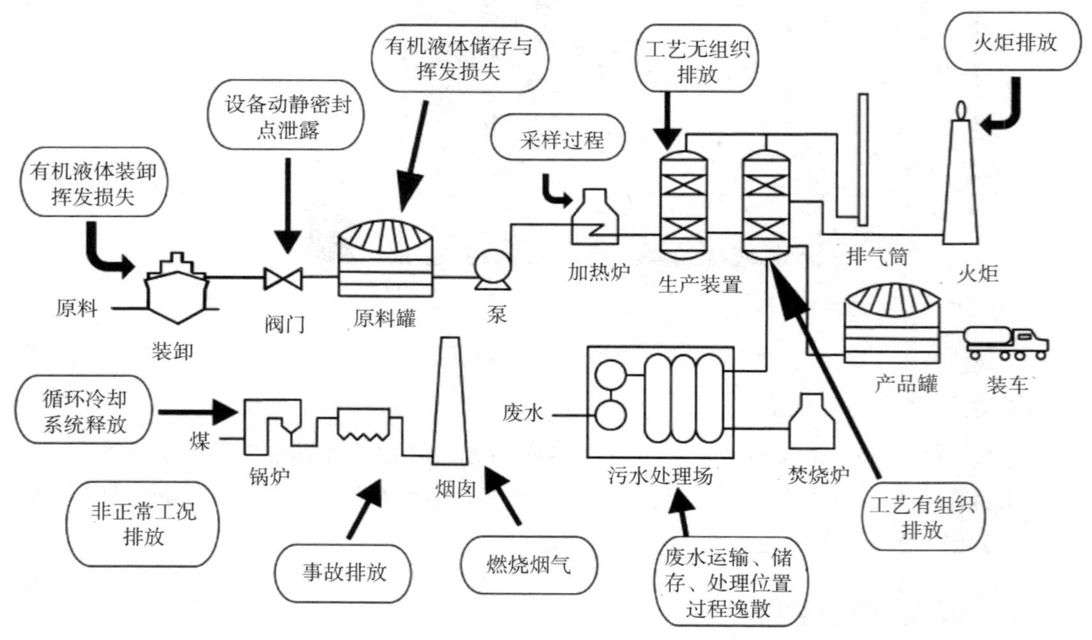

图6-5　石化企业的VOCs释放工艺点

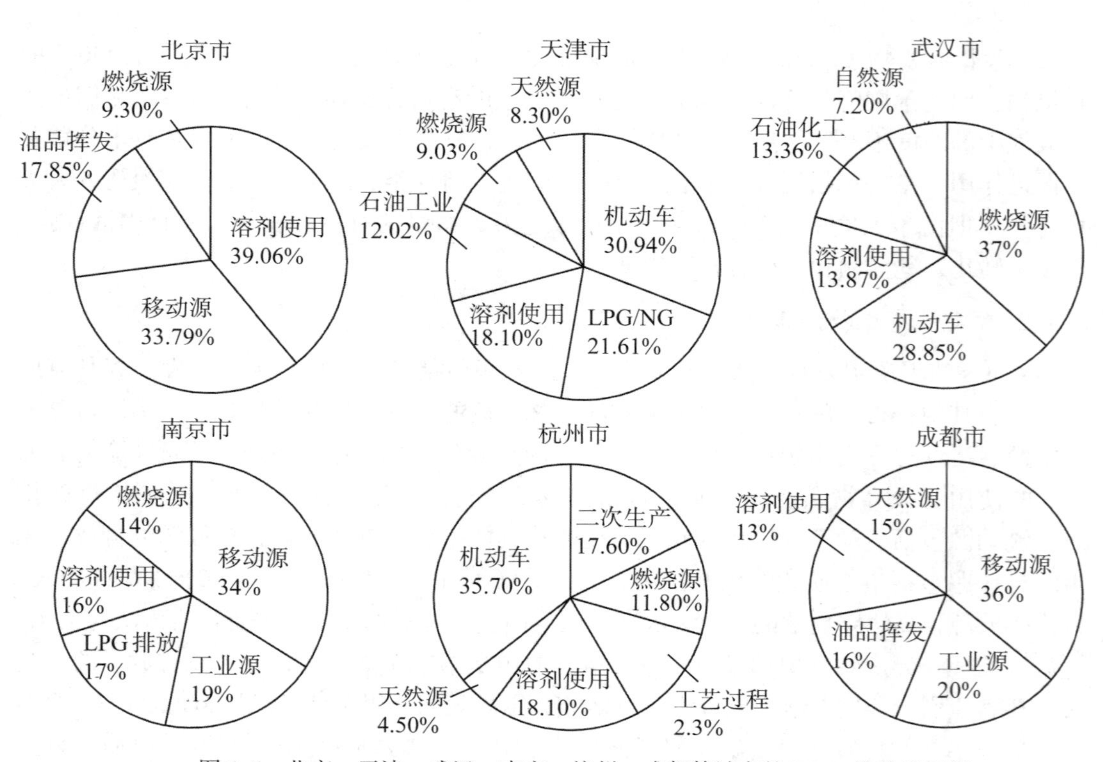

图6-6　北京、天津、武汉、南京、杭州、成都等城市的VOCs排放源解析

3. 挥发性有机物的危害

（1）生态环境风险。

VOCs多半具有光化学反应性。在阳光照射下，VOCs会与大气中的NO_x发生化学反应，形成二次污染物或强化学活性的中间产物。某些二次有机物由于其较低的蒸汽压，可通过成核作用、凝结、气粒分配等过程形成二次有机气溶胶（SOA），而二次有机气溶胶是$PM_{2.5}$的重要组成。该反应过程见图6–7。

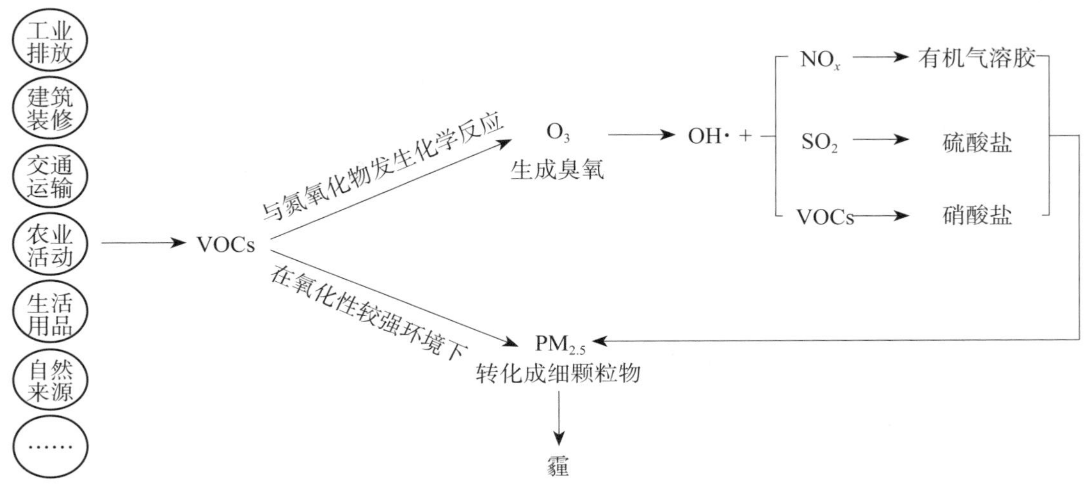

图6–7　大气中VOCs的转化

（2）人体健康风险。

大多数VOCs具有刺激性气味或臭味，可引起人们感官上的不愉快，严重降低人们的生活质量。而且VOCs成分复杂，有特殊气味且具有渗透、挥发及脂溶等特性，可导致人体出现诸多的不适症状。VOCs还具有毒性、刺激性及致畸致癌作用，尤其是苯、甲苯、二甲苯、甲醛对人体健康的危害最大，长期接触会使人患上贫血症与白血病。另外，VOCs气体还可导致呼吸道、肾、肺、肝、神经系统、消化系统及造血系统的病变。随着VOCs浓度的增加，人体会出现恶心、头痛、抽搐、昏迷等症状。VOCs会破坏臭氧层，使得到达地球表面的紫外辐射量增加，危害人类的皮肤、眼睛及免疫系统。

由光化学反应所造成的烟雾，除了能降低能见度之外，所产生的臭氧、过氧乙酰硝酸酯（PAN）、过氧苯酰硝酸酯（PBN）、醛类等物质可刺激人的眼睛和呼吸系统，危害人的身体健康。伦敦、东京等城市都相继出现过光化学烟雾污染事件。

6.3　大气污染物的迁移转化与健康危害

6.3.1　大气污染的影响因素

影响大气污染范围和强度的因素有污染物的性质（物理的和化学的）、污染源的性质（源强、源高、源内温度、排气速率等）、气象条件（风向、风速、温度层结等）、地表性质（地形起伏、粗糙度、地面覆盖物等）。

污染物的浓度与风速成反比，污染物向下风方向飘移、扩散、稀释。从地形上看，烟气运行时，碰到高的丘陵和山地，在迎风面会发生下沉作用，引起附近地区的污染。烟气如越过丘陵，在背风面出现涡流，污染物聚集，也会形成严重污染。在山间谷地和盆地地区，烟气不易扩散，常在谷地和坡地上回旋。特别在背风坡，气流做螺旋运动，污染物最易聚集，浓度就更高。降水能冲洗大气中的污染物；在同样的降水量下，雪花体积大降落慢，冲刷能力比雨大。

此外，大气中存在逆温层，其中大气对流层中气温随高度增加，会阻碍空气的上升运动，污染物往往可以积聚到很高的浓度，造成严重的大气污染事件，对人们的健康造成很大危害。

而对于污染物自身来说，粒径大的颗粒物容易沉降，粒径小的则在大气中悬浮、漂移的时间更长、距离更远。而且，大气中的污染物会发生光解、氧化还原、酸碱中和、聚合等转化，往往会生成毒性更大的二次污染物。如碳氢化合物、NO 和 NO_2 在光照下，会生成含有醛类、O_3、过氧乙酰硝酸酯的光化学烟雾。

6.3.2　大气污染的健康危害

大气污染对人的危害大致可分为急性中毒、慢性中毒、致癌三种。

1. 急性中毒

空气中大气中的污染物浓度较低时，通常不会造成人体急性中毒，但在某些特殊条件下，如工厂在生产过程中出现特殊事故，大量有害气体泄漏外排，外界气象条件突变等，便会引起人群的急性中毒。如印度帕博尔农药厂甲基异氰酸酯泄漏，直接危害人体，导致2500 人丧生，10 多万人受害。

2. 慢性中毒

大气污染对人体健康有慢性毒害作用，主要表现为污染物质在低浓度、长时间连续作用于人体后，出现患病率升高等现象。全球及中国城市居民肺癌发病率和死亡人数均位列各种癌症之首（Murthy 等，2024），这与大气污染有显著的相关性（罗鹏飞等，2017）。

3. 致癌

大气中的污染物长时间作用于肌体，损害体内遗传物质，引起突变，会导致人的寿命下降。2013 年国际癌症研究机构（IARC）将空气污染和空气污染中的 $PM_{2.5}$ 均归类为肺癌的 1 类致癌物；将家庭燃烧煤炭列为 1 类肺癌致癌物、家庭燃烧生物质燃料列为 2A 类肺癌致癌物。

一些对污染因子影响肺癌发病或死亡率的分析显示，$PM_{2.5}$ 浓度每增加 10 μg/m^3，非吸烟者肺癌死亡的风险升高 19%（潘小川等，2016）；大气中 PM_{10} 年均浓度达到 35 μg/m^3 时，人患病并致死的几率将大大增加，超过 100 μg/m^3 后，肺癌死亡的风险增加 138%（Abbey，1999）；对 352053 例加利福尼亚肺癌患者的研究显示，空气中较高的 $PM_{2.5}$、

PM_{10}和NO_2浓度，与较低的肺癌生存率相关，特别是早期非小细胞肺癌。研究人员估计，2017年全球$PM_{2.5}$空气污染，约导致了26.5万例肺癌死亡，占所有肺癌死亡的14.1%，该比例仅次于吸烟（Turner等，2020）。

此外，人体还可能通过吸收、代谢和吸入空气中的致癌物，导致除肺部以外的癌症。例如柴油和汽油废气、多环芳烃（PAHs）、可吸入粉尘（金属、二氧化硅）以及从事于采矿或铸造工作等。空气污染也与乳腺癌较高的发病和死亡风险有关，NO_2浓度每增加5.8 ppb，$PM_{2.5}$浓度每增加3.6 μg/m³，总体乳腺癌发病风险分别升高6%和5%。多种非金属空气毒物（包括二氯甲烷），也与乳腺癌发病风险升高有关。$PM_{2.5}$浓度与泌尿系统和消化系统癌症死亡风险升高有关，$PM_{2.5}$浓度每增加4.4 μg/m³，膀胱癌死亡风险升高13%，肾癌死亡风险升高13%；NO_2浓度每增加6.5 ppb，结直肠癌死亡风险升高6%。而燃烧固体燃料引起的家庭空气污染，可增加口腔癌和食管癌的发病风险（Turner等，2020）。

6.3.3 主要行业的废气排放

20世纪70—90年代，我国大气污染治理以燃煤排放的烟尘和二氧化硫为主，并开始初步治理氮氧化物。大气污染治理过程中出现了煤烟型污染、机动车污染及其他污染并存的局面，即为大气的复合污染。

1. 燃煤污染

燃煤时排放的污染物主要有SO_2、烟尘、NO_x、CO、CO_2。我国每年直接燃烧的煤炭占总煤耗的84%。挥发性强的元素（氟、砷、硒）几乎全部以气态或极细灰尘的形式进入大气。其中的细颗粒物还能吸附大量有害微量元素，有害成分在机体内和大气中都有累积性，可能引起呼吸系统和心血管系统的病变。

2. 汽车尾气

大城市大气中约80%的CO和40%的NO来自于汽车尾气。汽车尾气（气体和颗粒物）成分复杂，含有上千种化学物质，可能导致眼睛和黏膜受刺激、头痛、呼吸障碍、肺功能异常、免疫力下降、过敏性疾病增多，甚至诱发癌症。随着无铅汽油全面推广，铅的污染程度逐渐降低，但造成尾气中的苯系物含量升高，且尾气成分复杂。在湿度大、日晒长的环境下，氮、碳化学物会发生第二次反应，生成醛类等危害更大的物质。

3. 工业粉尘

职业性尘肺病是我国数量最多、危害最严重的职业病。该病潜伏期比较长，从开始接触粉尘到发现健康受损平均需要10～20年。煤炭、金属矿山行业职业病占比达88%，建材行业职业病占比超过5%。

矽肺病是尘肺病中最常见、进展最快、危害最严重的一种类型。矽肺病是长期吸入大量含有游离二氧化硅粉尘所引起的，是以肺部广泛的结节性纤维化为主的疾病。肺结核是矽肺常见的严重并发症，患病概率高达20%～50%，尸检发现较生前发现的更多，约占36%～80%。随着病情进展，肺结核病患病概率会增加，矽肺病Ⅰ、Ⅱ期并发肺结核概率为10%～30%，Ⅲ期并发肺结核的概率为0%～50%。矽肺直接死因中肺结核占45%。

据全国尘肺流行病学调查报告，至2021年底，我国累计报告职业性尘肺病患者91.5万人（近半数为煤工尘肺），现仍存活的患者大概为45万人。国家卫生健康委发布的《2022年我国卫生健康事业发展统计公报》显示，2022年全国共报告各类职业病新病例11108例，其中职业性尘肺病7577例，占比近70%，2022年全国因尘肺病死亡的有9613例。

4. 挥发性有机物污染

VOCs对人的多个系统都有损害，其中含氯、氮和硫的有机物对呼吸系统、皮肤、眼睛、血液、神经、肝肾系统都有损害。此外，醛类对皮肤、眼睛的刺激性很强，苯系物还具有“三致”作用。根据其成分，相关健康风险可参考本书第3章以及第10章。

5. 垃圾焚烧废气

近年来，城市垃圾的生成量越来越多，早期垃圾采用填埋的方式处理，主要带来的污染物是H_2S和NH_3构成的臭味，以及高COD和高氨氮组成的垃圾渗滤液。为实现固体废弃物的“减量化、资源化和无害化”，近年来，很多城市开始建设运行垃圾的焚烧处理设施。通过焚烧废物中有机物质，可以缩减废物80%～85%的质量和95%～96%的体积，焚化垃圾时会将垃圾转化为灰烬、废气和热力。

垃圾焚烧过程有以下途径可能生成二噁英：

①在对氯乙烯等含氯塑料的焚烧过程中，焚烧温度低于800 ℃，含氯垃圾不完全燃烧，燃烧后形成氯苯，后者成为二噁英合成的前体物质。

②其他含氯、含碳物质如纸张、木制品、食物残渣等经过铜、钴等金属离子的催化作用后可不经氯苯生成二噁英；

③在制造包括农药在内的化学物质，尤其是氯系化学物质，像杀虫剂、除草剂、木材防腐剂、落叶剂（美军用于越战）、多氯联苯等的过程中派生。

在过去，因没有足够的气体净化技术，老式的焚化炉确实是二噁英排放的重要来源。然而，如今由于气体排放控制设计技术的提高以及政府的管制加强，焚化炉已经极少产生二噁英了。德国有66座垃圾焚化炉，在1990年有1/3的二噁英排放来自垃圾焚化工厂，到了2000年，它们只占到全部二噁英排放的1%，其他如烟囱和家庭燃气灶排放的是垃圾焚烧厂排放的20倍。在美国，垃圾焚烧厂也不再是二噁英和呋喃排放的重要来源。1987年，美国总计有10000 g二噁英排放源自垃圾焚烧炉，到了1997年，全美87座焚烧炉仅仅年排放10克二噁英，减少了99.9%。目前欧洲已经禁止填埋未经处理的垃圾，英国也划定了100多处垃圾焚烧厂的建设厂址。

含氯物质、重金属是二噁英的主要产生源，因此，做好垃圾分类是减少二噁英生成的前提，也是我们每个人应尽的义务。实际上，目前在人体接触的二噁英中，90%来自动物肝脏、奶制品、肉类和鸡蛋等膳食。

日本、丹麦和瑞典是利用焚烧垃圾产生能量的先驱者，其焚化炉连接邻近热电设施以实现供热。日本有1500多座垃圾焚烧发电站，为日本产生4200万千瓦的电力。德国、瑞典和丹麦等国每年燃烧数千万吨市政垃圾，垃圾焚烧发电技术每年为欧洲产生超过

1000万千瓦的电力。2005年，丹麦的垃圾焚烧供应了4.8%的电力以及13.7%的取暖消耗。表6-7为世界主要经济体的垃圾焚烧情况。

表6-7　主要经济体垃圾焚烧量及余热利用状况 *

国家（地区）/年份	垃圾焚烧量/万吨	余热产生利用状况
中国内地/2022年	23200	1268亿千瓦时电
欧洲/2021年	10000	400亿千瓦时电、900亿千瓦时热
美国/2018年	2700	139亿千瓦时电
德国/2022年	2500	103亿千瓦时电、245亿千瓦时热
日本/2022年	3250	103亿千瓦时电

* 注：数据来自国家能源局、欧洲废物转化能源工厂联盟、美国能源恢复委员会、信息技术资产处置机构、日本环境部

近年来，我国的垃圾焚烧产业发展迅速，根据生态环境部的数据，全国垃圾焚烧厂数量从2017年的278家发展到2023年的925家，处置能力达103.5万吨/天（截止到2024年6月，该数字为107万吨/天），提前完成了“十四五”规划目标。全国353家垃圾焚烧厂已完成“装、树、联”（即安装废气自动监控设备、厂区门口树立监控数据的显示屏、与环保部门联网）。

此外，我国城镇生活垃圾焚烧处理率已超过50%，成为生活垃圾处理的主要方式。2010年，城市生活垃圾填埋处理量占比为84.2%，县城生活垃圾填埋处理量占比为97.6%，城乡生活垃圾填埋处理量占比为88%；2022年，城市生活垃圾填埋处理量占比下降到12.6%，县城生活垃圾填埋处理量占比下降到42.9%，城乡生活垃圾填埋处理量占比下降到19.1%。预计未来几年城乡生活垃圾填埋处理量比例还将显著下降。

生态环境部表示，生活垃圾处置厂的数量十年间增加了86%，其中垃圾焚烧厂的数量增加了303%，焚烧处理量增加了577%。近10多年，生活垃圾焚烧发电厂在中国内地呈现高速发展态势，全球最大处理规模的垃圾焚烧发电厂、高参数垃圾焚烧发电厂诞生在中国。此外，生活垃圾填埋场的甲烷排放量约占废弃物温室气体排放量的80%～90%，我国在生活垃圾焚烧方面的发展，也为温室气体的减排作出了巨大贡献。政策方面，生态环境部连续7年开展专项整治行动，极大促进了垃圾焚烧行业发展。国家发展和改革委员会也表示，将进一步支持环境基础设施建设，推动垃圾焚烧行业的发展。

值得注意的是，近年来随着各地生活垃圾焚烧发电厂建设规划的实施，一些地区开始出现垃圾焚烧发电厂处理能力“过剩”现象。这一方面与垃圾产生量的估算有关，另一方面，也与垃圾焚烧项目的规划有关。因此，需要打破行政界线，实现区域协同，使得生活垃圾焚烧发电厂规划建设进入健康轨道。此外，生活垃圾焚烧发电厂协同焚烧其他来源的垃圾也是必要的。

6.4 大气环境管理

6.4.1 大气环境质量标准

大气环境质量标准是大气环境质量管理的目标值，也是制定大气污染物排放标准、进行大气污染防治的基本依据。我国于1979年正式颁布了《工业企业设计卫生标准》，对居住区大气中34种有害物质的最高允许浓度作出了规定。1982年国家又正式颁布了《大气环境质量标准》。根据中国以煤烟型污染为主的特点，该标准规定以总悬浮微粒、飘尘、二氧化硫、氮氧化物、一氧化碳和光化学氧化剂为主要大气污染物。《环境空气质量标准》于1996年第一次修订，2000年第二次修订，2012年第三次修订，并于2016年1月1日起正式实施。

根据《中华人民共和国大气污染防治法》，我国制定颁布了《大气污染物综合排放标准》（GB 16297—1996），规定了33种大气污染物的排放限值，其指标体系为最高允许排放浓度、最高允许排放速率和无组织排放监控浓度限值。该标准适用于现有污染源大气污染物排放管理，以及建设项目的环境影响评价、设计、环境保护设施竣工验收及其投产后的大气污染物排放管理。部分工业企业的废气排放标准同时废除。

6.4.2 大气环境管理法律法规

为保护和改善环境，防治大气污染，保障公众健康，推进生态文明建设，促进经济社会可持续发展，我国于1987年9月5日首次颁布《中华人民共和国大气污染防治法》，于1988年6月1日起施行，其后又分别在1995年、2000年、2015年和2018年进行了修订，法律中的条款共计129条，涉及法律责任的条款有30条，具体的处罚行为和种类接近90种，核心思想是“总量控制，强化责任”“优化布局，源头管控”“重点污染，联合防治”“重点处罚，不设上限”。

2013年6月14日，国务院颁布《大气污染防治行动计划》，提出了大气质量管理的总体要求、五年的奋斗目标和细颗粒物浓度的具体指标，相关措施和具体实施内容，共计10条35小项，后被简称为“气十条”，其主要内容为：

（1）减少污染物排放。全面整治燃煤小锅炉，加快重点行业脱硫脱硝除尘改造。整治城市扬尘。提升燃油品质，限期淘汰黄标车。

（2）严格控制高耗能、高污染行业新增产能，提前一年完成钢铁、水泥、电解铝、平板玻璃等重点行业“十二五”落后产能淘汰任务。

（3）大力推行清洁生产，重点行业主要大气污染物排放强度到2017年底下降30%以上。大力发展公共交通。

（4）加快调整能源结构，加大天然气、煤制甲烷等清洁能源供应。

（5）强化节能环保指标约束，对未通过能评、环评的项目，不得批准开工建设，不得提供土地，不得提供贷款支持，不得供电供水。

（6）推行激励与约束并举的节能减排新机制，加大排污费征收力度。加大对大气污染防治的信贷支持。加强国际合作，大力培育环保、新能源产业。

（7）用法律、标准“倒逼”产业转型升级。制定、修订重点行业排放标准，建议修订大气污染防治法等法律。强制公开重污染行业企业环境信息。公布重点城市空气质量排名。加大违法行为处罚力度。

（8）建立环渤海包括京津冀、长三角、珠三角等区域联防联控机制，加强人口密集地区和重点大城市 $PM_{2.5}$ 治理，构建对各省（区、市）的大气环境整治目标责任考核体系。

（9）将重污染天气纳入地方政府突发事件，根据污染等级及时采取重污染企业限产限排、机动车限行等措施。

（10）树立全社会“同呼吸、共奋斗”的行为准则，地方政府对当地空气质量负总责，落实企业治污主体责任，国务院有关部门协调联动，倡导节约、绿色消费方式和生活习惯，动员全民参与环境保护和监督。

6.4.3 大气污染控制技术及综合防治

1. 烟尘

对于大粒径的粉尘，可采用干式除尘，0.1～20 μm 的细颗粒可以采用湿式除尘，还可以采用活性炭吸附与电除尘技术。电除尘技术利用静电场使气体电离，从而使尘粒带电吸附到电极上，在冶金、化学等工业中用以净化气体或回收有用尘粒。

2. 二氧化硫

我国目前二氧化硫排放总量中，大部分由燃煤产生。若要减少二氧化硫的排放，首先要改善能源结构，采用可再生能源和清洁能源，减少高硫煤炭的使用；其次，要在燃烧时添加石灰石等固硫剂。烟气中的硫可用活性炭吸附、石灰石 - 石膏洗涤、氨水吸收，也可用喷雾干燥的方法脱去。

3. 氮氧化物

氮氧化物防控技术相对成熟，工业中主要使用还原剂（NH_3、尿素、烷烃等）与 NO_x 发生化学反应以中和 NO_x，NH_3 与 NO_x 反应后生成 N_2 与水，从而实现无污染排放。工艺主要有选择性催化还原法（SCR）和选择性非催化还原法（SNCR）等。

4. 汽车尾气

汽车排放的 CO、碳氢化合物（HC）、NO_x 和颗粒物（PM）超过机动车排放总量的 90%。柴油车排放的 NO_x 占汽车排放总量的 80% 以上，PM 占 90% 以上；汽油车排放的 CO 占汽车排放总量的 80% 以上，HC 占 70% 以上。机动车尾气的治理主要通过加装尾气净化装置。

5. 碳氧化合物

可通过控制燃烧条件使碳氧化合物充分燃烧，以减少碳氧化合物的排放。还可以采用末端治理法（还原法、氧化后吸收）减排。

6. VOCs

可以通过源头排放控制、冷凝/冷冻回收、催化燃烧、活性炭吸附等方式治理VOCs，但由于VOCs一般是非极性物质，不溶于水，限制了吸收法和生物法的应用；另外，由于VOCs浓度低，燃烧法的应用也受到了限制。

思考题

1. 垃圾焚烧的废气有哪些主要成分？
2. 焚烧秸秆等农业废弃物有什么好处和坏处？
3. 如何理解大气污染物中氮氧化物、臭氧和VOCs的相互制约关系？
4. 气候变化跟大气质量的关系如何？
5. 为什么VOCs的管控难度大？

参考文献

[1] ABBEY D E，NISHINO N，MCDONNELL W F，et al. Long-term inhalable particles and other air pollutants related to mortality in nonsmokers. American Journal of Respiratory and Critical Care Medicine [J]. American Journal of Res., and Cti., Ca.Med., 1999，159(2)：373-382.

[2] MURTHY S S，TRAPANI D，CAO B，et al. Premature mortality trends in 183 countries by cancer type，sex，WHO region，and World Bank income level in 2000-19：A retrospective，cross-sectional，population-based study[J]. Lancet Oncology，2024，25(8)：969-978.

[3] POPE C A，BURNETT R T，THUN M J，et al. Lung cancer，cardiopulmonary mortality，and long-term exposure to fine particulate air pollution[J]. JAMA：The Journal of the American Medical Association，2002，287(9)：1132-1141.

[4] TURNER M C，ANDERSEN Z J，BACCARELLI A，et al. Outdoor air pollution and cancer：An overview of the current evidence and public health recommendations[J]. CA：A Cancer Journal for Clinicians，2020(70)：460-479.

[5] 罗鹏飞，林萍，周金意. 肺癌与大气污染关系的流行病学研究进展[J]. 中国肿瘤，2017，26(10)：792-797.

[6] 潘小川，刘利群，张思奇，等. 大气$PM_{2.5}$对中国城市公众健康效应研究[M]. 北京：科学出版社，2016.

第7章　土壤环境与人体健康

7.1　土壤及土壤污染

7.1.1　土壤

土壤是陆地表面具有肥力、能够生长植物的疏松表层，由各种颗粒状矿物质、有机物质、水分、空气、微生物等组成，其厚度一般为2 m左右。土壤矿物质是岩石经过风化作用形成的不同大小的矿物颗粒（砂粒、土粒和胶粒），矿物质和腐殖质组成的固体土粒是土壤的主体，约占土壤体积的50%，固体土粒间的孔隙由气体和水分占据。土壤的性质是气候、生物、地形、母质和时间等成土因素综合作用的结果。

有机质含量的多少是衡量土壤肥力高低的一个重要标志，它和矿物质紧密地结合在一起。一般耕地的耕层中有机质的含量只占土壤干重的0.5%～2.5%，耕层以下更少。土壤有机质按其分解程度分为新鲜有机质、半分解有机质和腐殖质。腐殖质是指新鲜有机质经过酶的转化所形成的灰黑土色胶体物质，一般占土壤有机质总量的85%～90%。阳光可杀灭致病的有害菌、病毒、寄生虫，保留土壤的营养物质。土壤微生物的种类多、数量大，1 g土壤中就有几亿到几百亿个，土壤越肥沃，微生物的利用率也越高。土壤是一个疏松多孔体，其中布满着大小不等蜂窝状的孔隙。存在于土壤毛管孔隙中的水分能被作物直接吸收利用，同时，还能溶解和输送土壤养分。土壤空隙过小，会阻碍空气、水分、微生物的流动/运动；空隙过大，则表面积小，不利于有机碎片和微生物的附着。土壤孔隙决定了土壤质地、团粒化程度、有机质含量，并影响耕作、施肥、干湿交替条件等。

1966年，澳大利亚水文与土壤物理学家Philip提出“土壤–植物–大气连续体”（Soil-Plant-Atmosphere Cotinum，SPAC）的概念（图7–1），但没有考虑地下水在系统中的作用。之后，我国著名水文学家刘昌明在此基础上提出了“五水”系统，以及大气、植物、地表、土壤和地下水层中水的相互作用和相互关系，也称之为“五水转化”。土壤处于陆地生态系统中的无机界和生物界的中心，不仅在本系统内进行着能量和物质的循环，而且与水域、大气和生物不断进行物质交换，一旦发生污染，它们之间就会有污染物质的相互传递。作物从土壤中吸收的污染物常通过食物链传递从而影响人体健康。

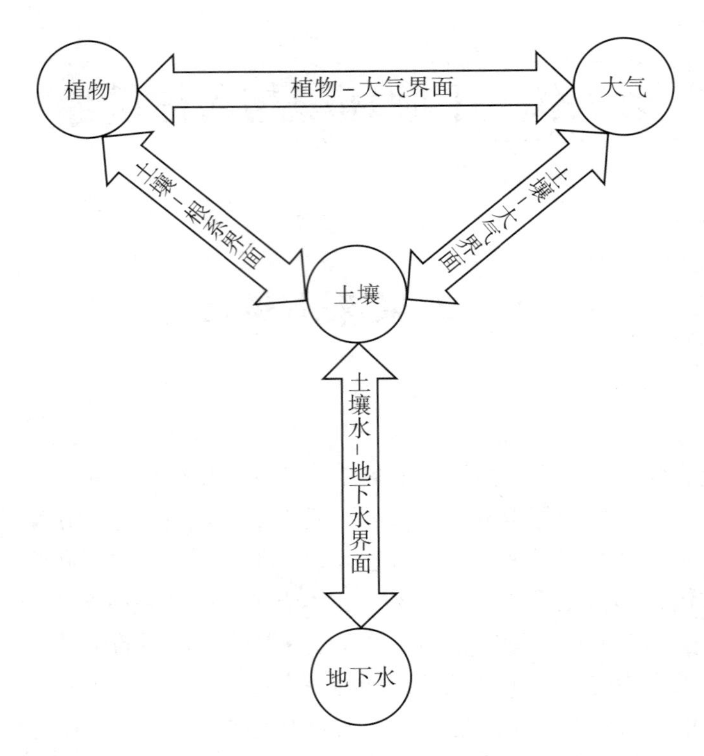

图 7–1　土壤－植物－大气连续体（SPAC）系统的主要界面（Philip，1966）

7.1.2　土壤污染

人口急剧增长，工业迅猛发展，人们不断向土壤表面堆放和倾倒固体废物，有害废水不断向土壤中渗透，大气中的有害气体及飘尘不断随雨水降落在土壤中，导致了土壤污染。土壤污染的判定原则有 3 个不同的层次：

①由人类的活动向土壤添加有害物质，此时土壤即受到了污染；

②以土壤背景值加 2 倍标准差为临界值，如超过此值，则认为该土壤已被污染；

③不但要看含量的增加，还要看后果，即当加入土壤的污染物超过土壤的自净能力，或污染物在土壤中的积累量超过土壤基准量，而给生态系统造成了危害，此时才能被称为污染。

由此可以看出，层次①的标准最为绝对和严格。

相比大气污染、水污染和废弃物污染，土壤污染具有隐蔽性和滞后性，确定污染情况往往要通过对土壤样品进行分析化验和农作物的残留检测，有时还需研究人畜健康状况。因此，土壤污染从产生到显现通常会经过较长的时间。此外，由于污染物在土壤中的扩散和稀释远远慢于大气和水体，不具备良好的水文地质和生物的污染物转化条件，污染物容易长期在土壤中积累，造成土壤污染有很强的地域性。土壤污染的隐蔽性、滞后性、治理周期长和高成本，往往被人们忽视。

7.1.3 土壤污染源

凡是妨碍土壤正常功能，降低作物产量和质量，通过粮食、蔬菜、水果等间接影响人体健康的物质，都叫作土壤污染物。土壤污染物大致分为无机污染物、有机污染物、生物污染物和放射性污染物四大类。其中生物污染物和放射性污染物具有特定的污染途径，其来源较单一，易识别。而重金属和部分有机污染物来源复杂多样，且具有毒性强、难降解、残留时间长、在环境中分布广等特性，一旦在土壤中积累，会持续威胁生态环境安全和人体健康。

污染物进入土壤的途径包括工业废气污染物的沉降、汽车尾气排放、农药化肥残留、污废水灌溉、污废水土地处理、地下储油罐的石油泄漏、固废堆填时的污染物渗漏等。进入土壤的污染物，因其类型和性质的不同而主要有固定、挥发、降解、流散和淋溶等不同去向。

据原环境保护部对我国30万公顷基本农田保护区土壤中的有害重金属的抽查结果，土壤重金属点位超标率达12.1%（骆永明，2012）。2005年4月—2013年12月，我国开展了首次全国土壤污染状况调查，调查点位覆盖了全部耕地、部分林地、草地、未利用地和建设用地，实际调查面积约为630万平方公里。据《全国土壤污染状况调查公报》，全国土壤污染总的超标率为16.1%，其中轻微、轻度、中度和重度污染点位比例分别为11.2%、2.3%、1.5%和1.1%。重污染企业及周边土壤超标点位占36.3%，固体废物集中处理处置场地土壤超标点位占21.3%，无机污染物超标点位数占全部超标点位数的82.8%，有机污染物占比次之，复合型污染物所占比重较小（生态环境部，2014）。耕地土壤中的无机污染物超标点位占19.4%，主要污染物为重金属，如镉（占7.0%）、镍、铜、砷、汞、铅。

原农业部对我国140万公顷污水灌溉区调查发现，土壤重金属超标面积占64.8%。此外，不同研究尺度下我国农田土壤元素超标情况存在明显差异，且农田土壤中Cd元素污染的发生概率最高（宋伟等，2013）。原环境保护部的调查发现，长江三角洲地区土壤主要超标元素为Cd、Cu、Pb和Zn，其超标率分别为5.64%、2.73%、0.75%和1.13%；江苏省耕作层土壤主要超标元素也是Cd、Cu、Pb和Zn，超标面积分别占15.91%、12.55%、7.63%和9.63%（廖启林等，2006）；浙江省某地土壤中的Cd、Cu和Zn的超标率分别为40%、64%和12%；我国东北平原、长江流域和东南沿海地区水稻土Cd的平均含量分别为0.19 mg/kg、0.26 mg/kg和0.21 mg/kg；全国22个水稻种植省份土壤Cd的平均含量为0.45 mg/kg，其中湖南水稻土Cd的平均含量最高，为1.12 mg/kg（Liu等，2016）。

从污染分布情况看，南方土壤污染重于北方；长江三角洲、珠江三角洲、东北老工业基地等区域土壤污染问题较为突出，西南地区、中南地区土壤重金属超标情况较为严重；Cd、Hg、As、Pb这4种元素的无机污染物含量分布呈现从西北到东南、从东北到西南方向逐渐升高的态势。

工矿企业的废渣随意堆放，工业企业的污水直排，以及农业生产中污水灌溉、化肥的不合理使用、畜禽养殖等人类活动造成或加剧了耕地重金属污染，其中，广东耕地污染以化工、电镀、印染等行业造成的污染为主；江西、湖北、湖南、广西、四川、贵州、云南等省份重金属本底值本来就比较高，长期的重有色金属、磷矿等矿产资源开发以及重化工业发展是耕地严重污染的重要原因。

7.2 土壤污染的危害

7.2.1 重金属污染的危害

重金属污染对地球环境的全方位影响是复杂且深远的，它不仅威胁土壤、水源、生物多样性的健康，还对人类的生存质量构成严峻挑战。重金属污染源包括工业生产、农业活动、矿业开采、废弃物处理等。工业废气、废水、废渣中的重金属随风飘散或直接排放，过量使用农药和化肥可能导致重金属通过土壤和水体进入食物链，矿山开采活动则直接导致重金属的释放，而废弃物的不当处理也加速了重金属的释放。这些污染源共同构成了一个复杂的环境问题。

重金属污染通过改变土壤的物理、化学和生物性质，对土壤健康造成严重影响。首先，物理影响包括土壤比重增加、通气性下降，进而限制作物生长。化学影响则包括土壤 pH 值的改变、活性物质与重金属的结合，导致土壤中有效养分的减少。重金属污染对生物多样性的破坏则表现为抑制土壤微生物活动，影响土壤的生物化学过程，最终影响土壤的生产力和生态功能。

重金属通过食物链进入生态系统，对非目标生物产生毒害作用，破坏生态平衡。对人类而言，重金属污染不仅影响食品安全，还可能通过食物链间接影响人类健康，引发慢性疾病，包括神经、心血管系统疾病，甚至癌症等。

通过土壤污染影响人体健康的重金属有汞、镉、铅、砷、铬、铜、锌等。土壤中的重金属含量不同对人体的影响也不同。低剂量的重金属能引起急或慢性中毒，抑制酶的活性，破坏正常的生物化学反应，等等。重金属对健康的危害见本书第 3 章 3.1 节。

7.2.2 石油污染的危害

石油石化产业的勘探、开采、运输、加工、储运、销售等环节中，管理不善或事故等因素都会导致石油污染物泄漏，对环境造成严重危害。土壤中石油污染物的来源主要包括原油泄漏和溢油事故，含油矿渣、污泥、垃圾的堆置，污水灌溉，大气污染和汽车尾气的排放，药剂污染等。

土壤中的石油污染不仅会引起土壤理化性质的改变，比如改变土壤有机质组成和结构（碳氮磷比、pH 升高等），还会堵塞土壤孔隙，使土壤的透水性能受到抑制。此外，石油烃中的沥青质和胶质会在土壤环境中稳定存在，导致土壤结块变硬，影响土壤的物理性质。

对于作物来说，石油污染会导致出芽出苗率下降、生育期推迟。石油能与无机氮、磷结合并限制硝化作用和脱磷酸作用，从而减少土壤对氮、磷的吸收。石油还会黏附在根系表面，阻碍根系的呼吸与吸收，引起根系腐烂，影响作物生长。残留在土壤和作物中的石油类物质还会影响粮食质量。

对人体来说，石油中的多环芳烃毒性强，具有“三致”效应，能通过食物链进入人体，损害器官的正常功能。

7.2.3 残留农药的危害

农林业每年常发病虫害超过100种，农药因其适用范围广、操作易、规模大、作用快、效果好，而被广泛用于预防、消灭或者控制危害农业、林业的病、虫、草。根据原料来源可将农药分为有机农药、无机农药、植物性农药、微生物农药、昆虫激素等。我国2015年的农药用量为29.95万吨，2018年为26.84万吨，单位面积用量从2015年的1.79千克/公顷减少到2018年的1.618千克/公顷，约减少了10%。

农药的主要成分有砷、汞、铅、铜等重金属，除虫菊酯、尼古丁。人工合成的有机农药有如DDT、六六六、异狄氏剂、艾氏剂、狄氏剂等，这些均为有机氯杀虫剂，属于持久性有机污染物，部分还可能具有环境内分泌干扰素的特性。

喷施于作物体上的农药，除部分被植物吸收或逸入大气外，约有一半散落于农田，这一部分农药与直接施用于田间的农药构成农田土壤中农药的基本来源。农药残留大致可分为果面残留、土壤残留和水体残留等。农作物从土壤中吸收农药，使农药在根、茎、叶、果实和种子中积累。土壤中农药残留过高则可导致作物出现生长缓慢、叶片黄化、果实畸形、大量减产等情况。农药残留还会导致周边环境失衡，动植物减少，微生物活性受到抑制，物质循环减慢、转化效率降低，土地愈发贫瘠，板结、盐渍化更加严重，作物更易产生病害。

农药中毒轻者表现为头痛、头昏、恶心、倦怠、腹痛等，重者出现痉挛、呼吸困难、昏迷、大小便失禁，甚至死亡。农药中有机物的健康风险可参见本书第3章。

7.2.4 病原体的危害

土壤中含有一定量的病原体，如肠道致病菌、肠道寄生虫、钩端螺旋体、破伤风杆菌、霉菌和病毒等，主要来自医院污水、未经处理的粪便、垃圾、生活污水、饲养场和屠宰场等。其中危害最大的是传染病医院产生未经消毒处理的污水和污物。大量具有传染性的细菌、病毒、虫卵随污水污物进入土壤，引起植物体各种细菌性病原体病害，进而引起人体的各种细菌性和病毒性的疾病，威胁人类生存。病原体可以在土壤中生存数10天到1年之久。

土壤病原体以肠道致病性原虫和蠕虫最为常见。土壤中致病的原虫和蠕虫主要通过消化道（如人蛔虫、毛首鞭虫等）、皮肤（如十二指肠钩虫、美洲钩虫和粪类圆线虫等）进入人体。全世界约有一半以上的人口受到一种或几种寄生性蠕虫的感染，热带地区的居民受害尤其严重。欧洲和北美较温暖地区以及某些温带地区人群易受某些寄生虫感染，有较高的发病率。

传染性细菌和病毒污染土壤后对人体健康的危害更为严重。一般来自粪便和城市生活污水的致病细菌属于沙门氏菌属（Salmonella）、志贺氏菌属（Shigella）、芽孢杆菌属（Bacillus）、拟杆菌属（Bacteroides）、梭菌属（Clostridium）、假单胞杆菌属（Pseudomonas）、丝杆菌属（Sphaerophorus）、链球菌属（Streptococcus）、分枝杆菌属（Mycobacterium）等。另外，随患病动物的排泄物、分泌物或尸体进入土壤而传染至人体的还有炭疽、破伤风、恶性水肿、丹毒等疾病的病原菌。

目前研究人员已发现土壤中有100多种可能引起人类致病的病毒，例如脊髓灰质炎病毒（polio viruses）、人肠细胞病变孤儿病毒（echo virus）、柯萨奇病毒（coxsackie viruses）等，其中最为危险的是传染性肝炎病毒（viruses of infections hepatitis）。通过土壤传播的植物病毒有烟草花叶病毒（tobacco mosaic virus）、烟草坏死病毒（tobacco necrosis virus）、小麦花叶病毒（tritimovirus）和莴苣巨脉病毒（lettuce big vein virus）等。

在果蔬病害当中，除黄瓜霜霉病（pseudoperonospora cubensis rostov）等极少数病害是借助气流和人们的农事活动从温室外面传入，绝大多数真菌性、细菌性病害和部分病毒性病害的病菌都是借助病残体在土壤中越冬。这些病害的初次侵染的几乎都是来自温室内的土壤。

细菌、真菌、病毒、寄生虫的危害详见本书第4章。

7.3　土壤污染的修复技术

土壤作为地球生物圈的重要组成部分，其健康直接影响着人类的福祉和环境的质量。随着工业化进程的加速，土壤污染已成为全球性问题，多种物理去除、化学固化、生物修复等手段在土壤修复领域得到了广泛应用。本节旨在探讨这些技术的应用，同时分析管理措施实施的有效性与挑战，强调建立长期监测体系的重要性。为土壤修复和管理提供全面、系统的策略，以促进环境健康与可持续发展。

7.3.1　控制和消除土壤污染源

污染源控制是预防土壤污染的第一步，包括加强工业排放管理、推广绿色开采技术、减少化学物质的使用等。对受污染土地的监管与治理包括建立完善的法律法规体系，确保污染排放标准的执行，对已污染土壤进行分类管理，采用适宜的修复技术。

控制和消除土壤污染源的方法有控制和消除工业“三废”排放、加强污染区土壤质量的监测和管理、合理使用化肥和农药、改良土壤和提高土壤净化能力、施用化学和生物的改良剂、控制氧化还原条件、改变耕作制度等。

7.3.2　土壤污染修复技术分类

土壤的修复技术有物理法（热力、电力、热解吸、焚烧、填埋）、化学法（淋洗、渗透墙、氧化还原等）和生物法（堆肥、植物、微生物）。根据处理地点，可以分为原位土壤修复和异位土壤修复。对土壤污染的主要修复策略是转移或固定。

7.3.2.1　原位土壤修复和异位土壤修复

原位土壤修复指不移动受污染的土壤，直接在场地发生污染的位置对其进行修复或处理的技术，具有投资少、对周围环境影响小的特点。原位土壤修复技术主要有原位淋洗、气相抽提（SVE）、多相抽提（MPVE）、气相喷射（IAS）、生物降解、原位化学氧化（ISCO）、原位化学还原、污染物固定、植物修复等。

异位土壤修复指将受污染的土壤从发生污染的位置挖掘或抽提出来，搬运或转移到其他场所或位置进行治理修复的技术。异位土壤修复涉及挖土和运土，破坏了原土壤结构，很难治理污染较深的区域，并且操作成本高，应用性比原位土壤修复差。异位土壤修复技术主要包括异位填埋、异位固化、异位化学淋洗法、异位化学固化稳定化、异位热处理和一系列的异位生物修复法等。

应根据污染物的种类、浓度和土壤类型，以及修复时间和成本综合考虑选择何种方法。目前，国内外的土壤污染修复技术以异位土壤修复为主，主要是因为修复的速度较快。但原位土壤修复的生物法，对环境更为友好，成本较低，缺点是修复时间长。

7.3.2.2　化学修复技术

化学修复技术就是向土壤投入改良剂、抑制剂等化学物质，利用化学分解或固定反应改变污染物的结构或降低污染物的水溶性、迁移性或生物有效性。其原理包括沉淀、吸附、氧化还原、催化氧化、质子传递、脱氯、聚合、水解等。

电动力学法的基本原理是土壤中的污染物在直流电场作用下定向迁移，富集在电极区域。具体操作方法是在污染区域插入电极，并施加直流电以形成电场，再通过其他方法（电镀、沉淀/共沉淀、抽出、离子交换树脂等）去除污染物。

淋洗/溶剂浸提修复技术是指借助能促进土壤环境中的污染物溶解或迁移的化学、生物溶剂，在重力作用下或通过水力压头推动清洗液，将其注入到被污染的土层中，然后把含有污染物的液体从土层中抽提出来，再进行分离和污水处理的技术。

清洗技术是指添加具有增溶、乳化效果的表面活性剂/洗脱剂，以提高污染土壤中污染物的溶解性及其在液相中的可迁移性。

化学氧化修复技术主要是指在土壤中添加化学氧化剂，使污染物与之发生氧化反应，最终使污染物降解或转化为低毒、低移动性产物的一种技术。常用的氧化剂是$KMnO_4$、H_2O_2和臭氧气体等，主要用来修复被油类、有机溶剂、多环芳烃（如萘）、五氯酚、农药以及非水溶态氯化物（如TEC）等污染物污染的土壤。

相较于其他污染修复技术，化学修复技术发展较早，也相对成熟。它既是一种传统的修复方法，同时由于新材料、新试剂的发展，它也是一种仍在不断发展的修复技术。

7.3.2.3 生物修复技术

从广义上说，土壤的生物修复技术包括植物修复、微生物修复。植物修复利用植物的根系吸收、转运、固定重金属，通过植物收获或自然衰亡过程，将重金属从土壤中去除。植物修复具有成本低、对土壤生态影响小等优势，但其效率受多种因素影响，如植物种类、土壤条件等。微生物修复通过特定微生物的代谢活动，降解有机物，或将重金属转化为生物可利用性低的形态，是一种资源消耗性小、环境影响低的修复方式。这些生物修复技术在某些特定条件下表现出高效性，但其应用仍需考虑成本、效率和长期稳定性等问题。狭义的生物修复特指微生物修复。

1. 植物修复（phytoremediation）

20 世纪 80 年代，Chaney 提出利用超积累植物清除土壤重金属污染。可以有效清除重金属污染的植物最好具有下列特征：生长快速、根系能深植土壤、容易收割、能够耐受并累积多样化重金属。

自 1999 年起，我国开始开展植物修复的实践，在国家“863”计划、“973”计划和国家自然科学基金重点项目的支持下，地理科学与资源研究所环境修复中心研究员陈同斌带领的研究组筛选出一种砷超富集植物——蜈蚣草，它富集砷的能力是普通植物的 500 倍，从而解决了砷污染土地植物修复技术中的一系列关键难题。依据这一发现，我国建立了国际上第一个砷污染土地的植物修复示范工程，并先后在广西河池和云南红河州推广应用这一植物修复技术。

2. 微生物修复（bioremediation）

重金属污染土壤的微生物修复原理主要包括生物富集（如生物积累、生物吸附、生物絮凝）和生物转化（如生物氧化还原、甲基化与去甲基化以及重金属的溶解和有机络合配位降解等）。有机物污染土壤的微生物修复原理主要包括微生物的降解和转化，通常依靠氧化作用、还原作用、基因转移作用、水解作用等反应模式来实现。

土壤的微生物修复既可以采用原位修复，也可以采用异位修复，其优势是成本低、对土壤肥力和代谢活性负面影响小，缺点是微生物遗传稳定性差、易发生变异，一般不能将污染物全部去除。微生物对重金属的吸附和累积容量有限，而且修复过程中须与土著菌株竞争，受环境影响显著，修复时间长。

7.3.2.4 常用的土壤修复技术

常用的土壤修复技术包括物理方法和化学方法。这些方法成本高，难于管理，易造成二次污染，且对环境扰动大，但因其修复周期短，仍然在实际修复中占有主导地位（图 7-2）。

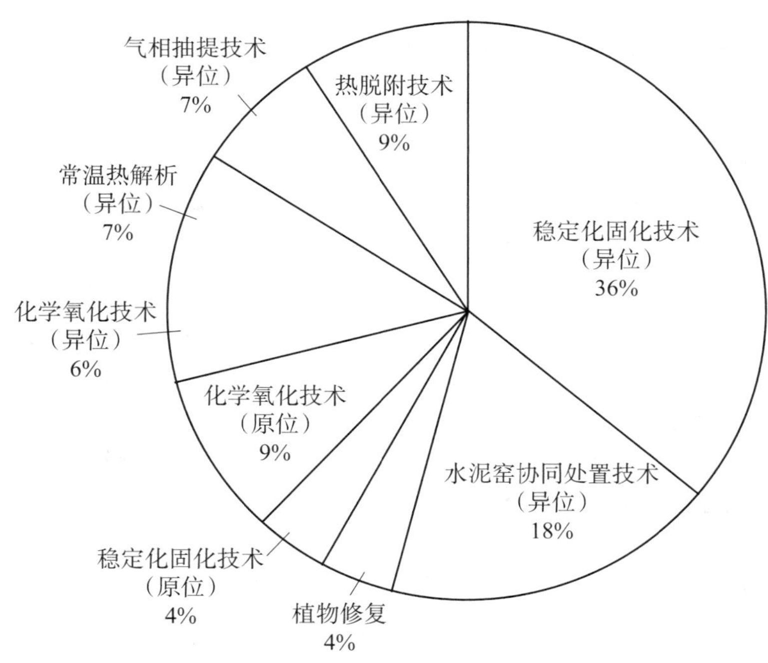

图7-2　主流的土壤修复技术占比情况

土壤修复技术的成本与污染物的种类、浓度、水文地质条件、所采用的技术及处理规模有关，目前常用技术的一般性成本见表7-1。

表7-1　不同修复技术的成本参考

技术名称	参考成本	
	国外	中国
异位稳定化固化技术	小型场地为160～245美元/m^3，大型场地为90～190美元/m^3	500～1500元/m^3
异位化学氧化还原技术	200～660美元/m^3	1500～1500元/m^3
异位热脱附技术	中小型场地（2万t以下）为100～300美元/m^3，大型场地（大于2万t）为50美元/m^3	600～2000元/t
异位洗脱技术	美国为53～420美元/m^3， 欧洲为15～456欧元/m^3， 平均为116欧元/m^3	600～3000元/m^3
水泥窑协同处置技术	—	800～1000元/m^3
原位稳定化固化技术	浅层处理为50～80美元/m^3， 深层处理为195～330美元/m^3	—
植物修复技术	25～100美元/m^3	100～400元/t
生物堆肥技术	130～260美元/m^3	300～400元/m^3
原位生物通风技术	13～27美元/m^3	—

7.3.3 几大类土壤污染的修复方法

1. 重金属污染修复方法

土壤重金属污染修复技术主要包括物理技术、化学技术、生物技术、农业生态技术和联合修复技术等。物理性的工程措施主要包括客土、换土和深耕翻土等。深耕翻土用于轻度污染土壤，而客土和换土是重污染区常用的修复方法。

化学修复包括电动修复、淋洗、稳定/固化技术。土壤淋洗技术是将水或含有冲洗助剂的螯合剂（柠檬酸、EDTA、DTPA、EDDS）、酸/碱溶液（H_2SO_4、HNO_3）、络合剂（醋酸、醋酸铵、环糊精）、表面活性剂（APG、SDS、SDBS、DDT、鼠李糖脂）等淋洗剂注入土壤或沉积物中，洗脱和清洗土壤中的污染物。固化技术主要包括化学沉淀、化学氧化还原等。它是通过化学反应将重金属转变为不易迁移的形态，以弱化重金属的生物可利用性。该方法成本相对较低，应用范围较为广泛。例如施用石灰或碳酸钙可提高土壤pH值，促使土壤中的Cd、Cu、Hg、Zn等元素形成氢氧化物或碳酸盐结合态沉淀。然而，固化过程中可能产生新的化学物质，需注意其潜在环境和健康影响。此外，固化后的土壤处置也是一个重要问题，需考虑土壤处置的长期稳定性。微生物修复是利用活性微生物吸附或转化重金属的特性，降低重金属污染程度。用于微生物修复的菌种主要有细菌、真菌和放线菌。目前，微生物修复是最具发展潜力和应用前景的技术，但微生物个体微小，难以从土壤中分离，还存在与修复现场土著菌株竞争等问题。

2. 石油污染修复方法

20世纪80年代以前，石油污染的治理方法仅限于物理和化学方法。早期的焚烧法、热修复法、换土法、隔离法、机械法等物理方法，要求高温、机械设备或较多的人力等，成本较高，而且没能从根本上解决污染问题，主要是使污染物发生了转移，还需要对污染物进行进一步处理。目前，这些物理方法多应用于一些突发性紧急事件，取而代之的电修复法、通气法及净化土壤工艺等一批经济可行的新技术、新工艺逐渐成为研究热点。

异位淋洗法是修复土壤石油污染的一种常用方法，其所使用的表面活性剂是众多淋洗剂中研究最多和应用最广的。采用表面活性剂溶液可增加石油的溶解性，促使其从土壤里转移到水中，从而实现对土壤的修复。

而今，世界各国都开始采用生物的方法来治理石油污染，通过添加高效石油降解菌、补充微生物生长所需的氮磷等营养物质，提高石油烃的生物降解率和效率。此外，研究人员已开发了生物堆、堆肥及土壤泥浆反应器等好氧修复工艺修复受石油烃污染土壤，但所获得的降解菌可产生具有高生态风险的产物。最近的研究表明，以厌氧还原脱氯为特征的厌氧微生物修复技术有很大的潜力。也有人利用植物根系的微生物来加速石油的降解。

3. 残留农药污染修复方法

对于土壤中的残留农药，首先要从源头上加以控制，按需施药，合理或减少施用化学农药，增施有机肥料，提高土壤对农药的吸附量，减轻农药对土壤的污染。还可采取生物防治方法，施用针对性的微生物菌剂，以减少农药的施用以及农药残留，减轻农药残留的危害。同时，还可通过调控土壤 pH 和 Eh，施加土壤改良剂和刺激剂的方法改善土壤理化性质，加快农业残留的分解。

对于已经被农药污染的土壤，可采用电化学法、客土法、热解析法（针对挥发性有机物）、淋洗法（针对重金属或有机物）等进行原位或异位修复。确保农田达到农用地标准后再继续耕种。

4. 病原体污染修复方法

连作是“病土”形成的主要人为因素，主要原因是连续种植一类作物，使相应的某些病菌得以连年繁殖，并在土壤中大量积累。大量施用化肥尤其氮肥可刺激土传病菌中的镰刀菌、轮枝菌和丝核菌生长，从而加重了土传病害。

抑制根围系统病原物的活动是保护根系并进行土传病害防治的基础。同时，必须重视和考虑土壤理化因素对植物、土壤微生物和根部病原物三者之间相互关系的制约作用。比如，可利用温室封闭性能好的特点消灭菌源，在暑季室内作物换茬时，采取水淹、火烧、高温焖室等技术措施，铲除室内土壤中的病菌，净化土壤，力争室内无菌。

此外应注意肥料卫生，严防带菌肥料进入温室；施用的有机肥料，必须经过暑季高温处理。充分腐熟并用药液细致喷洒杀菌后，方可施用肥料。此外，在育苗时，要选用无菌基质配制营养土，并用药液细致喷洒营养土或用杀菌剂彻底杀灭土内残存病菌。或用石灰消毒营养土，因为石灰既可杀菌又可中和土壤的酸性，可减少土传病害的发生。

实行轮作可恶化病菌的生态条件，减少侵染；增施有机肥料、磷钾肥料和微量元素肥料，调整好植株营养生长与生殖生长的关系，维持植株健壮长势，提高作物的抗病性。

7.4　土壤环境质量

7.4.1　土壤生态风险阈值

1. 定义

土壤的风险阈值是指土壤中某一污染物达到或超过特定浓度后，对土壤生态系统中的植物、微生物、无脊椎动物等生态受体产生不良或有害影响的剂量或浓度。我国现行的土壤污染风险管控标准聚焦食物链累积风险和人体健康风险评估。建立基于土壤生态风险阈值的环境质量标准，对于实现土壤污染的精准识别、评估和治理具有重要意义。

土壤生态风险阈值不仅是一个理论概念，也是连接科学理论与环境保护政策的重要桥梁。它是指土壤生态系统对特定环境压力（如污染物浓度较高、气候变化、土地开发等）能够承受的最大限度。当环境压力超过这一阈值时，土壤生态系统便会受到影响，出现功能下降、物种多样性减少、服务功能减弱等现象。这一阈值的设定基于对生态系统结构、功能、生物多样性的深入了解，以及对已知的环境影响机制和生态系统响应模式的科学分析。

土壤生态风险阈值可应用于不同层面，从政策制定到实际操作，都发挥了关键作用。在政策制定层面，土壤生态风险阈值为制定环境标准、保护法规和管理政策提供了科学依据，确保了政策的有效性和针对性。在实际操作中，阈值的概念被用来指导污染控制、生态系统修复、生物多样性保护等具体行动。例如，在水资源管理中，设定河流流量或者水质标准，有助于确保生态系统的健康和生物多样性的维持。随着全球气候变化、环境污染和生物多样性的丧失等挑战的加剧，土壤生态风险阈值的应用显得尤为重要。它不仅帮助我们理解当前环境压力对生态系统的影响，还为预测未来变化、制订适应性管理和恢复策略提供了基础。

2. 生态风险阈值的界定与评估

生态风险阈值的界定方法是环境科学中的一个关键领域，旨在量化特定环境压力水平下生态系统功能和生物多样性的临界点。这不仅涉及对生态学、生物学的深入理解，还包括了对统计学、模型构建、数据分析等多学科知识的综合运用。通过精确界定生态风险阈值，科学家和决策者能够更有效地评估环境变化对生态系统的影响，从而制定出更科学、更合理的保护策略和管理措施。

特定环境与物种的生态风险评估通过科学识别和量化环境变化对生态系统和生物多样性的影响设定生态风险阈值。这一评估过程不仅要求深入理解生态系统的基本原理，还需要运用多学科知识，包括生态学、生物学、统计学、模型科学等，以预测和评估不同环境变化对生物多样性、生态系统服务和人类福祉的影响。

7.4.2 土壤环境质量标准

环境标准制定是根据土壤污染状况和修复技术的进展，不断更新和完善标准，以适应不同地区需求。土壤环境质量标准规定了土壤中污染物的最高允许浓度或范围，是判断土壤质量的依据。

我国于2016年5月颁布了《土壤污染防治行动计划》，又被称为“土十条”，要求对农用地实施分类管理，保障农业生产环境安全；实施建设用地准入管理，防范人居环境风险；明确要求土壤污染防治坚持预防为主，保护优先，风险管控。我国于2019年1月颁布了《中华人民共和国土壤污染防治法》，对于土壤污染以及污染行为的处罚做出了明确的法律规定。目前我国有两个试行的土壤环境质量标准：《土壤环境质量 农用地土壤污染风险管控标准（试行）》（GB 15618—2018）和《土壤环境质量 建设用地土壤污染风险管控标准（试行）》（GB36600—2018）。

1.《土壤环境质量 农用地土壤污染风险管控标准（试行）》

该标准为强制性标准，替代了《土壤环境质量标准》（GB15618—1995），遵循风险（阈值）管控的思路，提出了风险筛选值和风险管制值的概念，不再使用类似于水、空气环境质量标准的达标判定方法，而是使用风险筛查和分类管理方法，更符合土壤环境管理的内在规律，更能科学合理地指导土地安全利用，保障农产品质量安全。该标准将农用地划分为优先保护类、安全利用类、严格管控类。

（1）风险筛选值：农用地土壤中污染物含量等于或者低于筛选值的，在农产品质量安全、农作物生长或土壤生态环境方面的风险低，一般情况下可以忽略。对于此类农用地，应切实加大保护力度。超过筛选值的农用地，在农产品质量安全、农作物生长或土壤生态环境方面可能存在风险，应加强监测，原则上应当采取安全利用措施。

（2）风险管控值：农用地土壤中污染物含量超过该值的，食用农产品不符合质量安全标准等农用地土壤污染风险高，且难以通过安全利用措施降低风险。对于此类农用地，原则上应当采取禁止种植食用农产品、退耕还林等严格管控措施。

农用地的利用层级与风险筛选值、管控值的关系见图7–3。

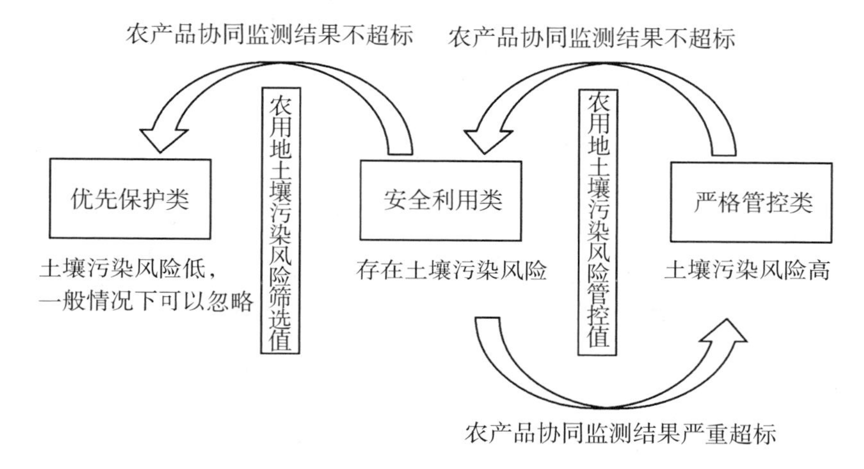

图7–3　农产品种植对土壤污染物风险筛选值和风险管控值的要求

土壤污染物含量介于风险筛选值和风险管控值之间的，可能存在食用农产品不符合质量安全标准等风险。对此类农用地原则上应当采取农艺调控、替代种植等安全利用措施，降低农产品超标风险。农用地土壤污染物的风险筛选值和风险管控值分别见表7–2和表7–3。

表7–2《土壤环境质量　农用地土壤污染风险管控标准（试行）》的风险筛选值

（单位：mg/kg）

序号	污染物项目			风险筛选值			
				pH ≤ 5.5	5.5 < pH ≤ 6.5	6.5 < pH ≤ 7.5	pH > 7.5
1	重金属	镉	水田	0.3	0.4	0.6	0.8
			其他	0.3	0.3	0.3	0.6
2		汞	水田	0.5	0.5	0.6	1.0
			其他	1.3	1.8	2.4	3.4

续表

序号	污染物项目			风险筛选值			
				pH ≤ 5.5	5.5 < pH ≤ 6.5	6.5 < pH ≤ 7.5	pH > 7.5
3	重金属	砷	水田	30	30	25	20
			其他	40	40	30	25
4		铅	水田	80	100	140	240
			其他	70	90	120	170
5		铬	水田	250	250	300	350
			其他	150	150	200	250
6		铜	果园	150	150	200	200
			其他	50	50	100	100
7		镍		60	70	100	190
8		锌		200	200	250	300
9	有机物	六六六总量		0.10			
10		滴滴涕总量		0.10			
11		苯并［a］芘		0.55			

表 7–3 《土壤环境质量　农用地土壤污染风险管控标准（试行）》的风险管控值

（单位：mg/kg）

序号	污染物项目	风险管控值			
		pH ≤ 5.5	5.5 < pH ≤ 6.5	6.5 < pH ≤ 7.5	pH > 7.5
1	镉	1.5	2.0	3.0	4.0
2	汞	2.0	2.5	4.0	6.0
3	砷	200	150	120	100
4	铅	400	500	700	1000
5	铬	800	850	1000	1300

2.《土壤环境质量 建设用地土壤污染风险管控标准（试行）》

该标准将建设用地划分为两类，以保护人体健康为目标。其中第一类用地是儿童和成人均存在长期暴露风险的用地，主要是居住用地。考虑到社会敏感性，标准将公共管理与公共服务用地中的中小学用地、医疗卫生用地和社会福利设施用地列入第一类用地，将公园绿地中的社区公园或儿童公园用地也列入第一类用地。第二类用地是成人存在长期暴露风险的用地，主要是工业、物流仓储、商业服务业设施、道路与交通设施、共用设施、公共管理与服务、绿地及广场等的用地。

该标准中的土壤污染风险筛选必测项目共有45项，包括7项重金属和无机物（砷、铬（VI）、镉、铜、铅、汞、镍）、27项挥发性有机物（氯代烃（烯）、苯系物等）和11项半挥发性有机物（硝基苯、苯胺、2-氯酚、苯并[a]芘等）。

7.4.3 修复后的跟踪监测及评估

建立长期监测体系是评估修复效果、指导决策的关键。通过定期监测土壤、植物、生物体中的污染物含量，可以评估修复技术的效率和潜在影响，以及环境风险的变化。监测数据对于调整修复策略、预测环境变化、评估恢复效果具有重要意义。此外，还需关注监测结果的可比性和可靠性，以确保数据的科学性和决策的准确性。土壤修复的实施需结合物理、化学、生物等多技术手段，同时采取有效的管理措施，以实现污染控制和环境恢复的双重目标。长远来看，建立完善的监测体系和提供持续的科研投入，对于解决土壤污染问题、保障环境健康与可持续发展具有不可替代的作用。未来，随着技术的不断进步和管理经验的积累，土壤修复与管理策略将更加科学、高效，为构建绿色、健康、可持续的地球环境贡献更多力量。

思考题

1. 土壤与废水中的重金属的修复策略有何异同？
2. 如果土壤中存在病原体污染，可以采取什么措施修复？
3. 一般情况下，选用原位修复或异位修复时需要考虑哪些因素？
4. 重金属污染的土壤可采用哪些化学、物理或生物修复策略？其效果是什么？
5. 要如何提高受有机物污染的土壤的修复效率？
6. 对于已经完成修复的土壤，后期应如何管理？如何防止污染物的二次释放？

参考文献

[1] LIU X J, TIAN G J, JIANG D, et al. Cadmium (Cd) distributionand contamination in Chinese paddy soils on national scale [J]. Environmental Science and Pollution Research, 2016, 23: 17941-17952.

[2] PHILIP J R. Plant water relations: Some physical aspects. Annual Review of Plant Physiology, 1966 (17): 245-268.

[3] 骆永明. 重金属污染土壤修复与管理研究 [J]. 中国科技成果, 2012 (20): 21-22.

[4] 廖启林，范迪富，金洋，等. 江苏农田土壤生态环境调查与评价 [J]. 江苏地质，2006，30 (1)：32-40.

[5] 宋伟，陈百明，刘琳. 中国耕地土壤重金属污染概况 [J]. 水土保持研究，2013，20 (2)：293-298.

第8章　物理因素与人体健康

8.1　电磁辐射和电离辐射

辐射（radiation）指的是由发射源发出的电磁能量中的一部分能量脱离场源向远处传播，而后不再返回场源的现象。能量以电磁波或粒子的形式向外扩散，包括电磁波、可见光、热辐射等。辐射存在于整个宇宙空间，主要分为电离辐射和非电离辐射两类。

电离辐射指携带的能量足以使原子或分子中的电子成为自由态，从而使这些原子或分子发生电离的辐射。电离辐射的特点是波长短、频率高、能量高。能够引起电离辐射的粒子有高速带电的α粒子、β粒子及质子，以及不带电的中子。X射线和γ辐射也是电离辐射的形式。根据2017年10月27日世界卫生组织国际癌症研究机构公布的致癌物清单初步整理参考，电离辐射（所有类型）在1类致癌物清单中。

非电离辐射是指能量比较低，并不能使物质的原子或分子发生电离的辐射，例如可见光、紫外线、红外线、激光、微波、无线电波、雷达波等。

8.1.1　电磁辐射

电磁波是一种物质存在形式，如阳光、闪电、被加热物体散发出来的热能等。电磁辐射是电磁能量以电磁波的形式通过空间以光速传播的现象。可按电磁波波长、频率排列成若干频率段，形成电磁波谱。辐射频率越高，该辐射的量子能量越大，其生物学作用也越强。发电厂、广播、电视、通信发射系统以及手机、家用电器都是电磁辐射发射源。太阳所发出的红外线和可见光是自然界中最强的电磁辐射，太阳是我们所处的环境中最强的电磁辐射源，红外线和可见光可以引起人体的表层发热。

1. 紫外线

紫外线在电磁波谱中的频率为750 THz～30 PHz，对应真空中波长为10～400 nm辐射的总称，不能引起人的视觉。根据波长，紫外线可分为长波紫外线（UVA，320～400 nm）、中波紫外线（UVB，280～320 nm）、短波紫外线（UVC，100～280 nm）和超短波紫外线（EUV，10～100 nm）。短波紫外线能穿过真皮，中波紫外线能进入真皮，因此，紫外线的波长愈短，危害越大。UVA会导致皮肤晒黑、炎症；UVB能灼伤皮肤，可能诱发皮肤癌；UVC和EUV一般会被臭氧层阻隔（图8–1）。

紫外线照射人体时，能促进人体合成维生素D，防止患佝偻病。同时，紫外线照射会让皮肤产生大量自由基，导致细胞膜的过氧化反应，使黑色素细胞产生更多的黑色素，并分布到表皮角质层，造成黑色斑点。紫外线辐射是一种已证实的人类致癌物，可导致基底细胞癌（BCC）和鳞状细胞癌（SCC）。2020年，全球共检出150多万例皮肤癌，

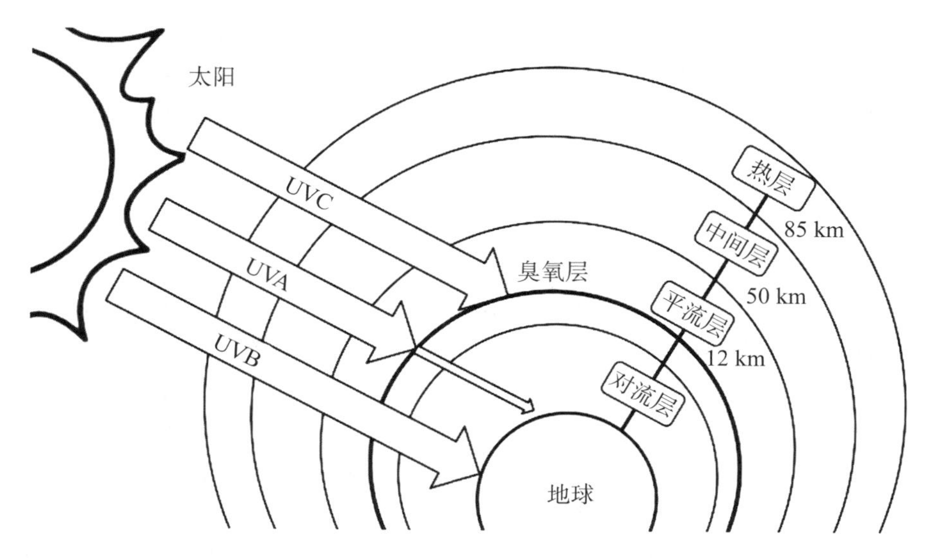

图8-1 宇宙中紫外线辐射到地球的拦截效应

并报告了12万例以上皮肤癌死亡病例（世界卫生组织，2022）。

杀菌是紫外线最常见的功能。适量的紫外线照射还能治疗干癣、白斑等皮肤病变，但要注意防护，尤其要保护眼睛。紫外线对人眼有强烈的刺激作用，因其波长短、频率高、能量高，在眼睛视网膜区域的穿透力强，长时间的紫外线照射可以使视网膜发生黄斑性病变。紫外线还是导致“雪盲症”的罪魁祸首，雪盲症是指在强烈的阳光照射下，或者在雪地、高山等强烈反射阳光的地方，人的眼睛会感到刺痛、不舒服，这是阳光中所包含的大量紫外线和蓝紫光造成的，所以在攀登雪山或极地探险时，往往需要通过戴护目镜来防止紫外线对眼睛造成伤害。电子产品屏幕也会放出少量的紫外线和大量接近于紫外线频段的紫光和蓝光，若长时间使用电子产品，高能紫外线和蓝紫光对人眼睛也会造成巨大且不可逆的伤害，进而导致视力下降，视线模糊、发黄、昏暗等，并且可能会造成黄斑性病变。据估计，全世界共有1800万人因白内障而失明，其中约10%可能是因为暴露于紫外线辐射（世界卫生组织，2022）。

2. 红外线

红外线（infrared ray）又称红外辐射，介于可见光和微波之间、波长范围为0.76～1000 μm的红外波段的电磁波。红外线属于不可见光。红外线具有很强的热效应，它能够与生物体内大多数无机分子和有机大分子发生共振，使这些分子运动加速并相互摩擦，进而产生热量。红外线频率较低，所具有的能量不足以造成原子、分子的解离。

在红外线区域中，对人体最有益的波段就是4～14 μm，这个波段在医学界被统称为“生育光线”，因为这个红外线波段可促进生命生长、活化细胞组织，促进血液循环，提高免疫力，加强人体的新陈代谢，有助于伤口愈合等。

值得注意的是，红外线是一种热辐射，可对人体造成高温伤害。较强的红外线可造成与烫伤类似的皮肤伤害，最初引起灼痛，然后造成烧伤。红外线对眼的伤害有几种不同情况：波长为0.75 ～1.3 μm的红外线的眼角膜透过率较高，可造成眼底视网膜的伤害。尤其是 1.1 μm 附近的红外线，虽然不伤害眼的前部介质（角膜晶体等），但能直接造成眼底视网膜烧伤。波长 1.9 μm 以上的红外线，几乎能全部被角膜吸收，会造成角膜烧伤（混浊、白斑）。波长大于 1.4 μm 的红外线的能量绝大部分能被角膜和眼内液所吸收，透不到虹膜。0.3 μm 以下的红外线能透到虹膜，造成虹膜伤害。人眼如果长期暴露于红外线，可能引起白内障。

3. 无线电波

无线电波是电磁波的一种，频率大约在 300 GHz 以下。在不同的波段内的无线电波具有不同的传播特性。无线电波频率越低，传播损耗越小，覆盖距离越远，绕射能力也越强。低频段的无线电波主要应用于广播、电视、巡呼、微波通信等系统。

Wi-Fi 信号通常工作在 2.4 GHz 和 5 GHz 频段。这些频段属于微波范围，仍然属于无线电波。电脑、电视等家用电器的磁场平均辐射强度远小于 1 μT；即便是“辐射大户”微波炉，其辐射功率密度也一般不会超过 2 W/m^2。因此，普通家用电器的电磁辐射并不会对人体造成伤害。电视塔通信基站辐射量非常小，在一墙之隔的距离下，辐射值为 0.31 mW，而国家规定的公众基站辐射值＜40 mW/cm^2，所以无须过分担忧它的辐射量。

若长期暴露于高能级电磁波（电磁波能级超过相应频率的限值）的环境下，其伤害程度就会累积，即使功率较小、频率较低的高能电磁波，也有可能诱发想不到的病变。据有关专家介绍，我国使用的移动电话的发射频率均在 800～1000 MHz，其辐射剂量可达 600 mW，超出国家标准 10 多倍，而超量的电磁辐射会造成人体神经衰弱、食欲下降、心悸胸闷、头晕目眩等“电磁波过敏症”，甚至引发脑部肿瘤。有科学家经过长期研究证明：长期接受电磁辐射会造成人体免疫力下降、新陈代谢紊乱、记忆力减退、提前衰老、心律失常、视力下降、听力下降、血压异常、皮肤产生斑痘等健康问题，甚至导致各类癌症。世界卫生组织国际癌症研究机构在 2014 年将移动电话形成的电磁场列为可能导致人类癌症的物质（世界卫生组织，2014）。

8.1.2 电离辐射

作用于人体的电离辐射来自天然辐射和人工辐射。天然辐射包括来自太阳的辐射、宇宙射线和地壳中的放射性核素。从地下溢出的氡是自然界辐射的另一种重要来源。从太空来的宇宙射线包括能量化的光量子、电子、α 射线、β 射线、γ 射线和 X 射线。在地壳中发现的放射性核素主要有铀、钍和钋。来自人工辐射源或加工过的天然辐射源的电离辐射称为人工辐射，如医疗照射、核反应堆及其辅助设施的照射。

能够引起电离辐射的几种射线的性质如下。

α 射线是由 α 粒子组成的，这些粒子由两个质子和两个中子组成，因此相对较重。α 射线在空气中的射程只有几厘米，一张纸或几厘米厚的健康皮肤，就可将它吸收或阻挡。因此 α 粒子可能通过食入或吸入的方式进入人体，主要危害骨骼。

β 射线是由 β 粒子组成的，这些粒子是电子或正电子，单个电荷重量只有质子质量的 1/1837。β 射线的电离能力比 α 射线弱，但穿透能力比 α 射线强。与 X 射线、γ 射线比，β 射线的射程短、穿透力弱，很容易被薄的金属片（如铝箔）、玻璃及有机玻璃等材料吸收，主要影响皮肤及表浅组织，如造成白内障。

X 射线和 γ 射线：两者的性质大致相同，差别在于 γ 射线是由原子核发射出来的辐射，而 X 射线是在原子核外部产生的辐射。它们和光速一样快，能穿透大多数物体，在介质中穿过后波长不会发生变化但辐射强度会逐渐减弱。γ 射线可以被 1 米到几米的水、混凝土，几厘米到十几厘米的钢或铅完全阻挡。多数放射源在释放 γ 射线时释放出 α 射线、β 射线或中子射线。X 射线的能量比 γ 射线的能量稍低。X 射线对人体伤害最大，还能产生蓄积作用，要特别注意做好照射防护。

生活在地表的人平均每年会受到 0.4 mSv 的宇宙射线照射。西藏是我国宇宙辐射剂量最高的地区，年辐射量约为 1.1 mSv。飞机乘客也会接收到一定的辐射，如在距地面 1 万米处的宇宙射线照射强度超过海平面的 100 多倍。空乘人员每天在高空停留 4～5 小时，人均年受照剂量为 4.5～7 mSv，已接近或超过我国辐射防护标准规定的公众受照剂量的控制上限（5 mSv）。

自 1895 年发现 X 射线以及 1896 年发现天然放射性后，人们观察到一系列的电离辐射对人体组织有危害作用。对电离辐射的最大担忧是它可能会使受到照射的人员患上致命的疾病，以及使后代出现遗传缺陷。日常做医学检查或治疗时的 X 射线电离辐射剂量见表 8–1。

表 8–1　做医学检查或治疗时的 X 射线电离辐射剂量

项目	接受剂量
胸部透视	1.04 mGy
胸部拍片	1.07 mGy
胆囊造影	25 mGy
心血管造影	30 mGy
消化道造影	51.6 mGy
肿瘤治疗（一个疗程）	8～16 Gy

1939 年核裂变的发现及其应用极大地推动了电离辐射对生命物种（人类物种和非人类物种）影响效应的研究。X 射线、γ 射线属于高能电磁辐射，能够直接破坏人体的分子结构，包括蛋白质、DNA 等的结构，从而导致人体发生病变，甚至导致癌症。卡拉恰伊湖（Lake Karachay）被世界观察研究所确定为地球上“污染之最”，该地在 1951 年用作苏联一座废弃的核设施的核废料倾倒区，废料中包括半衰期长达 30 年的锶 –90 和铯 –137，湖附近的辐射强度高达 600 R/h，即使在这里站 1 小时都会因中毒而死（Lenssen，1991）。该地区的癌症发病率在过去几十年内提高了 21%，出生缺陷率提高了 25%，白血病发病率提高了 40%，有多达 65% 的村民患上辐射病。

8.1.3 辐射的防护

1. 电磁辐射防护

电磁辐射和电磁辐射污染是两个概念，任何带电体都有电磁辐射，电磁辐射强度超过国家标准时，就会产生负面效应，引起人体的病变，这部分超过标准的电磁场强度的辐射叫电磁辐射污染。一般地说，判定电磁辐射是否对居住环境造成污染，应从电磁辐射强度、主辐射方向、与辐射源的距离、持续时间等方面综合考虑。

可能产生强电磁波的工作场所和设施，如电视台、广播电台、雷达通信台站、微波传送站等，应尽量设在远离居住区的远郊或地势高的地区。必须设置在城市内、邻近居住区域和居民活动场所的设施，如变电站等，应与居住区保持一定安全防护距离，保证其边界符合环境电磁波卫生标准的要求。同时，对电磁波辐射源需选用能屏蔽、反射或吸收电磁波的铜、铝、钢等金属丝或高分子膜等材料制成的物品进行电磁屏蔽，将电磁辐射能量限制在规定值内。

电磁辐射危害人体的机理主要是热效应、非热效应和积累效应等。一般来说，我们所处的空间中的无线电波和微波是比较弱的，引起的发热现象并不明显，完全可以忽略。在处于安全的电磁环境下，电磁波（电磁波能级未超过相应频率的限值）并不会对我们的健康产生危害。目前主流的电视、电脑显示器已经全部采用液晶显示屏，本身产生的除可见光之外的电磁波能级很低，在使用时与人体保持一定距离，无须另行采取防护措施。

在日常生活中，有很多方法可以减轻辐射对我们的影响，如拨打和接听手机时，尽量采用免提的方式接听；使用电磁炉和微波炉 时应尽量远离（至少大于 1 m）；入睡前最好关闭电热毯，切忌长期在通电的电热毯上逗留。目前常用的 Wi-Fi 设备在开启时距离人体 1 m 以上即可；吹风机等依靠电机驱动的小家电，因使用时间较短，也无须特别设定安全距离。对于在寒冷天气下使用的取暖设备（如取暖器），应当设置 0.5 米以上的安全使用距离，避免烫伤和电磁辐射。在饮食方面，可以多食用具有减轻电磁波辐射危害的食物，如海带、海藻、裙菜、猪血、牛奶、甲鱼、蟹等。

2. 电离辐射防护

就个体而论，电离辐射的健康效应分为两种：躯体效应和遗传效应。躯体效应是指发生在受照射个体身上的损伤效应，遗传效应是指损伤发生在受照个体后代的一种效应。就发生机理而论，电离辐射的健康效应分为确定性效应和随机性效应。按效应发生的时间，电离辐射还可以分为急性效应和远后效应，前者是指个体在短时间内接受相当大剂量的辐射后即刻或不久发生的损伤表现，后者则是指个体在短时间内接受一定剂量的辐射后或长期过量慢性照射并累积到一定剂量后经过较长时间（通常 6 个月以上，若干年甚至几十年）才表现出来的损伤。

在电离辐射作用下，机体的反应程度取决于电离辐射的种类、剂量、照射条件及机体的敏感性。电离辐射可引起放射病，它是机体的全身性反应，几乎所有器官、系统均发生病理改变，但以神经系统、造血器官和消化系统的改变最为明显。因此，做好电离辐射的防护可以从以下3个方面着手。

时间防护：因人体接受的电离辐射的量与照射时间成正比，所以减少接触辐射源的时间，就可以减少人体接受的辐射剂量。比如在接触辐射源时，应熟练、准确、迅速，以减少受照时间。

距离防护：电离辐射的强度与距离平方成反比，所以增加人体与辐射源之间的距离，可以显著地减少人体接受的辐射剂量。比如通过使用机械手、自动化设备等增加工作人员与辐射源的距离。

屏蔽层防护：在辐射源与人体之间加入可以吸收电离辐射的物质，以屏蔽电离辐射。比如用铅、铁、石等屏蔽γ射线，用铅、有机玻璃等屏蔽β射线。

针对不同领域的辐射，一般采取不同的防护手段。在医用辐射防护中，须对放射工作人员以及患者的辐射剂量加以控制；在开放性放射场所，一般须采用良好的通风设施；在辐射加工中，多采用屏蔽的方法。而核生产中，放射性废液一般用固化法处理或储存于地下池；放射性废气的处理方法主要有吸附法、除尘法、洗涤法和过滤法；放射性固体废弃物的处理方法主要有焚烧、洗涤和深埋。

8.2　噪声

8.2.1　噪声的定义

环境噪声污染是指排放的环境噪声超过允许噪声标准值，妨碍人们工作、学习、生活和其他的正常活动。对人及周围环境造成不良影响的噪声，或者是某些场合“不需要的声音”，都可称为噪声污染。如机器的轰鸣与马达声，各种交通工具的鸣笛声，人的嘈杂声及各种突发的声响等，均称为噪声。随着工业生产、交通运输、城市建筑的发展，以及人口密度的增加，家庭设施（电视机等）的增多，环境噪声日益严重，噪声已成为污染人类社会环境的一大公害。

环境噪声是一种感觉公害，其影响范围有局限性，声源分布有分散性，噪声污染具暂时性，声源停止，污染即消失。物体振动是产生声音的根源，但并不是所有振动都会让人听到声音，因为人耳能感觉到20～20000 Hz的声音频率。

8.2.2　噪声的来源与危害

1. 噪声的来源

噪声来自工业生产劳动、交通工具运行、建筑施工现场、发动机和社会生活。常见设备的噪声分贝见表8–2。

表8-2 生产生活中常见设备的噪声分贝

设备名称	噪声分贝/[dB(A)]
柴油机	110～125
重型货车	89～93
打桩机	95～105
吸尘器	60～80

2. 噪声的危害

噪声在不同的区域有不同的最高限值。城市区域的五类（0～4类）环境噪声标准值的范围为40～70 dB，其中0类标准适用于疗养区、高级别墅区等要求特别需要安静的区域，4类标准适用于城市交通干道两侧。夜间的突发噪声不能超过标准值15 dB。工业企业的噪声分为四类，范围为45～70 dB。

在我国的噪声标准中，住宅区噪声白天不能超过55 dB，夜间应低于45 dB。环境声音分贝为30～40 dB是理想的安静环境；噪声分贝为50～60 dB属于较吵的环境，此时脑力劳动受到影响，谈话也受到干扰；噪声分贝为＞65 dB时，对话有困难；噪声为80 dB时，环境中的其他声音则听不清楚，超过85 dB的噪声会造成暂时性的和持久性的听力损失；如果突然暴露在高达150 dB的噪声中，轻者会导致鼓膜破裂出血，双耳完全失去听力；重者则会引发心脏疾病，导致死亡。

噪声对人的健康影响与声音分贝、暴露时长有关，噪声导致的身体损害有以下几种。

①噪声会引起人体紧张的反应，刺激肾上素的分泌，导致心率改变和血压升高。噪声是高血压、心脏病恶化和发病率增加的一个重要原因。噪声会使人的唾液、胃液分泌减少，从而易导致胃溃疡和十二指肠溃疡。研究指出，某些吵闹的工业企业里，溃疡病的发病率较高，这是因为强噪声刺激能改变胃溃疡状态下的骨钙素含量。噪声也会对人体的内分泌机能产生影响。高噪声环境会使一些女性的性机能紊乱、月经失调，导致孕妇流产率增高。另外噪声也是刺激癌症的病因之一。

②在噪声环境下，儿童的智力发育缓慢。研究发现，噪声性听力损伤对儿童的认知表现有不同程度的影响，也是获得性感音神经性耳聋的主要和常见原因（陶珊，2015）。噪声对胎儿也会产生有害影响。研究表明，噪声会使母体产生紧张反应，会引起子宫血管收缩，以致影响胎儿发育所必需的养料和氧气的供给，可能导致妊娠期焦虑，甚至发生流产（章景丽，2011）。

③噪声也会影响动物的生理活动。如可使奶牛产奶量降低，鸡场的蛋鸡产蛋率下降以及鸟类羽毛脱落、不下蛋，甚至因内出血而死亡。2008年，沈阳市苏家屯区农用航空站在进行超低空飞行作业时，强烈的噪声使一名养鸡专业户的鸡群受到惊吓、相互踩踏，导致7500只鸡中1021只死亡，其余的肉鸡生长缓慢。农户因此遭受了9万多元的经济损失，经法院审理后获得了全额赔偿。

④噪声还会破坏建筑物。20世纪50年代曾有报道，一架以每小时1100千米的速度

（亚音速）飞行的飞机在60米低空飞行时，其噪声使地面一座楼房遭到破坏。在美国统计的3000件喷气飞机使建筑物受损害的事件中，建筑物抹灰开裂的占43%，建筑物损坏的占32%，建筑物墙体开裂的占15%，建筑物瓦损坏的占6%。此外，飞机噪声造成的经济损失在1968年为40亿～185亿美元，在1978年为60亿～277亿美元。

8.2.3 噪声的控制与防护

虽然噪声控制技术已经成熟，但由于现代工业、交通运输业规模很大，要采取噪声控制的企业和场所为数甚多，因此在防治噪声污染方面，必须从技术、经济和效果等方面进行综合权衡。在控制室外、设计室内、车间或职工长期工作的地方，噪声的强度要低；在库房、少有人去的车间或空旷地方，噪声强度也可以稍大。

可采用声源控制、传播途径控制和接受者自身防护等方法减轻噪声污染损害。

在声源控制方面，在工业企业内，应改进机械设计、改进生产工艺，或者改变噪声源的运动方式，如用阻尼器等措施降低固体发声体噪声分贝、提高加工精度和装配质量。在建筑物中，可通过隔声和吸声减小噪声。

在传播途径控制方面，应闹静分开增大距离；改变噪声传播途径，如采用吸噪声、隔噪声屏障等，以及合理规划城市和建筑布局等。

在自身防护方面，受噪声影响者可以使用耳塞、耳罩或头盔等护耳器。

8.3 震动（振动）

8.3.1 震动（振动）的定义

震动通常指的是较大的物体受到外力影响而产生的无规律颤动。这种震动可能是短时间的、偶尔一次或几次的间断式震动，如地震、火车震动、房屋震动等。如同声、光、热，震动也是一种物理现象。这种运动可以是物理和科学领域中的物体、粒子或某个物理量周期性变化的过程。与震动相比，振动通常指的是较小物体的持续、机械式的往复运动，如闹钟振铃、手机振动等。振动在工程学中是一个重要的研究领域，广泛存在于自然界和工程界，包括对桥梁、建筑物等的共振现象研究。

震动或振动超过一定的界限，对人体的健康和设施造成损害，对人的生活和工作环境形成干扰，或使机器、设备和仪表不能正常工作时，就被认为是污染。

与噪声相似，震动也是一种主观性的感觉公害，仅涉及震动源邻近的地区，也属于瞬时性能量污染，在环境中无残余污染物，不积累。震（振）动源停止，污染即消失。

8.3.2 震动（振动）污染源

震动包括地震、火山爆发等自然震源，工业生产中的旋转机械、往复机械，工程中的打桩机、水泥搅拌机、爆破作业，道路交通中的铁路和公路，农业机械中的收割机、脱粒机，以及低频空气振动等人为震源。

过量的振动会使人不舒适、疲劳，甚至导致人体损伤。其次，振动将形成噪声源，以噪声的形式影响或污染环境。环境振动是环境污染的一个方面，铁路振动、公路振动、地铁振动、工业振动均会对人们的正常生活和休息产生不利的影响。我国于1990年颁布了《城市区域环境振动标准》，对城市不同区域的环境振动标准限值作出了规定。

8.3.3 震动（振动）的危害

1. 生理损害

震动（振动）对人的影响大致可分为“感觉阈”“不舒适阈”“疲劳阈”和“危险阈”，即为可容忍、烦躁、神经系统受影响，最后是引起病理性损伤，即产生永久性病变。具体来说，震动会引起循环系统、呼吸系统、消化系统、神经系统、分泌系统、感官的各种病症，损伤脑、肺、心、消化器官、肝、肾、脊髓、关节等。

人对振动的感受很复杂，往往是包括其他感受在内的综合性感受。除振动感受器官能感受到振动外，人也能看到电灯摇动或水面晃动，听到门、窗发出的声响，从而判断房屋在振动。振动级别对睡眠的影响见图8-2。

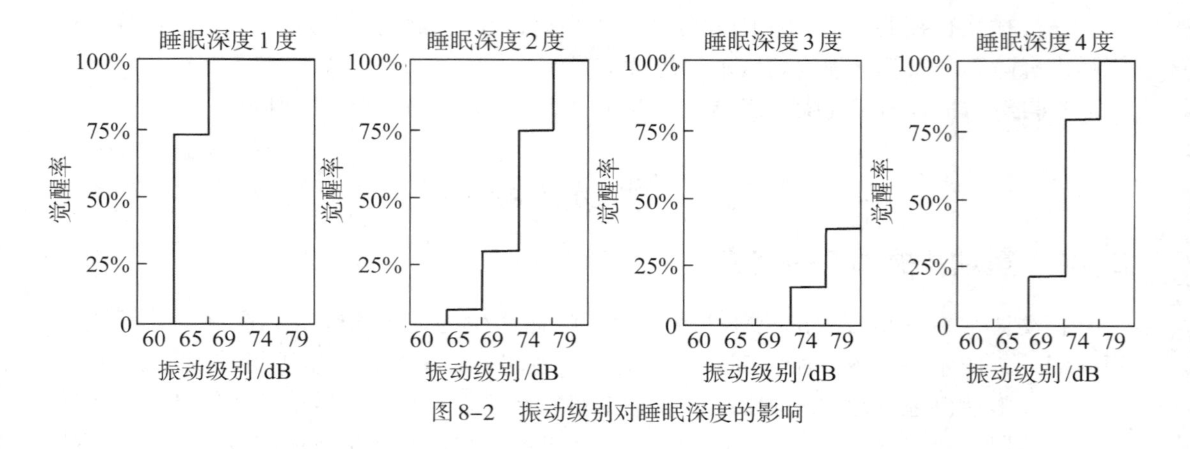

图8-2　振动级别对睡眠深度的影响

2. 构筑物破坏

震动（振动）通过地基传递到构筑物，导致构筑物破坏。对构筑物的破坏表现在基础和墙壁龟裂，墙皮剥落，地基变形、下沉，门窗翘曲变形，构筑物坍塌，影响程度取决于振动的频率和强度。地震对地质结构造成破坏的示意图见图8-3。

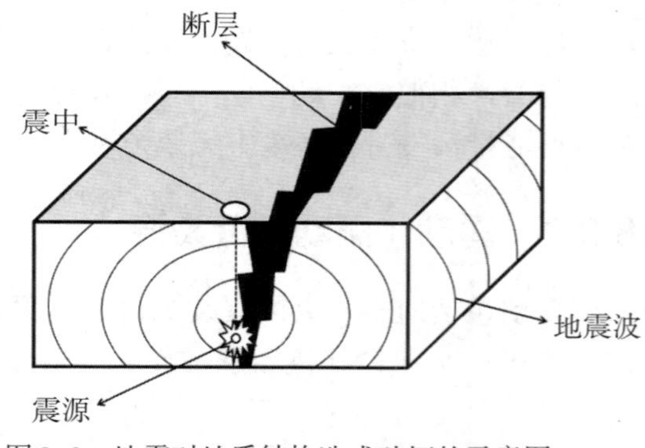

图8-3　地震对地质结构造成破坏的示意图

共振（共鸣）是机械系统所受激励的频率与该系统的某阶固有频率相接近时，系统振幅显著增大的现象。共振现象的存在，可使原振动作用放大数倍至数10倍，因此带来更严重的振动破坏和危害。1940年，著名的美国塔科马海峡大桥断塌的部分原因就是阵阵大风横扫而过，引起桥的共振。桥的振幅达数米，以致落成才4个月的桥断裂倒塌了。1999年1月4日，重庆市綦江县“彩虹桥”（长102米，宽10.5米）因22名武警战士列队跑步至该桥2/3处时所引起的共振而断裂倒塌。轮船在航行时，会受到周期性波浪的冲击，如果冲击力频率和轮船的固有频率相同，就会发生共振，使轮船摆动幅度增大，甚至可以导致轮船倾覆。

8.3.4　震动（振动）的控制与防护

火山爆发、地震这些自然震动带来的灾害难以避免，可以通过加强预报来减少损失。对于建筑物，可以通过柔性连接隔震、多加钢筋、装设效能装置、构造柱和圈梁等措施和结构设计进行抗震。此外，在地震发生时，要保持镇静，就近躲避，震后迅速撤离到安全地方。避震时，应选择室内结实、能掩护身体的物体下（旁）以及易于形成三角空间的地方，开间小、有支撑的地方或室外开阔、安全的地方。

减轻机械振动的方法主要包括减小激励作用、避开共振区、增加阻尼和使用减振器，涉及设计、材料选择、技术应用等多个方面，综合运用这些方法，可有效减少低机械振动，提高机械系统的性能和可靠性。

为了保护在强烈振动环境里工作的人，必须采取防护措施。振动对人的危害有全身的和局部的两种，因而防护措施也分为两个方面。防止全身受振的用具是防振鞋，它可以减轻人在站立时所受到的全身振动。防振鞋内由微孔橡胶做成的鞋垫能系紧在普通鞋上。防止局部受振的有防振手套，主要供风动工具操作者使用，可以减弱振动的传递，减轻风动工具的反冲力和高频振动对人的影响。防振手套的内衬可用泡沫塑料或微孔橡胶制成，手套的尺寸应与手掌的大小相当。

8.4　光环境与光污染

8.4.1　光环境

光环境是指由光的照度水平、分布、颜色等因素在室内或室外空间中形成的环境。它不仅涉及光的物理特性，如照度和亮度、光色、眩光等，还涉及光对人的生理和心理影响。例如在生产、工作和学习的场所中，良好的光环境能振奋精神，提高工作效率和产品质量；在休息、娱乐的公共场所中，合适的光环境能创造舒适、优雅、活泼生动或庄重严肃的气氛。而不合适的光环境则可能导致视觉疲劳或其他健康问题。

光环境分为室内光环境和室外光环境。室内光环境是由光与颜色在室内建立的、同房间形状有关的生理和心理环境，在功能上应满足人们对空间环境的物理、生理（视觉）、心理、人体功效学及美学等方面的要求。室内光环境的设计应遵循安全性、实用性、美观性和经济性原则。

室外光环境是在室外空间由光照射而形成的环境，由道路交通照明、建筑立面照明、城市广场照明、小区环境照明组成。室外光环境除须满足与室内光环境相同的要求外，还要满足节能和绿色照明等社会方面的要求。此外，室外光环境的设计还应注重自然环境与照明的统一性。

光环境对人的影响与周围亮度和视野外的亮度分布有关。当周围环境较暗时，人容易看清楚物体；周围环境过亮时，人便不容易看清楚。因此光环境中以周围亮度比视觉对象暗些为宜。室内顶棚、墙面、地面、家具等表面在光环境中的亮度各不相同，因而可构成亮度对比，形成层次感。

8.4.2 光污染

光污染问题最早于20世纪30年代由国际天文界学者提出，他们认为光污染是城市室外照明使天空发亮，对天文观测造成的负面影响。现在对于光污染的定义是，过量的可见光、红外线和紫外线辐射对人们的生活、工作环境以及健康产生不利影响的现象。光污染是继废气、废水、废渣和噪声等污染之后的一种新的环境污染源，主要包括白亮污染、人工白昼污染、彩光污染和夜间光源污染。

在日常生活中，人们常见的光污染多为由大面积的镜面建筑反光所导致的行人和司机的眩晕感，以及不合理的夜景照明给人体造成的不适感。德国地球科学中心的一项研究表明，发光二极管和其他形式的照明正以“惊人的速度照亮夜空”，光污染正导致夜空以每年约10%的速度变亮（Kyba等，2023）。

可见光污染中危害最大的是眩光污染。眩光是指视野中存在过亮的物体或者存在极端的亮度对比，以致视觉不舒适或削弱观察目标和细节的能力的一种视觉现象。眩光污染的定义可以从两个方面来理解。一方面，它指的是由于亮度分布或亮度范围的不适宜，或存在极端的亮度对比。当眼睛接触到眩光，人会感到刺激和紧张，长时间在这种条件下工作，会产生厌烦、急躁不安和疲劳，对生产和生活造成很大的影响。另一方面，眩光污染也可以被描述为视野中干扰光源的存在。眩光污染可导致视力的减退，或导致视网膜成像对比敏感度的减退。不适性眩光是光亮情况下，双眼产生的不适感觉，眩光来源分为两种：一种来自日光、灯光的直接光源；另一种是水面、雪地等光滑的平面反射出的眩光。光适应性眩光出现在由暗转明的情况下，比如，黑夜中突然出现一道强光，或人驾车穿过隧道，重回日光之下。眩光是引起视觉疲劳的重要原因之一。

8.4.3 光污染的类型及危害

光污染的类型有炫光污染、射线污染、光泛滥、视单调、视屏蔽和频闪。其主要特点与噪声类似，都属于局部性污染，污染强度随距离增加而迅速减弱；在环境中无残余物，光源消失，污染即消失。

1. 白亮污染

在大城市，一些高楼大厦使用的大面积高反射率镀膜玻璃，在特定方向和特定时间下会产生强烈的反光，特别是在晴朗的午后，这些反光会形成刺眼的光线，这就是白亮污染。白亮污染不仅影响人们的视觉舒适度，还可能引发各种心理问题。此外，玻璃幕墙的反射光还可能增加室内温度，增加空调负荷。这类光污染的程度与玻璃幕墙的方向、位置及高度密切相关。

2. 人工白昼污染

夜晚，城市里的广告灯、霓虹灯等过度照明设备会产生强烈的亮光。这些强光不仅打破了夜空的自然黑暗，还可能影响人们的睡眠质量。长时间暴露在这种环境下的人们可能会感到不适，甚至可能出现健康问题。

3. 彩光污染

某些特定场合的炫目灯光，如娱乐场所的彩色光源、运动场的彩色屏幕等，可能会对人的身心健康产生影响。长时间暴露在这种环境下的人可能会出现头晕、目眩、失眠等问题。

4. 夜间光源污染

除了上述的人工白昼污染外，夜间灯光还包括夜间行车灯光、户外施工灯光等。这些光源在夜间可能会干扰人们的视线，增加事故风险。同时，夜间过强的光线也可能影响人们的睡眠质量，造成一系列健康问题。

各种光污染对附近居民、行人、交通系统、天文观测都带来了不利影响，也会影响植物和动物的正常生长和新陈代谢，尤其是会对人的视力造成严重损害。

8.4.4　光污染的标准及防护

1. 光污染的环保标准

光污染的环保标准主要包括对夜间光环境的质量评价与管理，具体体现在光环境区域的分类、限值和测量要求上。例如，深圳市通过制定《夜间光环境质量地方标准》（深圳市生态环境监测中心，2023）和《暗夜社区光环境规范》（深圳市国家气候观象台，2024），规定了夜间光环境区域的分类方法，包括以天文观测、生态保护为主要功能的区域，以及以居住、公共管理与服务为主要功能的区域等，并对这些区域的光环境质量提出了具体的限值和测量要求。此外，这两项标准还适用于夜间光环境的质量评价与管理，为行业主管部门提供了简单的判定方法和依据，填补了环保行业中光环境标准体系的空白。

2. 光污染的防护

①加强城市规划与管理。

减少玻璃幕墙和其他反光系数大的装饰材料的使用。在城市规划和设计中，融入绿色低碳、尊重自然的理念。

②室内合理布光、用光。

为防止炫目，要使光源的亮度稍低，将灯具布置在反射眩光区以外，或增加光源的数量、适当提高环境亮度，减少亮度对比。

③注意用眼卫生。

摸黑环境下长时间操作过亮的电子产品，容易造成瞳孔长时间散大，导致眼压升高、眼部供血不足，还可能导致眼睛的前后房水不能流动，堵塞眼内液体循环流通，甚至可能导致青光眼的发生。因此，在黑暗处用眼，需要增加背景光源，以减小光照强度的强烈反差。

思考题

1. 日常生活中遇到的电离辐射有哪些？如何防护？
2. 物理学中的噪声与环境学中的噪声相比，有何区别？
3. 可以使用哪些方法减震？
4. 如何布置宿舍的光源以满足学习和生活的需要？

参考文献

[1] KYBA C C M，ALTINTAŞ Y Ö，WALKER C E，et al. Citizen scientists report global rapid reductions in the visibility of stars from 2011 to 2022 [J]. Science，2023，379 (6629)：265–268.

[2] LENSSEN. Nuclear waste: The problem that won't go away [J]. world watch paper, 1991 (1): 15.

[3] 郭海 . 胃溃疡大鼠强噪声暴露后血清骨钙素含量变化的探讨 [J]. 中国骨质疏松杂志，1996 (2):9.

[4] 深圳市生态环境监测中心 . 夜间光环境区域限值 (DB4403/T 333—2023) [S]. 2023–06–01.

[5] 深圳国家气候观象台 . 暗夜社区光环境规范 (DB4403/T429—2024) [S]. 2024–03–01.

[6] 世界卫生组织 . 电磁场与公共卫生：移动电话 [EB/OL].(2014–10–08) [2024–08–06] https://www.who.int/zh/news-room/fact-sheets/detail/electromagnetic-fields-and-public-health-mobile-phones.

[7] 世界卫生组织 . 紫外线 [EB/OL].(2022–06–22) [2024–08–06]. https://www.who.int/zh/news-room/fact-sheets/detail/ultraviolet-radiation.

[8] 陶珊 . 发育早期噪声性听力损失对认知功能的长期影响和可能机制 [D]. 南京：东南大学，2015.

[9] 章景丽，郝加虎，陶芳标，等 . 孕早期妊娠相关焦虑影响因素分析 [J]. 中国公共卫生，2011, 27(8): 969–971.

第9章　食品安全与人体健康

9.1　食品安全概述

食品的安全性指食品无毒、无害，符合应当有的营养要求，对人体健康不造成任何急性、亚急性或者慢性危害。食品问题是关于食物中有毒有害物质对人体健康的影响的公共卫生问题，包括食品营养失控、自然毒素、有害化学物、致病微生物以及环境污染引起的食品安全问题。食品安全也是一门专门探讨在食品加工、存储、销售等过程中确保食品卫生及食用安全，减少疾病隐患、防范食物中毒的一个跨学科领域。

食品安全指食品（食物）的种植、养殖、加工、包装、储藏、运输、销售、消费等活动符合国家强制标准和要求，不存在可能损害或威胁人体健康的有毒有害物质。对食品安全的释义表明，食品安全既包括生产安全，也包括经营安全；既包括结果安全，也包括过程安全；既包括现实安全，也包括未来安全。本书前面几章提到的大气、水体、土壤中重金属、有机物的污染，最终都可能通过餐食进入人体并造成健康损害，从而引发食品安全问题。

与生态环境相关的食品安全问题主要包括：①食品相关产品的致病性微生物、农药残留、兽药残留、重金属、污染物质以及其他危害人体健康物质的限量规定。②食品添加剂的品种、使用范围、用量。③在食品中非法添加化学物质。

9.1.1　近年来国内外的食品安全事件

在养殖、种植、农副产品加工、储存等环节的管理缺失，都有可能导致食品安全事件的发生。

1. 三聚氰胺奶粉

三聚氰胺是一种化工原料，分子式为 $C_3H_6N_6$，每个分子的含氮量为66.7%。蛋白质的分析采用“凯氏定氮法”，在进行牛奶成分分析时三聚氰胺会被“误”测为蛋白质，因此有不法养殖户或商人将三聚氰胺添加到饲料或牛奶中，冒充高蛋白质含量奶粉而非法获利。人如果长期摄入这种奶粉，会导致泌尿系统膀胱、肾产生结石，并可诱发膀胱癌。2008年9月8日甘肃岷县14名婴儿同时患有肾结石病症，引起外界关注。2008年三聚氰胺事件曝光后，我国首先加强了食品安全监测和检验检测水平，完善了食品安全相关标准，并构建了食品安全信息体系。通过提升食品安全科技支撑能力、加强食品安全突发事件和重大事故应急体系建设，我国在制度和技术层面为食品安全提供了坚实的保障。其次，我国政府建立了新的食品安全政策支持体系、宏观调控体系和管理体制，加快了食品安全信用体系建设，并推进了体制改革以加强监督队伍建设。通过这些措施，我国食品安全监管水平稳步提高，食品安全形势的持续好转。

2. 红曲保健品

2024年，部分消费者在服用了日本著名药企小林制药生产的含有红曲成分的保健品后，出现肾脏等方面的健康问题，至6月底，已有5人死亡，289人住院。红曲是一种被广泛使用的食品着色剂（食品色素），也是目前世界上唯一一种利用微生物发酵生产的天然食用色素。由于曾有人从红曲霉中发现一种能抑制胆固醇合成的物质（Monacolin K），并以此为基础开发了降胆固醇的药物洛伐他汀。据调查，此次事件大概率是由原材料受到青霉菌的污染，在发酵过程中产生"软毛青霉酸"毒素导致的。研究发现，长期饲喂含青霉酸类毒素的饲料，能使动物肝脏肿大、肝细胞变性并能抑制动物细胞DNA合成，甚至使动物细胞DNA断裂。仍需确认相关性。

3. 造假橄榄油

欧盟统计数据显示，2024年第一季度欧盟区域内发生了50起涉及橄榄油质量及安全问题的案件，是2018年同期的3倍多，创下了近年来的新高。这些案件显示，一些所谓的"特级初榨橄榄油"实际上是廉价的"混合油"，还有商家将普通橄榄油标注为"特级品"。此外，报告还显示，一些橄榄油产品中被检测出含有矿物油和杀虫剂成分。

食品安全问题逐渐增多的原因是多方面的，一是源头上，水土大气污染、农药兽药大量应用，导致蔬果、肉类中农药、兽药残留，以及违规使用添加剂和制假售假等问题；二是市场多主体竞争加剧，一些企业诚信严重缺失，一些不法商人冒天下之大不韪；三是我国的食品安全标准与发达国家和国际食品法典标准尚有差距；四是监管能力尚难适应需要，食品安全法规制度建设滞后，食品安全市场秩序建设滞后，缺乏前瞻性对策；五是随着社会发展水平提高，人民群众不仅需要吃得饱，更需要吃得安全、吃得放心、吃得健康，但当前食品行业的发展难以适应人民群众"食以安为先"的要求。

食品安全问题只有通过法律和行政两大手段的同时干预，才能解决。一方面可以依据法律处罚出问题的餐馆和食品加工厂，另一方面通过立法解决食品生产和加工中出现的新的问题；行政手段，则指政府严格执法，通过有效的行政措施，预防和解决问题。保障食品质量、公众健康和生命安全，是政府不可推卸的责任。

9.1.2 保障食品安全的措施

据估计，全世界每年有6亿人因食用被细菌、病毒、毒素或化学物质污染的食品而患病，其中42万人死亡（世界卫生组织，2021）。世界粮农组织每年在6月7日举办"世界食品安全日"，其目标是提高人们对食品安全问题的广泛关注度并鼓励人们采取行动，以帮助预防、发现和管理食源性风险。

1. 监控食品生产全过程

促进可持续的农业及粮食系统发展，加强公共卫生、动物卫生、农业和其他部门之间的合作，遵守国际食品法典委员会制定的标准。重点针对人民每天需食用的粮食作物、蔬菜、水果、饮用水等严加控管，进行规范型、创新型种植，调整生产结构及生产保障体系。

2. 建立完善的检测体系

鉴于食品安全的复杂性，消费者需要及时、清晰和可靠地获取用于选择营养食品和降低疾病风险等信息。国家应投入一定费用，开展快速检测方法的研究，供市场快速确认质量，可在中大型超市、农贸市场设置检测仪器、提供检测方法，便于市场专职检测人员或人民群众随时对有关食品的主要质量参数进行检测。这方面需要贸易组织、消费者和生产者团体、学术和研究机构以及私营部门实体的共同努力。尤其是在食源性疾病暴发时，需要多部门甚至跨国界开展合作、共同应对。

3. 加强食品安全科普

对消费者进行食品安全教育，有助于减少食源性疾病的发生。相关媒体应有计划、有针对性地适时报道食品安全检测结果，对优质、合格产品进行宣传，对不合格的食品产品进行曝光，让其下架或受冷落，令其生产商整改或停产。

9.2 食品污染与健康

食品污染是指人们吃的各种食品，即粮食、水果等在生产、运输、包装、贮存、销售、烹调过程中，混入了对人体健康有危害的微生物、寄生虫、农药、抗生素、食品添加剂等。

9.2.1 致病菌污染

可以引起食物中毒、以食品为传播媒介的致病菌主要有痢疾杆菌、致病性大肠杆菌、沙门氏菌、霍乱弧菌、炭疽杆菌、鼻疽杆菌、结核菌、布氏杆菌、猪丹毒杆菌等。

1. 霍乱

霍乱是由O1或O139血清群霍乱弧菌引起的烈性肠道传染病，是我国法定管理的甲类传染病。这种急性肠道传染病最常见的感染原因是食用被感染者粪便污染过的水，其典型的临床表现为急性起病，剧烈的腹泻、呕吐，以及由此引起的脱水、肌肉痉挛，严重者可导致循环衰竭。传播途径主要为食用被污染的食物和饮用被污染的水，其次为日常的生活接触和蚊虫叮咬，还有食用受到污染的鱼虾等水产品。感染者治愈后也有可能再次感染。目前，霍乱在工业化国家几乎被消除了，但仍然存在于非洲、东南亚和拉丁美洲。我国的长江以南地区偶有霍乱发生，但一般很少有霍乱流行。

以下措施可以降低霍乱的发生风险：①尽量避免到访疾病暴发地区，避免接触患者。②养成卫生的饮食习惯，不饮生水，不吃生食，特别是海鲜，一定要煮熟后食用。③日常生活中，尽量不与人共用餐具。④注意个人及周围环境卫生，勤洗手、洗澡，特别是饭前便后要洗手，勤打扫卫生。⑤养成规律锻炼的习惯，增强体质，提高机体免疫力。

2. 沙门氏菌

沙门氏菌是一种常见的食源性致病菌，为无芽孢、无荚膜的革兰氏阴性杆菌，是肠道菌科中最复杂的菌属。其一般寄居在人和动物体内，可污染家禽、蛋、奶、水果、蔬菜、零食等常见食品。被污染的食品无感官性状方面的变化，肉眼不可察觉。沙门氏菌有的专对人类致病，有的只对动物致病，也有对人和动物都致病。沙门氏菌病是公共卫生学上具有重要意义的人畜共患病之一，若感染沙门氏菌的人或带菌者的粪便污染食品，而人们食用该食品，则会发生食物中毒。据统计，在世界各国的各种细菌性食物中毒中，沙门氏菌是食源性质病中最常见的致病菌之一。感染沙门氏菌的表现是急性发热、腹痛、恶心、呕吐和腹泻。症状通常在摄入被沙门氏菌污染的食物或水后 6～72 h 出现，病程持续 2～7 d，严重者会脱水，甚至危及生命。

沙门氏菌在粪便、土壤、食品、水中可生存 5 个月至 2 年之久。食品在加工、运输、出售过程中往往易被沙门氏菌污染。肉及其制品的沙门氏菌检出率在美国为 20%～25%、在英国为 9.9%，而日本进口家禽的沙门氏菌检出率为 10.3%，我国肉类沙门氏菌检出率为 1.1%～39.5%，蛋及其制品的沙门氏菌检出率为 3.9%～43.7%，由于吃蛋引起的伤寒病（沙门氏菌感染）的病例报告在近年有逐渐增加的趋势。

预防措施主要有：①不喝未经处理的水（如池塘水、溪水、湖水、被污染的海水等），不喝未经巴氏法消毒的牛奶（即生牛奶）。②不吃生肉或未经加热煮熟的肉，不吃生鸡蛋（吃生鸡蛋补身体的观点是错误的）。③便后、换尿布后、接触宠物后，应仔细洗净双手，尤其是在准备食物或就餐前。④生的家禽肉、牛肉、猪肉均应视为可能受污染的食物，情况允许时，新鲜肉应该放在干净的塑料袋内，以免渗出血水污染别的食物。处理生肉后，若未洗手，则勿舔手指，或接触其他食物，或抽烟。⑤用砧板处理食物后，务必将砧板仔细洗净，以免污染其他食物。⑥在使用微波炉煮肉食时，要使肉食内外达到一致的温度，70 ℃下加热 5～6 min、90 ℃下加热 2 min 就能杀死沙门氏菌。

3. 大肠杆菌

大肠杆菌分为非致病性大肠杆菌和致病性大肠杆菌。致病性大肠杆菌可分为肠道致病性大肠杆菌、侵袭性大肠杆菌、产毒性大肠杆菌和肠出血性大肠杆菌。产毒性大肠杆菌可引起急性胃肠炎，潜伏期一般为 10～24 h，主要表现为食欲不振、腹泻（一日 5～10 次，无脓血）、呕吐及发热。脱水严重者可发生休克。侵袭性大肠杆菌可引起急性菌痢型，主要表现为腹痛、腹泻（伴黏液脓血）、痢疾后重及发热。

致病性大肠杆菌食物中毒与人摄入的菌量有关，一般认为摄入含 10^8 个活菌的食品可使人致病。致病性大肠杆菌进入人体消化道后，可在小肠内继续繁殖并产生肠毒素，肠毒素可以被吸附在小肠上皮细胞的细胞膜上，激活上皮细胞膜内腺苷酸环化酶的活性，产生过量的 cAMP，从而增加肠液分泌，分泌的肠液超过肠管的再吸收能力，导致腹泻，其病理变化与霍乱相似。因此本菌导致的食物中毒是感染型和毒素型的综合作用。肠道致病性大肠杆菌和侵袭性大肠杆菌引起的症状与志贺氏菌引起的疾病相似。最为严重的是肠出血性大肠杆菌引起的食物中毒，其症状为腹痛、腹泻、呕吐、发烧、大便呈水样、严重脱水，还有大便大量出血，极易引发血性尿毒症、获得性出血贫血症、肾衰竭等并发症，患者死亡率达3%～5%。

致病性大肠杆菌的传染源是人和动物的粪便。自然界的土壤和水常因粪便的污染而成为次级的传染源。易被该菌污染的食品主要有肉类、水产品、豆制品、蔬菜及鲜乳等。这些食品经加热烹调后，其中的致病性大肠杆菌一般都能被杀死，但熟食在存放过程中仍有可能被再度污染。因此要注意熟食存放环境的卫生，尤其要避免熟食直接或间接地与生食品接触。制备各种凉拌食品时要充分洗净食物，并且最好不要大量食用凉拌食品，以免摄入过量的活菌而引起中毒。

9.2.2　病毒性食品污染

1. 甲型病毒性肝炎

甲型病毒性肝炎简称甲型肝炎或甲肝，是由甲型肝炎病毒（hepatitis a virus，HAV）引起，可引起季节性疾病流行。甲肝病毒能污染水源及水生贝类动物，主要通过粪—口途径传播（金玫华等，2008）。食欲不振、肝肿大、肝区疼痛、肝功能异常为感染者的主要表现，部分病理为黄疸，主要表现为急性肝炎，常见于无症状感染者。冬春季节是甲肝发病的高峰期，平均潜伏期为30天。随着灭活疫苗在全世界的使用，甲型肝炎的流行已得到有效的控制。平时应注意提高个人卫生水平，使用流动水洗手及清洗餐具，做好食具消毒，加强水源保护，严防饮用水被粪便污染。

2. 疯牛病

疯牛病是牛海绵状脑病（bovine spongiform encephalopathy，简称BSE）的俗称，为一种慢性、具有传染性的致死性中枢神经性疾病。1985年4月疯牛病首次发现于英国，1986年11月被命名为BSE。疯牛病使人大脑组织出现小洞，整个大脑看起来像海绵一样，晚期表现为严重的神经损伤、失语和失去行动能力。其危害在本书第4章有详细介绍。

3. 脊髓灰质炎（poliomyelitis）

脊髓灰质炎病毒是一种可引起肠道疾病的微小RNA病毒，传染源为病人和带毒者，病毒可随粪便排出，中毒者因饮用和食用被污染的水和食物而被感染。1～6岁儿童脊髓灰质炎发病率高，因此又名小儿麻痹症。此病在夏秋季多见，流行时隐性感染及无瘫痪病例较多，仅少数病例发生肌肉迟缓性瘫痪。患者的症状有发热、多汗、烦躁不安、感觉过敏、疼痛、颈背强直、肢体不对称迟缓性瘫痪。进行疫苗接种是预防该病主要而有效的措施，常用的疫苗有口服脊髓灰质炎疫苗（OPV）、灭活脊髓灰质炎疫苗（IPV）。国际上较多采用OPV，尤其是经济落后的发展中国家。预防这种传染性疾病可通过隔离传染源（患者及病毒携带者）、消毒粪便、保护易感人群等方式。

4. 口蹄疫

口蹄疫是一种高传染性、高死亡率的牲畜疾病，一年四季均可发生侵染。病畜、带毒畜是最主要的直接传染源，病畜的尿、粪、乳、呼出的气、唾液、精液、毛、内脏等以及被污染的饲料，含有口蹄疫病毒的圈舍、水、用具等，可成为间接传染源。口蹄疫病毒可通过消化道、呼吸道、破损的皮肤、黏膜、眼结膜、人工授精、鼠类、鸟类、昆虫等途径传播。人常因食用生乳或其他未消毒的畜产品以及接触病畜而感染，临床特征是在口腔黏膜、足部和乳房皮肤出现水疱性疹。良性口蹄疫的死亡率为1%～2%，恶性口蹄疫的死亡率高达25%～50%。

9.2.3 寄生虫性食品污染

寄生虫是一种低等真核生物，具有致病性，可作为病原体或媒介传播疾病。它们寄生在宿主（寄主）体内或附着于体外，以获取维持其生存、发育或者繁殖所需的营养或庇护。许多小动物依附在比它们更大的动物身上寄生存。寄生虫病是由寄生虫感染引起的疾病，可分为原虫病、蠕虫病和节肢动物性疾病。我国曾将疟疾、血吸虫病、丝虫病、黑热病和钩虫病列为重点防治的五大寄生虫病。尽管现在寄生虫病相对较少见，但疟疾等寄生虫病仍严重危害着人类的健康。

1. 华支睾吸虫

华支睾吸虫又叫肝吸虫，其虫卵经第一中间宿主（豆螺、沼螺），发育为尾蚴，然后进入第二宿主（淡水鲤鱼科鱼类或虾类），继续发育为囊蚴后进入人或哺乳类动物体内。成虫寄生于肝胆管、胆囊、胆道及胰管内，主要使患者的肝脏受损，可引起胆管内膜及胆管周围的超敏反应和炎性反应。感染后的临床特征主要是食欲不振、上腹隐痛、腹泻、肝大，甚至是胆管炎、胆石症及肝硬化。婴幼儿感染后会出现营养不良和发育障碍。2009年华支睾吸虫被国际癌症研究机构列为1类致癌物，感染者发生胆管癌的风险是非感染者的4.5～6.1倍。

中国的华支睾吸虫病占全球的85%，据2014—2016全国第三次寄生虫病调查（陈颖丹等，2020），我国华支睾吸虫人群感染率为0.47%，由此推算出感染总例数约为598万例；农村感染率为0.23%，感染例数约为152万例；城镇感染率为0.71%，感染例数约为446万例。城市人群感染率与感染人数远高于农村；广东和广西、黑龙江和吉林等省份是华支睾吸虫感染最为严重的片区（陈家旭等，2021）。广东省疾控中心对15万多名居民的调查发现（张官婷等，2022），广东省华支睾吸虫的感染率为3.5%，其中重、中和轻度感染占比分别为0.76%、7.26%和91.97%。年龄、性别、民族、职业、文化程度与感染率差异均具有统计学意义。

华支睾吸虫感染主要是通过进食未煮熟的淡水鱼、虾，如生鱼片、生鱼粥、生鱼佐酒、醉虾蟹等，人群普遍易感。砧板生熟不分也可能导致华支睾吸虫（肝吸虫）病。防止食入活囊蚴是防治本病的关键。常用的治疗方法是口服吡喹酮胶囊或阿苯达唑片，这两种药物具有杀死成虫和虫卵的作用，能够有效控制病情发展。

除了淡水水产品，海鱼也有寄生虫，其中异尖线虫危害最大。人的感染主要因为食入了含活异尖线虫幼虫的海鱼，如大马哈鱼、鳕鱼、大比目鱼、鲱鱼、鲭鱼等，或者海产软体动物如乌贼等。虫体幼虫可寄生于人体消化道等部位，但主要寄生于胃肠壁，可引起内脏幼虫移行症。国内市售海鱼中，鲐鱼、小黄鱼、带鱼等小型鱼体肌肉或器官组织内的异尖线虫幼虫感染率高达100%，从东海和黄海获得的30种鱼和2种软体动物的带幼虫率为84%。日本人因好生食海产品，异尖线虫病例数占全球的26%。

防止食入活囊蚴是防治本病的关键，应做好宣传教育，使群众了解本病的危害性及其传播途径。在厚度约1 mm的鱼肉片内的囊蚴，在90 ℃的热水中1 s内死亡，在75 ℃时3 s内死亡，在70 ℃及60 ℃时分别在6 s及15 s内全部死亡。要做到自觉不吃鱼生及未煮熟的鱼肉或虾，改进烹调方法和饮食习惯。注意处理生、熟食物的厨具要分开使用。对于家养的猫、狗，如粪便检查阳性应给予治疗。不要用未煮熟的鱼、虾喂猫、狗等动物，以免引起感染。

2. 广州管圆线虫

广州管圆线虫病属食源性寄生虫病，是由于广州管圆线虫（*Angiostronglus cantonensis*）寄生在人体中枢神经或脑脊液中所致，多存在于陆地螺、淡水虾、蟾蜍、蛙、蛇等动物体内。1984年，全国第一例广州管圆线虫病在广州被发现（何竞智等，1984）。该病病例分散，容易感染，发病率、死亡率不高，可治愈。

预防措施为：不用盛过生水产品的器皿盛放其他直接入口食品；必须对加工过生鲜水产品的刀具及砧板进行清洗消毒后方可再使用；不用生的水产品喂食猫、犬；不吃生或半生的螺类或鱼类，不吃未煮熟的菜、不喝生水；避免在加工螺类的过程中受感染。

3. 猪肉绦虫

猪肉绦虫，也称链状带绦虫、猪带绦虫、有钩绦虫，是中国主要的人体寄生绦虫。人是猪肉绦虫的唯一终宿主，成虫寄生于人的肠道，可引起消化不良、腹痛、腹泻或者便秘等症状。感染者多因吃入未煮熟的、含有囊尾蚴的猪肉而感染。猪肉绦虫中间宿主主要是猪，多寄生在猪的肌肉、肝脏、脑等器官内。猪肉绦虫的幼虫可以寄生在人体脑、肌肉、眼等部位。当人误食生的或未煮熟的含囊尾蚴的猪肉后，囊尾蚴在小肠受胆汁刺激而翻出头节，附着于肠壁，经2～3个月发育为成虫并排出孕节和虫卵。成虫在人体内的寿命可达25年以上。被囊尾蚴寄生的猪肉俗称“米猪肉”或“豆猪肉”。

该病的流行因素主要是猪感染囊尾蚴和人食肉的习惯或方法不当。在猪肉绦虫病严重的流行区，当地居民有爱吃生的或未煮熟的猪肉的习惯，这对本病的传播起着决定性作用。

预防措施为：不要吃生的猪肉以及牛、羊、鸡、鸭、兔等肉类；要保证蒸煮时间，火锅、烧烤等烹饪时间要稍长。近年多采用槟榔和南瓜子合剂来驱虫。此外，阿的平、吡喹酮、甲苯咪唑、阿苯达唑等都能取得较好驱虫效果。

4. 裂头蚴

裂头蚴（sparganum），学名为曼氏迭宫绦虫裂头蚴，又称双槽蚴，是假叶目裂头科迭宫属的扁形动物，是曼氏迭宫绦虫的幼虫（图 9-1）。裂头蚴分布于中国上海、广东、台湾、四川和福建等地，亦分布于东南亚、美洲的少数国家。中国首次发现裂头蚴是在 1882 年厦门一男性尸体内。裂头蚴生活史为间接型，需要中间宿主的参与，其生活史包括虫卵、钩球蚴、原尾蚴、裂头蚴和成虫等阶段。裂头蚴终宿主主要是猫科和犬科动物等食肉动物，人可成为它的第二中间宿主、转续宿主，甚至终宿主。成虫寄生于终宿主小肠，虫卵自子宫口产出并随宿主粪便排出体外，但须入水后才能发育。成虫在猫体内的寿命约为 3 年半。

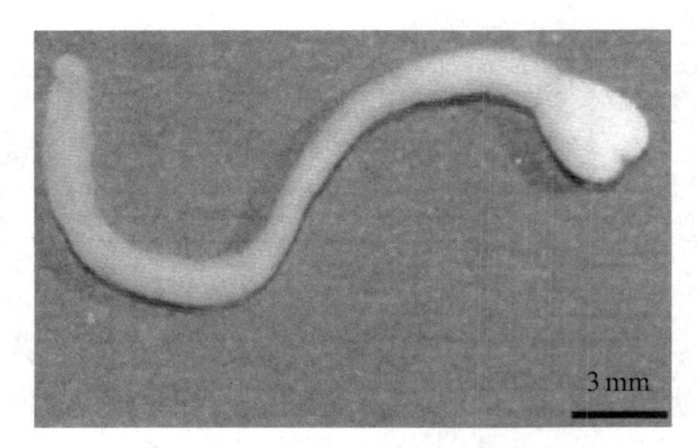

图 9-1　显微镜下的裂头蚴

裂头蚴幼虫可侵袭人体多个组织和器官，可引起裂头蚴病。该病危害非常严重，是一种重要的人兽共患寄生虫病。裂头蚴对高温相对较为敏感，在体外培养的条件下，裂头蚴在 56 ℃的温度下基本在 5 min 内死亡。100 ℃高温下烹饪 2 min 后，曼氏裂头蚴也会全部死亡。还有研究表明，–20 ℃冷冻 2 小时可以杀死蛙肉中的所有裂头蚴。

人类感染裂头蚴病通常有 3 种途径：第一种是直接接触，如接触蛇、蛙等动物及其组织器官，接触受污染的草药或水源等。第二种是生食蝌蚪、蛙类、蛇胆蛇血，或是食用火锅中加热不充分的牛蛙。实验发现，在 0 ℃的环境下，裂头蚴可存活数十天。第三种是喝生水或误吞湖塘水。裂头蚴能在人体的不同部位间穿行，损伤多个器官，最常伤害脑、皮下、口腔、面部、眼睛和内脏，还可以导致多种症状，甚至可以导致瘫痪。防治方法为养成良好的卫生习惯，改变不良的烹饪和饮食行为。

9.2.4　黄曲霉毒素

黄曲霉毒素是黄曲霉菌、寄生曲霉菌等产生的一组次生代谢物，目前已发现十几种亚型，其中最常见的是黄曲霉素 B 型和 G 型，这些黄曲霉素有明确的致癌性（尤其是黄曲霉素 B1，主要是和肝癌相关）。黄曲霉毒素存在于土壤、动植物和各种坚果中，特别是在花生、核桃、大豆、玉米及其制成的食用油中，属于 1 类致癌物（即“对人类为确定致癌物”，已得到流行病学资料证明）。中毒导致肝功能下降、免疫力降低、易受有害微生物的感染，还会造成胚胎中毒。

关于黄曲霉毒素，应注意的是食物霉变后确实有健康风险，但并不一定有黄曲霉毒素；被黄曲霉污染的花生，也未必有黄曲霉毒素，因为不是所有黄曲霉都有产生黄曲霉毒素的基因。产生黄曲霉毒素的条件有：①温暖潮湿的环境；②被携带产毒基因的黄曲霉污染；③有足够的特定营养成分；④生长在适宜的食物上（李长强，2012）。

预防黄曲霉毒素，可采用以下方法。

①剔除霉变粮粒：由于黄曲霉毒素在整批粮食中的污染分布不均匀，烹饪前要除去霉烂、长毛的花生、豆类。

②加盐炒煮：用水洗一下花生米可使去毒率达 80%，用油炒或干炒可以破坏部分黄曲霉毒素，加食盐炒或煮的去毒效果更好。

③加水搓洗：大米中黄曲霉毒素主要分布于米粒表层，淘米时用手搓洗三四遍可除去 80% 的黄曲霉毒素。使用高压锅煮饭也可以破坏一部分黄曲霉毒素。免淘米是新粮，里面很少杂质，比较干净。为了吃得放心，对于已保存一些时间的免淘米还应先淘洗，再下锅。

④加热：久置的植物油可能有少量黄曲霉毒素，因此不要生吃花生油，食用时必须将油加热到锅边冒出微烟，或将油烧至微热后加入适量食盐烧至沸腾，盐中的碘化物能去解除黄曲霉毒素的部分毒性，有利于保障身体的健康。特别值得注意的是，黄曲霉毒素的性质比较稳定，280℃以上的高温才能将黄曲霉毒素完全破坏，但在这个温度下，植物油又可能产生苯并 [a] 芘等致癌物。

9.2.5 海产品中的污染物

1. 抗生素

抗生素主要有磺胺类、喹诺酮类、氯霉素、四环素、β- 内酰胺类。抗生素污染是我国水产品养殖业面临的主要问题。鱼类养殖业中添加抗生素的目的是杀菌防腐，但是抗生素使用不当会导致残留。而长期、低剂量摄入这些抗生素不仅会产生耐药性，还可能引起其他健康危害，如氯霉素能抑制骨髓造血功能，引起再生障碍性贫血（包括白细胞减少、红细胞减少、血小板减少等）；磺胺类能破坏人的正常免疫机能和造血系统，损害人体泌尿系统，容易导致肾小管内析出结晶，损伤肾小管，引起结晶尿、血尿、蛋白尿，重者可发生尿少、尿闭甚至尿毒症。四环素类药物能够与骨骼中的钙结合，抑制骨骼和牙齿的发育。

2. 重金属

海产品中重金属污染最严重的是汞、镉污染，而且呈富集特性。处于食物链越高端的生物，越容易遭重金属污染。在水产品中，肉食性鱼体内的重金属污染最为严重，其次为杂食性鱼和草食性鱼。重金属富集最严重的是内脏，其次是头部和肌肉，因此，要少吃肉食性鱼，如鲨鱼、金枪鱼等，并且要少吃鱼头、内脏。同时，为了避免因兽药、渔药残留及重金属残留而引发的疾病，要在正规市场购买海产品，并且和淡水产品轮流吃，一次食用不宜过量。

3. 细菌和病毒

海产品中生物性有害物主要有细菌、病毒、寄生虫等，生物性危害所导致的疾病占所有海产品食源性疾病的 80% 以上。海产品中的细菌有弧菌、假单胞菌、气单胞菌、黄杆菌、李斯特菌、耶尔森氏菌等嗜冷细菌和梭状芽孢杆菌等，而细菌性污染中 90% 以上是由副溶血弧菌引起的。副溶血弧菌是一种嗜盐的海洋细菌，感染此菌后的临床症状为腹痛、吐泻、发热等。重症型常出现脱水、休克症状。副溶血弧菌引起的食物中毒一般多发于 5—11 月，中毒高峰为 7—9 月，有明显的季节性。但该菌在外界环境中很容易死亡，当温度为56 ℃时5分钟内即可将其杀灭，在食醋中只能存活1分钟。少数病毒会富集在双壳类海产品中引起相关疾病，例如毛蚶中易富集甲型肝炎病毒引发肝炎，而牡蛎等贝类则易富集诺瓦克病毒引发肠胃炎。这些生物性有害物的共同特点是可经高温杀死，因此应避免生吃海鲜，生熟产品需分开，避免交叉污染。这样能极大地降低生物性危害所引起的食源性疾病。

4. 其他毒素

海产品中的毒素主要有贝类毒素、河豚毒素等，其中麻痹性贝类毒素（paralytic shellfish poisoning，PSP）是引起食源性中毒事件最多的生物毒素之一，其主要成分是STX类（saxitoxin）毒素。目前研究人员已经分离出30多种STX类毒素，主要有STX、NeoSTX、GTX1和dc-STX等几类毒素。麻痹性贝类毒素主要通过阻断细胞内钠离子通道、造成神经系统传输障碍而产生麻痹作用，主要表现为摄取有毒贝类后15分钟至两三个小时，中毒者出现唇、手、足和面部的麻痹，接着出现行走困难、呕吐和昏迷，严重者常在2～12 h内死亡。麻痹性贝类毒素主要集中在贝类的肠腺部分，只要加工时去除肠腺，就能避免因麻痹性贝类毒素引起的中毒风险。

9.3 转基因、食品添加剂与预制菜

9.3.1 转基因食品

1. 什么是转基因

转基因技术的理论基础来源于进化论衍生的分子生物学。转基因技术就是将人工分离和修饰过的基因导入目的生物体的基因组中，再从重组体中进行数代的人工选育，从而获得具有稳定表现特征的遗传性状的个体。转基因的常用的方法包括显微注射、基因枪注射、电破法、农杆菌介导转化法等。转基因的原理与常规杂交育种相似，但杂交是将整条的基因链（染色体）转移，为非定向的随机转移；而转基因是选取特定的一小段基因转移，具有更高的选择性，更为重要的是，人工转基因技术不受生物体间亲缘关系的限制。

2. 转基因作物和食品

研究人员利用现代分子生物技术，将某些生物的基因转移到其他物种中去，改造生物的遗传物质，使其在性状、营养品质、消费品质等方面向人们所需要的目标转变，从而得到转基因农作物。以转基因生物作为直接食品，以转基因生物为原料加工生产的食品，以及转基因生物喂养家畜得到的衍生食品，都可以称为广义的转基因食品。

1983年，一株含有抗生素药类抗体的烟草在美国成功培育，标志着第一株转基因作物的诞生。20世纪90年代初，市场上第一个转基因食品——保鲜番茄出现在美国。1996年，美国批准商业化生产种植玉米、大豆和棉花。自此，转基因作物发展在世界范围内按下加速键，开启波澜壮阔的30多年产业化发展之路。虽然转基因食品的安全性受

到一定的质疑，但在全球范围内，跨国农业企业瞄准新基因与新性状深入布局，生物育种技术持续突破，转基因作物面积连创新高。

转基因食品在缓解资源约束、保障粮食安全、保护生态环境方面显现巨大的潜力。目前世界上已有的转基因作物包括以下几种。

（1）抗虫Bt基因作物：棉花、玉米、水稻、烟草、马铃薯、油菜。

（2）几丁质酶和葡聚糖双价基因（抗黄萎病）作物：小麦、烟草、水稻、棉花。

（3）高蛋白质基因作物：油菜。

（4）抗褐变基因作物：土豆、苹果。

2023年，全球转基因作物种植面积为2.063亿公顷（30.9亿亩），是1996年（170万公顷）的118倍。目前世界上推广面积最大的是抗除草剂草甘膦的转基因作物，草甘膦除草剂只除杂草而不除该作物。全球主要农作物种植面积中72.4%的大豆、34.0%的玉米、76.0%的棉花都是转基因品种。批准种植转基因作物的国家从1996年的6个迅速增加到目前的29个，转基因商业化应用的国家和地区已增至71个，商业化种植的转基因作物已增加至32种。

农业农村部已批准了转基因Bt棉花、转基因植酸酶玉米、转基因Bt水稻和抗病毒番木瓜的生物安全证书，其中转基因玉米品种37个、转基因大豆品种14个。我国还批准了转基因大豆、玉米、油菜、棉花、甜菜等5种国外研发的转基因农产品作为加工原料进入国内市场。

3. 抗虫蛋白

转基因抗虫水稻中含有一种来自苏云金芽孢杆菌（Bacillus thuringiensis，Bt）的基因。Bt基因对二化螟、三化螟、大螟、稻纵卷叶螟、稻青虫等8种水稻鳞翅目害虫具有较高的抗性。该基因能使转基因株系合成一种对昆虫有毒的内毒蛋白。Bt菌系含有大量不同的杀虫晶体蛋白编码基因。自1981年第一个杀虫晶体蛋白基因被克隆和测序以来，至今已有近180个不同的Bt杀虫晶体蛋白基因被克隆和测序（张汉尧等，2005）。最近，我国科学家又发现了新型高效广谱杀虫蛋白GhJAZ24。这种蛋白可以特异性识别害虫肠道中大量存在的APN受体，进入草地贪夜蛾肠道细胞后移位到细胞核，致使细胞中组蛋白乙酰化重编程，导致肠道表层细胞出现炎症，并可能进一步引发表层细胞内的干细胞有丝分裂紊乱，进而导致草地贪夜蛾死亡。GhJAZ24蛋白与Bt蛋白的结合区域不同，两者具有良好的互补性，对鳞翅目害虫，尤其是对棉铃虫、草地贪夜蛾幼虫有良好的杀虫效果（Mo等，2024）。

4. 转基因与农业

据全球资讯机构AgbioInvestor的数据（种业知识局，2024），2023年全球种植面积前三的转基因作物分别是大豆、玉米和棉花。2023年，全球转基因大豆种植面积达1.009亿公顷（约15.1亿亩），首次超过1亿公顷，占大豆总面积72.4%；转基因玉米种植面积6930万公顷（约10.4亿亩），占玉米总面积34.0%；转基因棉花种植面积2410万公顷（约3.6亿亩），占棉花总面积的76.0%。此外，转基因油菜种植面积1020万公顷（约1.5亿亩），占油菜总面积24.0%。转基因苜蓿种植面积约120万公顷；转基因甜菜种植面积维持在50万公顷。我国的转基因产业化试点情况显示（新京报，2022），种植转基因大豆可实现增产11.6%的目标，除草率在95%以上，可降低除草成本50%。

美国是最大的转基因作物种植国。截至2023年，美国转基因作物种植面积为7440万公顷（11.160亿亩），占全球转基因作物种植面积的36.1%，占该国耕地总面积的40%以上。目前，美国已经批准了22种转基因作物产业化。据美国农业部国家农业统计局（NASS）公布的数据，玉米、大豆、棉花的转基因品种普及率分别为93%、95%和97%，油菜、甜菜的转基因品种普及率几乎达100%。种植转基因作物是美国占领全球农业制高点的重要方式（种业知识局，2024）。

转基因作物的种植不仅能减少二氧化碳的排放量，还能减少70%～80%的农药使用。我国转基因品种应用最广泛的是棉花，我国已成为仅次于美国的第二个拥有自主知识产权的转基因棉花研发强国。截至2019年底，转基因专项共育成转基因抗虫棉新品种176个，累计推广4.7亿亩，减少70%以上的农药使用量，国产抗虫棉市场份额达到99%以上（农业农村部，2019）。我国人民的饮食对大豆的需求量很大，人均90千克/年，由于大豆的单产比其他作物低，无法占用更多的土地来种植，因此需要大量进口大豆，对科学育种有迫切需求，科学育种方向就是通过转基因技术得到高产、优质且能抵抗不利环境的种子。

5. 转基因食品的安全性

对于转基因作物（食品）的安全性的争议焦点为转基因作物对生态环境的潜在影响（已发现转基因作物间的基因转移）、抗病毒和抗害虫农作物的负面影响（如对非转基因作物的“入侵”）、植入基因对人类和动物健康的负面影响。就目前广泛使用的转Bt蛋白而言，只有鳞翅目昆虫（比如棉铃虫和玉米螟）的消化系统才会对它起反应，哺乳动物的肠道内没有相应的受体，不可能中毒。事实上，Bt蛋白作为有机杀虫剂已经被人类使用了50年以上，没出现过问题。

在世界各国和地区加紧发展自身经济的大趋势之下，有关转基因农作物的学术之争背后，隐藏着深刻的经济和社会原因：国家之间的经济利益冲突，各国之间的技术竞争，消费者的经济利益，消费者的文化背景和宗教信仰差异。

为了使转基因农作物普遍被消费者所接受，世界各国都力争以完善技术、政策、审批与管理机构作为基本保障，对转基因农作物的研究开发和应用进行严格管理与有效控制。例如，对转基因作物种植区域实行强制性隔离措施；对转基因食品实行更严格的控制和监测，如有些转基因农作物仅被批准用于动物饲料，禁止其用于食品生产，等等。

9.3.2 预制菜

预制菜是以一种或多种农产品为主要原料，运用标准化流水作业，经预加工（如分切、搅拌、腌制、滚揉、成型、调味等）和预烹调（如炒、炸、烤、煮、蒸等）制成，并进行包装的成品或半成品菜肴，包括即配、即烹、即热、即食四个层级。

理论上说，只要经过灭菌处理和罐装处理（包括软罐头），工艺操作规范，即食型、即配型预制菜在室温下保存6个月以上是没有问题的。根据工艺不同，具体产品的保质期可以为0.5～2年。具体到每一种产品是否安全，要看它的食材质量是否稳定、生产管理是否严格、工艺参数是否合理。中国烹饪协会已经制订了预制菜的团体标准，如2022年发布了《预制菜》《轻食营养配餐设计指南》《工业化标准化中式高汤》和《工业化标准化中式浓汤》四项团体标准（新京报，2022），对预制菜的原料质量、理化指标、污染物限量、微生物限量等给出了明确的规定。从理论上说，合格的预制菜产品能够达到食品安全标准。

实际上，预制半成品和预制菜也可以有较高的营养保存率。现在连锁餐饮机构大多都会采取预制半成品的方法，预制半成品也属于预制菜的一种类型。没有中央厨房提供的各种预制半成品，就没有办法支撑高效、安全、品质均一的餐饮食物供应。

在食物制作和存放过程中，食品都有被致病菌污染的可能性。即便用冷藏的方法延缓细菌增殖速度，也不能杀死细菌，而且很多致病菌有很强的耐冷性。值得注意的是，预制菜经过较长时间的高温加热，维生素损失较多，油盐过多、蔬菜配料过少，调料汁浓郁。做熟之后储藏、二次加热，对预制菜的营养价值影响较大。同时，部分产品也存在脂肪含量高、钠含量高、能量密度高、维生素含量低等问题。

蔬菜的不合理存放（植物体内的硝酸还原酶把硝酸盐还原为亚硝酸盐）、掉叶、叶子发黄、成水渍状或软烂状，都可能生成亚硝酸盐；空气中的微生物也能将硝酸盐还原。预制菜在存放过程中可能产生亚硝酸盐。

在人工越来越贵的时代，平价餐饮恐怕没法要求手艺。我们必须在方便、安全和美味和经济实惠之间做平衡，而安全是第一位的。鉴于公众对高效餐饮的巨大需求，预计预制菜的市场会越来越大。

9.3.3　食品添加剂

食品添加剂是食品在生产、加工、贮藏等过程中为了改良食品品质及其色、香、味，改变食品的结构，防止食品氧化、腐败、变质和满足加工工艺的需要而加入食品中的天然或化学合成的非营养物质。

我国食品添加剂有23个类别2000多种，包括酸度调节剂、拮抗剂、消泡剂、抗氧化剂、漂白剂、膨松剂、着色剂、乳化剂、酶制剂、增味剂、面粉处理剂、水分保持剂、营养强化剂、防腐剂、稳定和凝固剂、甜味剂、增稠剂、香精香料、胶姆糖基础剂、咸味剂等。

目前我国已颁布了多个食品添加剂的法律、法规和标准，如《食品添加剂使用标准》规定了食品添加剂的使用范围、限量、使用要求。

需要注意的是用于使肉类发色的添加剂亚硝酸盐。由于亚硝酸盐分解产生的亚硝基可与肌红蛋白反应生成稳定、鲜艳、亮红色的亚硝化肌红蛋白，使肉保持稳定的鲜艳颜色。亚硝酸盐对腌制肉制品的色香味有特殊作用，可抑制肉制品中微生物（尤其是肉毒梭状芽孢杆菌）的增殖。世界各国都在使用亚硝酸盐作为肉制品添加剂，迄今未发现理想的替代物。因此，应在保证发色的情况下，将亚硝酸盐的添加量限制在最低水平。

一氧化碳也是一种食品添加剂（孙亚楠，2012）。根据日本及中国上海市对发色罗非鱼片及金枪鱼等产品的调查结果，罗非鱼体内的一氧化碳含量最高为775 μg/kg，而金枪鱼体内一氧化碳含量最高约为 1000 μg/kg。假设鱼肉中一氧化碳含量为 2000 μg/kg，而人体在 30 min 内摄入经一氧化碳处理的鱼肉 500 g，若其中的一氧化碳全部被机体吸收的话，摄入的一氧化碳只有 1 mg，低于允许的安全限量。而经 CO 处理的肉制品在不含有 CO 的环境下贮存时，其内部的 CO 也在不断减少，半衰期约为 3 d。根据美国的规定，其工人工作环境允许的一氧化碳质量浓度为 57 mg/m^3。据分析，在这种环境条件下工作，人体内一氧化碳浓度会保持在某一水平，该水平为摄食 225 g 的一氧化碳饱和状态为 100% 的肉类可达到的浓度水平的 14 倍。其前提是：肉中肌红蛋白和血红蛋白的一氧化碳饱和度最大（为 100%），且肉中的一氧化碳从胃肠道转化到血液中的比例为 100%。而事实上以任何一种方式处理的鱼类，其体内的一氧化碳转化率均不可能达到 100%，一般都在 50% 以下，且任何物质在体内的吸收率也无法达到 100%。因此，即使食用含有一氧化碳的产品，人体内碳氧血红蛋白（carboxy-hemoglobin，HbCO）的水平远远低于安全限量范围（科学百科，2021）。

9.3.4 有机食品

有机食品是指在生产过程中不使用合成农药、化肥、基因改造技术和生长激素的食品。生产有机食品的农场和加工厂必须经过严格的认证，以确保符合有机标准。

有机食品的主要优点在于通常没有或只有极少的农药和化学肥料残留，有助于减少对土壤、水和空气的污染，促进生物多样性，而且有机畜牧业通常要求更高的动物福利标准。

有机食品的缺点主要是生产成本较高，价格通常比常规食品贵。比如，由于不施用农药，就需要用成本高得多的生物防控技术，要进行无害化发酵处理；为了减少病害，保证品质，就要有技术人员的密集指导。此外，有机农业的产量通常低于常规农业，这可能会影响粮食供应。

有些研究表明，有机食品在营养价值上并不明显优于常规食品。尽管有机食品可能含有更高水平的抗氧化剂，但差异通常不大。即使在发达国家，有机食品也是小众产品，购买者不仅是为了自己的健康，更是为了支持和鼓励农场主保护环境的栽培方式。是否将有机食品视为“智商税”取决于个人的价值观和优先考虑的因素。如果非常重视食品的安全性、环境保护和动物福利，有机食品可能是值得的选择；如果关注性价比和营养价值，有机食品的额外成本高，并不值得选择。

9.4 健康饮食

良好合理的健康饮食习惯是保健的一个重要方面，健康的饮食习惯可使身体健康地生长、发育；不良的饮食习惯则会导致人体正常的生理功能紊乱而感染疾病。相反，恰当的饮食对疾病会起到治疗的作用，帮助人体恢复健康。

要保证营养必须根据个体的年龄、性别、遗传和代谢风险状态定制饮食。代谢和生长调节途径是影响健康寿命的关键因素。寿命延长与应激抗性增加、氧化还原代谢改变以及脂质和过氧化物酶体代谢增加有关。

9.4.1　营养物质

1. 碳水化合物

碳水化合物是由碳、氢和氧三种元素组成，是自然界存在最多、具有广谱化学结构和生物功能的有机化合物。由于它所含有的氢氧的比例为2∶1，和水一样，故称为碳水化合物。它是为人体提供热能的3种主要营养素中最廉价的。食物中的碳水化合物分成可以吸收利用的有效碳水化合物，如单糖、双糖，以及不能消化的无效碳水化合物，如纤维素，它们都是人体必需的物质。主食中含有丰富碳水化合物的有米饭、面条、面包、麦片等，蔬菜中含有丰富碳水化合物的有玉米、红薯、土豆、莲藕、南瓜等，水果中含有丰富碳水化合物的有木瓜、菠萝、柿子、芒果等。

每克碳水化合物能为人体提供的热能仅为16.7 kJ，其主要特点表现为能在短时间内提供能量。葡萄糖是人体大脑唯一所需要的能源物质，若血液中葡萄糖含量下降，将会引发低血糖，对大脑正常思考产生影响。肝脏内的糖原对毒物有抵抗力，在特定条件下能够化解乙醇等化学物质对人体的伤害，而且碳水化合物的摄入会减少对人体蛋白质的消耗。人们每天碳水化合物摄取量占总体摄食量的50%至55%时对健康最为有利。精细的淀粉、米饭能快速转化为葡萄糖，因此被称为高升糖指数糖类，它们进入血液后，葡萄糖峰值高；而谷类及全麦食物，在胃肠中停留时间长，葡萄糖吸收率低、释放缓慢，对于控制血糖平稳有好处。

2. 蛋白质

蛋白质是构成人体的重要物质之一，也是一切生命的物质基础，正常情况下人体内有16%～19%属于蛋白质。蛋白质能够为身体提供能量，协助体内水分的正常分布，实现体温酸碱平衡的调节以及遗传信息的传递等，同时帮助身体制造新组织以及替代损坏的组织，帮助伤口愈合。对于普通成年人而言，每日蛋白质摄入量应为每公斤体重1.0 g蛋白质，以确保身体机能的正常运作。而对于健身专业人员或运动爱好者来说，蛋白质需求量约为每公斤体重1.5 g蛋白质，以支持肌肉生长和修复。摄入足够的蛋白质，有利于身体机能的正常运作，不过因体型、性别以及日常活动量等多方面因素的不同，日常所需要的蛋白质的量也会有一定差异。

人体需要摄入包括8种必需氨基酸和非必需氨基酸在内的各种蛋白质。这些氨基酸对于人体来说非常重要，它们具有构建和修复组织、更新细胞、维护免疫系统、合成激素和酶等关键功能。人体可以自行合成非必需氨基酸，而赖氨酸、色氨酸、苯丙氨酸、甲硫氨酸、苏氨酸、异亮氨酸、亮氨酸、缬氨酸是8种必需氨基酸，人体无法自行合成，因此必须通过食物来摄入。动物性食物如肉类、鱼类、禽类、蛋类和奶制品等都是优质的蛋白质来源。另外，植物性食物如豆类、坚果类和谷物等也含有丰富的蛋白质。

3. 脂肪

脂肪是人体必需的营养素之一，它的存在对于人体健康至关重要。但是，过多的脂肪摄入会对健康造成严重的影响。中国营养学会建议，每日膳食中由油脂提供的能量占总能量的比例以20%～30%为宜；胆固醇的每日摄入量应低于300 mg。人体饮食中的脂肪主要来源于动物性食物中的脂肪、烹调油和植物性食物的种子等；磷脂在动物内脏、花生、黄豆中含量较多；胆固醇主要来源于动物内脏、蛋黄、蟹黄等。

脂肪分为饱和脂肪、不饱和脂肪和反式脂肪三种类型。饱和脂肪是一种不健康的脂肪，主要来源于动物性食品，例如肉类、黄油等。不饱和脂肪则是更健康的脂肪，主要来源于植物油和鱼类，例如橄榄油、鳕鱼、坚果等。反式脂肪是一种极不健康的脂肪，主要存在于人造食品中，例如油炸食品和快餐食品。长期大量摄入脂肪会增加患心脏病、中风和2型糖尿病的风险。此外，高脂肪的饮食还与癌症和肥胖症等多种疾病的发生有关。若要减少脂肪的摄入量，可以选择含有少量的油脂的肉类和奶制品。额外添加水果或蔬菜，将可口可乐换成无糖茶，将汉堡包换成鸡肉沙拉等做法都可以有效减少脂肪的摄入。此外，也可以选择更健康的烹饪方式，例如蒸、煮等，而不选择油炸或煎炒。

4. 维生素

维生素是维持身体健康所必需的物质，多数不能在体内合成，必须从食物中摄取。虽然机体对维生素的需要量很小，但缺乏维生素可引起维生素缺乏症。人体需要的维生素有两大类，一是脂溶性维生素，包括维生素A、维生素D、维生素K、维生素E；二是水溶性维生素，包括B族维生素、维生素C、烟酸及叶酸等。脂溶性维生素排泄缓慢，缺乏时症状出现较迟，过量易致中毒。水溶性维生素易溶于水，其多余部分可迅速从尿中排泄，不易储存，需每日供给；缺乏维生素后人体迅速出现相应症状，过量维生素一般不易导致中毒。

正常成人每天的维生素A最低需要量约为3500 IU。缺乏时指甲出现深刻明显的白线，头发枯干，皮肤粗糙，记忆力减退，心情烦躁及失眠；易出现干眼病、夜盲症。含有维生素A较多的是动物肝，其次是奶油和鸡蛋等。

成人维生素B1的每日摄入量为2 mg，缺乏时会得脚气病、神经性皮炎等。它广泛存在于米糠、蛋黄、牛奶、番茄等食物中，现阶段已能人工合成维生素B1。

成年人每天应摄入维生素B2 2～4 mg，缺乏维生素B2时易患口腔炎、皮炎、微血管增生症等。维生素B2大量存在于谷物、蔬菜、牛乳和鱼等食品中。

维生素B3又称为烟酸，是B族维生素中人体需要量最多者，成人的建议每日摄取量是13～19 mg。维生素B3是维持消化系统健康的维生素，也是性荷尔蒙合成不可缺少的物质。

维生素B6帮助分解蛋白质、脂肪和碳水化合物。它有抑制呕吐、促进发育等功能，缺少它会引起呕吐、抽筋等症状。人体每日需要的量约为1.5～2 mg。食物中含有丰富的维生素B6，且肠道细菌也能合成维生素B6，所以人类很少发生维生素B6缺乏症。

维生素B12含有金属元素钴，是维生素中唯一含有金属元素的，能保持神经系统健康，用于红细胞的合成。缺乏维生素B12时会发生恶性贫血。人体每天约需维生素B12 12 μg。

维生素C也称为L-抗坏血酸，是一种水溶性维生素，能够治疗坏血病并且具有酸性。植物及绝大多数动物均可在自身体内合成维生素C。可是人、灵长类及豚鼠则因缺乏维生素C将L-古洛酸转变成为维生素C的酶类，而不能合成维生素C，故必须从食物中摄取。维生素C是最不稳定的一种维生素，由于它容易被氧化，在食物贮藏或烹调过程中，甚至切碎新鲜蔬菜时维生素C都能被破坏。微量的铜、铁离子可加快维生素C破坏的速度。中国营养师学会建议成年人每日摄入量为100 mg，每日最多摄入量为1000 mg。缺乏维生素C时易发生坏血病。

维生素D与动物骨骼的钙化有关，具有显著的调节钙、磷代谢的活性作用。缺乏维生素D时易患佝偻病或骨软化症。维生素D在动物的肝、奶及蛋黄中含量较多，尤以鱼肝油的含量最丰富。婴儿、青少年、孕妇及哺乳者每日需要量为400～800 IU。

维生素E是所有具有α-生育酚活性的生育酚和生育三烯酚及其衍生物的总称，又名生育酚，是一种脂溶性维生素，主要存在于蔬菜、豆类之中，在麦胚油中含量最丰富。维生素E易被氧化，故能保护其他易被氧化的物质。维生素E是人体内优良的抗氧化剂，若缺少它，男女都不能生育，严重者会患肌肉萎缩症、神经麻木症等。

维生素K具有促进凝血的功能，故又称凝血维生素。常见的有维生素K1和维生素K2。缺乏维生素K1时，肝脏合成凝血因子的能力大大下降，人体会出现凝血迟缓和出血病症。维生素K可增强肠道蠕动和分泌功能，缺乏维生素K时平滑肌张力及收缩减弱，还可能影响一些激素的代谢。

维生素M也称叶酸，抗贫血，可维护细胞的正常生长和免疫系统的功能，防止胎儿畸形。蔬菜的绿叶富含叶酸。人体每日需要量约为400 μg。缺乏叶酸的主要表现为白细胞减少、红细胞的体积变大。

由于维生素的重要作用，人们要通过饮食广泛摄取维生素。只有保证日常食物的多样化，减少快炒的烹饪方式，避免维生素的损失，才能有效地补充维生素及其他营养素。健康的饮食习惯包括以下几点。

①按时按量吃饭，不能太饱或太饿，保持食量和体力活动量相平衡。

②食物多样，谷类为主，粗细搭配。根据食物血糖生成指数的概念，控制粮食碾磨的精细程度非常关键，提倡用粗制粉或带碎谷粒制成的面包代替精白面包。

③多吃蔬菜、水果和薯类。蔬菜能不切就不切，豆类能整粒吃就不要磨。多选用天然膳食纤维丰富的蔬菜，注意补充维生素。

④多吃鱼，每天吃奶类、大豆或其制品，多吃新鲜天然食物，补充优质蛋白。

⑤多吃坚果和橄榄油以及一些黑巧克力，食用健康脂肪酸。

⑥要少吃红肉、深加工肉类，不吃油炸食物和过咸的食物，不吃零食，不喝甜饮料。

9.4.2　饮食方法

近年来，有很多崇尚健康的人士采用限制能量、轻断食、生酮饮食等方法来控制体重或体脂率，这需要谨慎实施并注意个人身体状况。

1. 限制能量的均衡饮食

能量摄入要比平时大概低300～500 kcal。三大营养素的比例，也就是蛋白质、碳水化合物和脂肪的比例跟平时差不多。

2. 轻断食法

轻断食法包括多种形式，如16+8、5+2等，这些方法通过限制每天的进食时间或减少摄入的热量来达到控制体重的目的。例如，16+8方法要求在24小时内将进食时间限制在8小时内，而5+2方法则建议一周中有5天正常饮食，其余2天减少摄入量。这些方法在短期内使用是安全的，并且对于大多数人来说，5+2方法相对更具有可操作性，因为它基本不影响正常的工作和生活节奏，同时在轻断食日后可以恢复相对正常的饮食作为缓冲。然而，轻断食法并不适合所有人。孕妇、儿童、老人、哺乳期女性以及有特殊健康问题的人群（如有进食障碍、严重的慢性感染、肿瘤、心脑血管疾病、糖尿病或胃肠道疾病等疾病的人群）应避免尝试轻断食法。此外，轻断食期间需要保证营养均衡，避免营养失衡。建议在尝试轻断食前咨询医生或营养师的意见，以确保安全有效。

3. 生酮饮食

生酮饮食即限制碳水化合物摄入，增加优质蛋白、优质脂肪和蔬菜摄入。虽然短期生酮饮食的减肥效果的确不错，在2020年美国《新闻与世界报道》公布的快速减肥榜单中，其效果位列第三。然而，长期使用生酮饮食法，会对身体造成一系列副作用，包括慢性疲劳、恶心、头痛、脱发、酒精耐受性降低、体能下降、心悸、腿抽筋、口干、味觉差、口臭、痛风或便秘等。这些并发症可能与酮症及代谢性酸中毒直接相关。

应根据个人情况确定采用何种方法，比如有的人肥胖可能是因为暴饮暴食、运动量偏少，这种可能适合用限制能量的均衡饮食法；有的肥胖者吃的不多，也运动，但是基础代谢率比较低，这种可能适合用高蛋白低碳水化合物饮食法。所以减重方案应个性化，最好在医生的指导下选择合适的方案。

思考题

1. 反思个人饮食习惯，是否存在较多的食品卫生漏洞？
2. 除了厂家自行标注，理论上能否区分转基因与非转基因食品？
3. 生活中越来越多的预制菜出现在餐桌上，你认为应如何监管和选择？
4. 如何看待食品添加剂的种类越来越多？
5. 有机食品的生产过程会不会排出更多的碳？
6. 健康饮食的要素有哪些？

参考文献

[1] MO H, CHANG H, ZHAO G, et al. iJAZ-based approach to engineer lepidopteran pest resistance in

multiple crop species［J］. Nature Plants，2024，10（5）：771-784.

［2］陈家旭，蔡玉春，艾琳，等．我国重要人体寄生虫病防控现状与挑战［J］. 检验医学，2021，36（10）：993-1000.

［3］陈颖丹，周长海，朱慧慧，等．2015 年全国人体重点寄生虫病现状调查分析［J］. 中国寄生虫学与寄生虫病杂志，2020，38（1）：5-12.

［4］方悦怡，吴军，柳青，等．广东省华支睾吸虫病流行现状调查和分析［J］. 中国病原生物学杂志，2007，2（1）：54-56.

［5］何竞智，朱师晦，杨思齐，等．广州管圆线虫在我国大陆人群病例的脑脊髓液中首次发现和证实［J］. 广州医学院学报，1984，12（3）：1-4.

［6］金玫华，沈建勇，韩建康，等．1995—2006 年浙江省湖州市甲型病毒性肝炎流行特征分析［J］. 疾病监测，2008，23（9）：542-544.

［7］科学百科．一氧化碳［EB/OL］.（2021-12-31）［2024-08-04］. https://www.kepuchina.cn/article/articleinfo?business_type=100&ar_id=296676.

［8］李长强．黄曲霉毒素产生的原因、危害及控制措施［J］. 饲料博览，2012（8）：53-54.

［9］ 农业农村部．在稳慎中坚定前行——我国农业转基因研发成效综述［EB/OL］.（2019-12-30）［2024-08-04］. http://www.moa.gov.cn/xw/bmdt/201912/t20191230_6334113.htm.

［10］世界卫生组织．世卫组织加强行动，以改善食品安全，保护人们免受疾病侵害［EB/OL］.（2021-06-07）［2024-10-23］.https://www.who.int/zh/news/.

［11］孙亚楠．罗非鱼一氧化碳发色机理的研究［D］. 南宁：广西大学，2012.

［12］新京报．农业农村部：有序推进转基因产业化 推动种业高质量发展［EB/OL］.（2022-01-20）［2024-08-04］https://baijiahao.baidu.com/s?id=1722462784773710152&wfr=spider&for=pc.

［13］新京报．中国烹饪协会发布预制菜团体标准，规范产业发展、提升食品安全［EB/OL］.（2022-06-02）［2024-08-04］https://baijiahao.baidu.com/s?id=1734526319823227726&wfr=spider&for=pc

［14］张汉尧，刘小珍，杨宇明．植物抗虫基因工程研究进展［J］. 河南农业科学，2005（3）：11-15.

［15］张官婷，张启明，方悦怡，等．2016—2022 年广东省人群华支睾吸虫感染流行病学和空间分布特征［J］. 中国血吸虫病防治杂志，2022，40(5):629-634.

［16］种业知识局．全球转基因产业图谱［EB/OL］.（2024-06-19）［2024-08-04］https://baijiahao.baidu.com/s?id=1802294376332896614&wfr=spider&for=pc.

第10章　人居环境与人体健康

10.1　室内环境

随着人们的居住环境在人口迅速增长所造成的压力下不断恶化，人居问题便越来越受到人们的关注。“煤烟污染”“光化学烟雾污染”之后，人类正面临以“室内空气污染”为主的第三次环境污染。

室内环境包括居室、办公室、车间、学校、交通工具、娱乐场所、医院、疗养院等，室内污染主要是由于室内空气中存在多种挥发性有机物而对室内环境造成污染的现象。美国已将室内空气污染归为危害人类健康的5大环境因素之一。世界卫生组织也将室内空气污染与高血压、胆固醇过高症以及肥胖症等共同列为人类健康的十大威胁。据世界卫生组织统计，2023年，全球近1/3的人处于室内空气污染中。室内空气污染主要发生在发展中国家，可导致缺血性心脏病、中风、下呼吸道感染、慢性阻塞性肺病和肺癌。室内潮湿或有霉菌与过敏症状和呼吸道影响具有一致的正相关性（Mendell等，2011）。

10.1.1　住宅、办公环境污染源

近年来，随着人们生活水平的提高，居住条件不断改善，家庭装饰热不断升温。由于化学制品和建筑材料的污染，室内空气质量恶劣的问题引起了各方面的广泛关注。

据世界卫生组织统计，2023年全世界约有23亿人（约占全球人口的三分之一）使用明火或低效炉灶烹饪。这些炉灶以煤油、生物质（木材、动物粪便和作物废料）和煤炭作为燃料，造成有害的家庭空气污染。2017年，中国疾病负担排名前十的室内空气污染物为$PM_{2.5}$、一氧化碳、氡、苯、二氧化氮、臭氧、二氧化硫、甲醛、苯和对二氯苯，与欧美国家的排序差异明显（Liu等，2023）。接触这些有害污染物可以引起头痛、恶心呕吐、抽搐、呼吸困难等，反复接触可以引起过敏反应，如哮喘、过敏性鼻炎和皮炎等，长期接触则可能导致癌症（肺癌、白血病）或导致流产、胎儿畸形和生长发育迟缓等。

在住宅环境中，厨房、卧室、采暖设备、厕所、家用电器和家用化学品都可能是环境污染来源。在办公环境中，复印机、打印机、传真机等现代办公设施能释放臭氧，油漆、涂料、板材、石材等建筑装饰材料能释放甲醛、苯系物等。除此之外，杀虫剂、中央空调、香烟烟雾都是办公环境的污染源。

10.1.2　室内空气污染的特点

人的一生有70%～80%的时间是在室内活动，室内空气的质量及洁净程度与人体健康息息相关。室内空气污染具有以下三方面特点。

（1）累积性。室内环境是相对封闭的空间，污染物从进入室内浓度升高，到排出室外后浓度渐趋于零，需要经过较长的时间。室内的各种物品，包括建筑装饰材料、家具、地毯、复印机、打印机等都可以释放出一定的化学物质，如不采取有效措施，它们将在室内逐渐累积，导致污染物浓度增大，对人体产生危害。此外，现在人们在空调环境生活的时间很长，新风量不足，也会导致污染物的积累。

（2）长期性。一些调查表明，人们大部分时间处于室内，即使浓度很低的污染物，长期作用于人体后，也会对人体健康产生不利影响。

（3）多样性。室内空气污染的多样性既包括污染物种类的多样性，又包括污染物来源的多样性。室内空气中存在的污染物既有生物性污染物，如细菌等；又有化学性污染物，如甲醛、氨、苯、甲苯、一氧化碳、二氧化碳、氮氧化物、二氧化硫等；还有放射性污染物，如氡及其子体。

室内环境污染物排放频率高、周期长，对人体的健康危害大。儿童、孕妇和慢性病人，因为在室内停留的时间比其他人群更长，更容易受到室内环境污染的危害。特别是儿童，他们比成年人更容易受到室内空气污染的危害。一方面，儿童的身体正在成长发育中，每单位体重的呼吸量比成年人高近50%，另一方面，儿童有80%的时间生活在室内。世界卫生组织的报告显示，2020年家庭空气污染造成320万人死亡，其中包括23.7万名5岁以下儿童。严重的室内环境污染不仅给人们健康造成损失，而且造成了巨大的经济损失。2017年我国室内空气污染在总疾病负担中占比14.1%，相应经济损失为2.88万亿元，占当年GDP的3.45%，在所有健康风险因素中排名第三（Liu等，2023）。

10.1.3　室内的主要空气污染物

随着化学品和各种装饰材料的广泛使用，室内其他污染物尤其是挥发性有机化合物（VOCs）的种类不断增加。因此，总挥发性有机物（TVOC）可作为室内空气质量的指标，用以评价暴露于VOCs中产生的健康问题和不舒适效应。室内环境中的VOCs主要是由建筑材料、清洁剂、油漆、含水涂料、黏合剂、化妆品和洗涤剂等释放出来的，此外吸烟和烹饪过程中也会产生VOCs。

1. 甲醛

甲醛是无色、有强烈刺激性气味的气体，35%～40%的甲醛水溶液即为“福尔马林”，有凝固蛋白质的作用，主要用于生产人工合成黏结剂（木工板、乳胶漆、腻子胶等）。室内环境中的甲醛根据其来源大致可分为两大类。

（1）来自室外空气的甲醛。工业废气、汽车尾气、光化学烟雾等在一定程度上均可排放或产生一定量的甲醛，是室内甲醛污染的主要来源，但是这一来源占比很小。

（2）来自室内建筑本身的甲醛。甲醛主要来源是木质板材生产、家具和装修材料中的脲醛树脂黏合剂、甲醛防腐剂以及吸烟产生的烟雾。

甲醛能够引起以下症状。

①急性中毒：当室内空气中甲醛的含量为0.1 mg/m^{3}时，人就能感受到异味和不适，甲醛含量为0.5 mg/m^{3}时可刺激眼睛引起流泪，甲醛含量为0.6 mg/m^{3}时引起咽喉不适或疼痛，浓度再高可引起恶心、呕吐、咳嗽、胸闷、气喘甚至肺气肿。

②慢性中毒：流泪、眼痒、嗓子干燥发痒、咳嗽、气喘、声音嘶哑、胸闷、皮肤瘙痒。

长期低剂量接触甲醛会降低肌体免疫功能，引起神经衰弱，导致记忆力减退；长期刺激呼吸道，引发慢性呼吸道疾病，导致肺功能下降。儿童和孕妇对甲醛尤为敏感，长期接触甲醛会引发妊娠综合征，造成新生儿染色体异常、白血病。

虽然自《室内空气质量标准》颁布以后，室内甲醛浓度在2003—2009年间逐年下降，但2013年之后又呈现上升趋势（王琼和肖康，2022）。游离甲醛不但会造成室内环境污染，同时会直接污染放在衣柜里面的衣物，特别是一些棉质的睡衣、童衣和内衣。WHO和我国规定的甲醛排放标准都是0.1 mg/m^3。室内甲醛的释放量与室温正相关，可采用便携式检测仪或试纸法测定甲醛含量。甲醛在室内环境中的含量与房屋的使用时间、温度、湿度及房屋的通风状况有密切的关系。在一般情况下，房屋的使用时间越长，室内环境中甲醛的残留量越少；温度越高，湿度越大，越有利于甲醛的释放；通风条件越好，建筑、装修材料中的甲醛释放得越快。甲醛的潜伏期可为3～15年。

2. 苯及苯系物

大气中80%的苯来源于汽车尾气，在自然通风的条件下，室内大约有70%的苯来源于室外的汽车尾气。此外，室内环境中的苯系物主要来自燃烧烟草的烟雾、油漆及各种油漆涂料的添加剂和稀释剂、各种溶剂型塑胶剂、防水材料等。长期在苯系物浓度超标的环境下生活、工作会引起慢性苯中毒。苯及苯系物主要是对皮肤、眼睛和上呼吸道有刺激作用，皮肤可因脱脂而变得干燥、脱屑，或出现过敏性湿疹。长期吸入苯能导致再生障碍性贫血，甚至导致白血病。

苯、甲苯、二甲苯等苯系物主要导致中枢神经系统的损伤及黏膜刺激，吸入较多时，会使大脑和肾受到永久损害。美国EPA统计数据显示，无过滤嘴香烟、主流烟中甲苯含量为100～200 μg。在短时间内吸入4000 mg/m^{3}以上的苯，除对黏膜及肺有刺激性外，对中枢神经亦有抑制作用，同时会导致头痛、欲呕、步态不稳、昏迷、抽搐及心律不齐等症状（昆山疾控，2019）。人体吸入较多的甲苯，会使大脑和肾受到永久损害。孕妇吸入较多甲苯，可能会导致婴儿先天缺陷。二甲苯会造成皮肤干燥、皲裂和红肿，神经系统受损，还会造成肾和肝暂时性损伤。甲苯、二甲苯对生殖功能亦有一定影响，育龄妇女长期吸入苯还会导致月经异常。孕期接触甲苯、二甲苯及苯系混合物可能导致妊娠高血压综合征、妊娠呕吐及妊娠贫血等妊娠并发症。研究还发现接触甲苯的实验室工作人员和工人的自然流产率明显增高。

3. 空调中的致病菌

多项空调卫生状况调查显示，空调系统风管的积尘量和细菌含量都很大，含有金黄色葡萄球菌、军团菌（导致肺炎）等十几种致病菌，其中嗜肺军团菌阳性率在65%以上（张丽霞等，2010）。多参加室外体育锻炼，作息规律，注意衣物被褥清洁，增强免疫力，可减少空调病诱发的不良症状。

4. 氨气

氨气在常温下为无色有刺激性恶臭的气味。在我国很多地区的住宅楼、写字楼、宾馆、饭店等的建筑施工中，常常人为地在混凝土里添加高碱混凝土膨胀剂和含尿素的混凝土防冻剂等外加剂，以防止混凝土在冬季施工时被冻裂，同时可明显加快施工进度。这些含有大量氨类物质的外加剂在墙体中随着湿度、温度等环境因素的变化而还原成氨气从墙体中缓慢释放出来，造成室内空气中氨浓度的大量增加。

短期内吸入大量氨气后可出现流泪、咽痛、声音嘶哑、咳嗽、痰带血丝、胸闷、呼吸困难，可伴有头晕、头痛、恶心、呕吐、乏力等，严重者可发生肺水肿、急性呼吸窘迫综合征，同时可能表现为呼吸道刺激症状。若吸入的氨气过多，血液中氨浓度过高就会引起三叉神经末梢的反射作用而导致心脏的停搏和呼吸停止，危及生命。氨气对皮肤组织有刺激和腐蚀作用，可以吸收皮肤组织中的水分，使组织蛋白变性，并使组织脂肪皂化，破坏细胞膜结构。

5. 氡

氡是一种放射性惰性气体，无色无味，存在于水泥、砂石、天然大理石中，密度为空气的7.7倍，是镭系、钍系放射性元素的衰变产物，半衰期为3.82天。氡衰变过程可产生一系列放射性核素，并释放出α射线、β射线、γ射线。氡通过呼吸进入人体，衰变时产生的短寿命放射性核素会沉积在支气管、肺和肾组织中。当这些短寿命放射性核素衰变时，释放出的α粒子对内照射损伤最大，可使呼吸系统上皮细胞受到辐射。长期的体内照射可能引起局部组织损伤，甚至诱发肺癌和支气管癌等。氡及其子体在衰变时还会释放穿透力强的γ射线，对人体造成外照射。

氡气可以从石块、花岗石、黏土、砖瓦、水泥、建筑陶瓷、石膏中析出，颜色鲜艳的红色花岗石大多氡含量超标。人一生所接受的辐射中有55%来自氡。世界卫生组织的国际癌症研究中心（IARC）以动物实验证实了氡是当前被认识到的19种最重要的致癌物质之一，是仅次于吸烟的第二大致肺癌物质。在欧洲，氡暴露造成了2%的癌症死亡率（Darby等，2005）。

6. 厨房油烟废气

厨房油烟中含有300多种有害物质，如醛、酮、烃、脂肪酸、醇、酯、芳香族化合物、杂环化合物等有机物，是一种由气、液、固构成的气溶胶。

厨房油烟与炒菜时油的温度有直接的关系：油温达到170 ℃左右时油烟开始含有分解产物；超过200 ℃时，油烟的主要成分为丙烯醛，它具有强烈的辛辣味，对鼻、眼、咽喉黏膜有较强的刺激作用，可引起鼻炎、咽喉炎、气管炎等呼吸道疾病；到250 ℃时，大量烟气产生，并可能含有苯并芘、硝基多环芳香剂（DNP）等致癌物质。

一般来说，食用油中，菜籽油的致突变活性最高，其次是豆油、花生油和玉米油。从烹饪方式看，煎、炸、烤产生的致癌物质高于蒸、煮、炒。烹饪前要打开抽油烟机，让其先运行一段时间；做饭后不要立即关闭抽油烟机，防止油烟排不干净。

7. $PM_{2.5}$

人们广泛关注环境空气中 $PM_{2.5}$ 的污染，却往往会忽略室内的 $PM_{2.5}$ 污染。近期的研究报告认为，$PM_{2.5}$ 是继甲醛、苯、TVOC、氨、氡之后的“第六大杀手”。一些研究结果表明，在很多情况下，室内 $PM_{2.5}$ 的浓度要远远超过室外。一个人每天待在室内的时间远远多于待在室外的时间，因此室内的 $PM_{2.5}$ 对人体的危害要比室外的 $PM_{2.5}$ 大很多。建筑物室内空气中 $PM_{2.5}$ 的浓度与建筑物的位置有很大关系，在同样气象条件下，地处交通繁忙和建筑工地附近的建筑物室内 $PM_{2.5}$ 浓度会明显增加。

此外，烟草烟雾是室内空气 $PM_{2.5}$ 污染的重要来源，几乎占了 90%。调查显示：在受监测的全面禁烟的餐厅中，$PM_{2.5}$ 平均值为 61.0 $\mu g/m^3$；部分禁烟的餐厅和没有禁烟规定的餐厅中，$PM_{2.5}$ 平均值分别为 103 $\mu g/m^3$ 和 114 $\mu g/m^3$（财新网，2011）。而在居民家中，客厅和厨房中的 $PM_{2.5}$ 浓度明显高于卧室，而且吸烟会使室内 $PM_{2.5}$ 浓度增加 3～5 倍。对于正常通风的普通办公室和居民住房来说，即便有人在室内只吸一支烟，那么也需要 10 小时以上才能使室内的 $PM_{2.5}$ 恢复至之前的水平。吸烟产生的烟雾中的微小颗粒物，也会残留在衣服、墙壁、地毯、家具，甚至头发和皮肤等。人稍微活动或空气流通时，这些颗粒物便会升腾起来，被人吸入肺里，对人体健康构成威胁。

8. 空气中的霉菌

花洒、浴缸、洗手台、马桶周边、地漏，甚至洗衣机里都会存在霉菌。霉菌孢子在一定条件下可以繁殖，并通过呼吸道传播给人，从而引起感染。一旦出现胸闷气短或是鼻炎哮喘症状、感冒样症状，就要及时就医，尤其需要排除霉菌过敏。同时，对卫生间的角落缝隙可以用 84 消毒液进行清洁，清洗时要戴上口罩，以免误吸有毒物质。动物身上以及粪便里也存在大量曲霉菌。如果家里养宠物，最好让宠物待在阳台等空气流通的地方，不要让宠物进入卧室等主人居留时间比较长的场所。当室内家具背面、衣柜门内面、床头柜背面、接近出水口的缝隙、吊柜背面、墙角有黑黄色霉斑时，一定要及时清洁。

10.1.4 有害气体的防护及净化

随着生活水平的提高，室内环境对人体健康的影响日益受到重视。室内有害气体不仅来源于室外空气污染，还包括装修材料、家具、家电等释放的化学物质。室内的纯羊毛地毯、壁纸的细毛绒不仅是致敏原，还能吸附、释放大量的有机物，如甲醛、氯乙烯、苯、甲苯、二甲苯、乙苯等；化纤地毯也能释放甲醛、苯、五氯酚等有害物质。长期暴露于这些有害物质中，可能对人体健康产生负面影响。因此，了解并采取有效的防护及净化措施对于保障室内空气质量至关重要。

1. 加强室内通风换气

通风换气是最有效、最经济的方法，不管住宅里是否有人，应尽可能地多通风。室内空气的流通可以降低室内空气中有害物质的含量，从而减少此类物质对人体的危害。若室内可能有甲醛、放射性氡物质等，应加强通风换气次数。坚决避免在室内吸烟。

2. 保持一定的湿度和温度

湿度和温度过高时，大多数污染物就从装修材料中散发得快，同时湿度过高有利于细菌等微生物的繁殖。因此外出时可以采取措施提高湿度。一般情况下，室内湿度应保持在40%～60%，既有利于人体健康，又能减少装修材料、家具等释放的有害气体。可以通过使用加湿器或除湿器来控制室内湿度。

3. 保持室内清洁

定期清洁室内环境，减少灰尘、细菌等污染物的积累。对于地毯、窗帘等易积聚灰尘的物品，应定期清洗或更换。应使用环保的杀虫剂、除臭剂、熏香剂、清洁剂，这些药剂对室内害虫和异味有一定的处理作用，但也要注意它们对人体产生的危害。特别是在使用湿式喷雾剂时，产生的喷雾状颗粒可以吸附大量的有害物质并进入人体内，其危害比干式的严重得多。在室内密闭环境中，含有化学香精的空气进入人体，容易引起身体缺氧疲劳、过敏等症状。

4. 使用空气净化技术

空气净化器可以通过吸附、分解等方式有效去除室内空气中的有害物质。选择具有高效过滤、活性炭吸附、光催化等功能的空气净化器，能够有效去除甲醛、苯、TVOC等有害气体。同时，要注意定期更换滤网，保持空气净化器的性能。室内细菌、病毒的净化方法是低温非对称等离子体净化技术，配套装置是低温等离子体净化装置。

5. 减小装修材料的累积效应

在装修过程中，应优先选择环保、无毒、低挥发的装修材料。但要注意的是，达标材料不等于环保材料；达标材料不是不含有害物质，只是有害物质在限量范围内。在有限的空间内用10张板材时空气质量达标不意味着用20张板材时也能达标；而且装修材料类别越多，空气质量就越有可能会超标。另外，值得引起注意的是，有害气体的散发程度与温度紧密相连，温度变化会在很大程度上影响有害气体的散发情况。

6. 合理布局及分配室内外的污染源

为了减少室外大气污染对室内空气质量的影响，对城区内各污染源进行合理布局是很有必要的。居民生活区等人口密集的地方应安置在远离污染源的地区，同时应将污染源安置在远离居民区的下风口方向，避免居民住宅与工厂混杂的问题。卫生和环保部门应加强对居民生活区和人口密集的地方进行空气质量的跟踪检测和评价，提供体现室内空气质量对人体健康影响程度的数据。

对室内空气质量的要求不能局限于家居，而是要面向所有的室内场所，如宾馆、酒店、餐厅、娱乐场所和商场、影剧院、展览馆等，还有办公室、会客室、课室等。除要重视科研与监测、加强队伍建设、制定行业标准、加强立法与宣传外，还要加大经费的投入，研制新的高效的室内污染净化装置，消除室内空气污染，保障人们身体健康。

10.2 室外环境

10.2.1 湿度

湿度是指大气的干燥程度。湿度在50%～60%之间，人体会感到比较舒适；湿度过低（＜38%）或过高（＞65%），都会导致病菌繁殖滋生快；而当湿度在45%～55%时，病菌死亡率最高。

1. 低湿度

低湿度对健康的影响主要表现在以下几个方面。

（1）皮肤和黏膜干燥。

在低湿度环境下，皮肤水分容易蒸发，使皮肤变得干燥、粗糙，甚至出现脱屑、瘙痒和干裂的现象。若长时间处于低湿度环境中，皮肤可能处于缺水状态，导致皮肤老化速度加快、细纹和皱纹更加明显。低湿度还可能导致呼吸道黏膜干燥，引发或加重咳嗽、咽痛、声音嘶哑等不适症状。

（2）呼吸道疾病易发。

低湿度环境下，流感病毒和革兰氏阳性菌的繁殖会加快，从而增加呼吸道感染的风险。尤其是在冬季，室内采暖会进一步降低空气湿度，使呼吸道疾病更易发生。低湿度还会导致鼻部和肺部呼吸道的黏膜脱水，弹性降低，进而导致灰尘和细菌容易附着在黏膜上，增加了上呼吸道感染的概率。

（3）过敏反应加剧。

低湿度环境容易诱发过敏性皮炎等皮肤疾病，诱发或加重哮喘症状。

（4）体温调节和舒适度下降。

虽然低湿度有助于加快汗液蒸发，促进散热，但在极端情况下，也可能导致体温调节失衡，如中暑等问题。此外，在低湿度环境中人们可能会有口干舌燥、食欲缺乏等不适症状，降低生活的舒适感。

（5）其他影响。

空气湿度低可能导致眼睛干涩不适、鼻黏膜破裂，甚至鼻出血。

2. 高湿度

高湿度对健康的影响主要表现在以下几个方面。

（1）体温调节失衡。

高湿度环境下，人体的汗液蒸发散热会受到阻碍，导致体内物质分解产生的热量难以顺利排出，从而引起体温升高、心跳加快、烦躁、疲倦等症状。

（2）水电解质失衡。

高湿度环境下，人体为了散热而大量出汗，汗水中含有钠、钾等电解质，若不及时补充电解质，可能导致水电解质失衡，引起肌肉痉挛、疲劳、头晕等症状。

（3）心血管负担加重。

高湿度环境下，人体为了维持正常体温，需加快血液循环和散热，从而加重心血管系统的负担，可能诱发心血管疾病。

（4）消化系统紊乱。

人体的消化酶分泌减少且活性降低，对食物的分解消化能力下降，可能导致消化不良、食欲不振等问题。

（5）神经系统影响。

长期处于高湿度环境下，机体内分泌功能可能发生改变，如甲状腺素、肾上腺素的分泌减少，影响人体的机能调整，导致精神萎靡、无精打采、注意力不集中等状态的出现。

（6）皮肤问题。

高湿度环境容易导致皮肤潮湿，增加皮肤瘙痒、湿疹、丘疹等症状的风险。此外，湿度过高还可能加速皮肤老化过程。

（7）呼吸系统问题。

湿度过大时，环境中的细菌、霉菌和真菌生长繁殖速度加快，易引发呼吸系统感染性疾病，如上呼吸道感染、支气管炎、肺炎等，还可能诱发哮喘、过敏性皮炎等变态反应性疾病。

（8）加重肾脏负担。

在高湿度环境下，人体的尿液排出量相对增加，以补偿因水分蒸发减少而导致的体液调节失衡，这可能加重肾脏的负担，对肾脏疾病患者的恢复不利。

（9）增加心理压力。

人长期处于高湿度环境中，容易头痛、疲劳或产生不良情绪，对人们的日常生活和工作带来负面影响。

为了保持室内湿度在适宜的范围内，我们可以通过使用空调、加湿器等方法进行调节。同时，注意补充水分和电解质，以维持体内水电解质平衡，避免出现湿度过高、过低引起的身体不适。

10.2.2　温度

1. 高温

随着全球气候变暖，高温天气越来越频繁，对人体健康的影响也日益凸显。在高温环境下，人体会经历一系列生理和心理的挑战，导致多种健康问题。

（1）体温调节失调。

在高温环境下，人体通过出汗等机制来调节体温，以维持正常的生理功能。然而，当环境温度过高或湿度过大时，人体的散热机制可能无法有效运作，导致体温调节失衡。体温过高会引起一系列不适应症，如头晕、恶心、呕吐等，甚至可能导致中暑或热射病。

（2）水电解质失衡。

人体会大量出汗以散热。汗液中含有大量的水分和电解质，如钠、钾、氯等，如果出汗过多，而又未能及时补充水分和电解质，就会导致水电解质失衡。这种失衡可能引起疲劳、乏力、肌肉痉挛等症状，还可能引发低钠血症等危险情况。

（3）心血管负担加重。

人体为了散热，心跳会加快，血液循环也会加快。这会增加心血管系统的负担，尤其对于那些已经患有心血管疾病的人。高温还可能导致血压下降，从而进一步加重心血管系统的负担。

（4）消化系统紊乱。

高温环境会影响人体的消化系统。一方面，高温会使人食欲下降，影响食物的消化吸收；另一方面，高温还可能引发胃肠道功能紊乱，如腹泻、恶心、呕吐等。此外，高温还可能导致食物中毒等食品安全问题。

（5）影响神经系统。

高温环境会对人体的神经系统产生影响。首先，高温可能引发头痛、头晕等症状；其次，长期在高温环境下工作或生活的人，还可能出现记忆力下降、注意力不集中等神经系统问题。对于老年人和儿童来说，高温环境对神经系统的影响更为显著。

（6）免疫力下降。

高温环境会削弱人体的免疫力。一方面，高温会使人感到疲劳和不适，降低身体的抵抗力；另一方面，高温还可能影响免疫系统的正常功能，降低人体对病毒和细菌的防御能力。因此，在高温环境下，人们更容易受到疾病的侵袭。

（7）加重心理压力。

高温环境还可能对人的精神心理产生影响。在高温下人会感到烦躁、焦虑、不安。此外，高温还可能影响人的睡眠质量，睡眠质量下降也会影响人的精神状态和工作效率。

为了保持身体健康，人们要注意防暑降温，高温天气下适当减少户外活动时间、及时补充水分和电解质、穿着透气轻便的衣物等。

2. 低温

随着气候和人们生活环境的变化，低温环境对人体健康的影响愈发受到关注。在寒冷的天气条件下，人体会经历一系列生理和心理的变化，这些变化可能对健康产生不同程度的影响，主要表现在以下8个方面。

（1）体温失调。

在低温环境下，人体会通过一系列生理机制来维持体温恒定，如血管收缩、颤抖等。然而，当环境温度过低时，这些机制可能不足以抵消外界寒冷的影响，从而导致体温调节失调。体温调节失调会直接影响身体的正常代谢和器官功能，甚至可能导致低温症，危及生命。

（2）血液循环减缓。

为了减少热量散失，在低温下血管会收缩，导致血液循环减缓。这一变化可能会使得身体末端如手指、脚趾等得不到足够的血液供应，从而使人体产生麻木、刺痛等不适感。此外，血液循环减缓还可能增加心血管疾病的风险，如心脏病和中风等。

（3）呼吸系统受阻。

低温环境下，人体的呼吸系统可能受到影响。冷空气会刺激呼吸道黏膜，引起咳嗽、打喷嚏等症状。对于患有呼吸道疾病的人来说，低温环境可能加重病情，如加重哮喘或慢性支气管炎等。

（4）肌肉骨骼僵硬。

在寒冷的环境中，人体的肌肉和关节可能会变得僵硬，这是因为低温会减缓肌肉的收缩和松弛速度，使得关节活动变得困难。这种僵硬状态可能导致运动受限，增加跌倒和受伤的风险。

（5）皮肤干裂受损。

低温环境下，人体的皮肤容易失去水分，变得干燥。此外，寒冷还可能降低皮肤的弹性和抵抗力，使得皮肤容易受到外界刺激和损伤。皮肤干裂不仅影响美观，还可能引起疼痛和感染等问题。

（6）削弱免疫系统。

长期处于低温环境中，人体的免疫系统可能会被削弱。这是因为低温会影响免疫细胞的活性和数量，降低身体的抵抗力。在免疫系统被削弱的情况下，人体更容易受到感染和疾病的侵袭。

（7）代谢速度下降。

低温环境下，人体的代谢速度会下降。这是因为身体需要消耗更多的能量来维持体温恒定，导致能量供应减少、代谢速度降低。代谢速度下降可能会使身体无法有效地利用营养物质，影响身体的健康状态。

（8）影响情绪。

低温环境还可能对人的精神情绪产生影响。在寒冷的环境中，人们可能会感到情绪低落、焦虑或抑郁等。这是因为低温会影响大脑神经递质的合成和释放，进而影响人的情绪状态。长期处于低温环境中的人更容易出现心理问题，如季节性情感障碍等。

综上所述，低温对人体健康的影响是多方面的。为了保持身体健康，人们要注意保暖，避免长时间暴露在低温环境中。

10.2.3　气候变化对健康的影响

气候变化对人体健康的影响是多方面的，其不良影响日益严重。

1. 极端天气事件发生频率增加

全球气候变暖导致极端天气事件如高温、干旱、暴雨、台风等发生频率增加，这些极端天气对人类健康构成直接威胁。例如，高温天气不仅导致体温调节失衡，还可能引发中暑、热射病等严重疾病，甚至导致死亡。据报告，每年因高温导致的死亡人数在自然灾害中占据重要位置。荷兰的6次热浪导致日均死亡率升高7.3%～15.1%，英国的热浪导致死亡人数增加了8.9%，荷兰3次寒潮导致死亡率增加了13.4%～23.0%。

2. 传染病风险上升

气候变化使得一些传染病（如登革热、疟疾等）的传播范围扩大，疾病发生的频率和严重性增加。温度上升和湿度变化也为病菌和寄生虫的繁殖提供了更有利的环境，从而加剧了传染病传播的风险。

3. 非传染性疾病增多

心血管疾病、呼吸道疾病等非传染性疾病也与气候变化密切相关。气候变化导致的气温波动可能引发或加重这些疾病。例如，夏季高温可能增加心血管疾病和脑卒中的风险，而冬季低温则可能增加呼吸道疾病的风险。

4. 心理健康问题加剧

气候变化导致的极端天气事件和自然灾害可能引发或加剧抑郁、焦虑等心理健康问题。长时间的极端天气也可能对人们的心理状态产生负面影响，降低生活质量。

5. 水资源短缺与食物安全

气候变化可能导致水资源短缺，影响人类饮用水的供应和农业生产，进而威胁粮食安全。水资源短缺和食物供应不足可能导致营养不良和饥饿等问题，对人类健康产生深远影响。

6. 环境污染加重

气候变化可能加剧空气污染、水污染等环境污染问题，对人类健康造成直接威胁。例如，空气污染可能导致呼吸系统疾病、心血管疾病等；水污染则可能影响饮用水安全，引发肠道疾病等。

7. 免疫系统削弱

长期暴露于不利的气候条件下，如极端高温或低温，可能削弱人体免疫系统，降低抵抗力，使得人们更容易受到病毒和细菌的侵袭。

为了应对气候变化对人类健康的挑战，我们需要采取措施减少温室气体的排放，实现碳达峰和碳中和，同时加强健康预警和适应策略，提高公众对气候变化健康风险的认识，以及强化医疗卫生系统的气候韧性。此外，每个人也应该从自身做起，减少能源消耗和排放，为应对气候变化和保护人类健康作出贡献。

10.2.4 健康住宅

健康住宅体现在住宅内和居住区的健康的居住环境，它不仅包括与居住体验相关联的物理量，诸如温度、湿度、空气流速、噪声分贝、光照强度和空气质量等，而且包括心理因素。健康住宅对人体健康的影响体现在以下几个方面。

1. 生理健康

健康住宅要求室内温度全年保持在17～27 ℃，湿度全年保持在40%～70%。这种适宜的环境可以减少体温调节失衡的问题，降低过热或过冷导致的患病风险。安装性能良好的通风换气设备，可使室内污染物质有效排出；确保 CO_2 浓度低于 1000 mg/m^3，悬浮粉尘浓度低于 0.15 mg/m^3，这有利于预防呼吸系统疾病。健康住宅尽可能不使用易挥发化学物质的胶合板、墙体装饰材料等，以减少因化学物质过敏引起的健康问题。

2. 心理健康

健康住宅强调足够的日照，即保证一天的日照时间在 3 小时以上，还强调优美的景观，这都有助于增强居住者的幸福感。此外，健康住宅还需要保证居住空间足够的私密性，让居住者能够在心理上感到舒适和安全。

健康住宅通过合理的建筑设计和居住环境管理，在生理、心理和生活质量等多个方面对人体健康产生积极影响。它不仅关注居住者的身体健康，还强调心理健康和生活质量的提升，使居住者在生理、心理和社会适应等多个层面处于良好状态。

思考题

1. 空气净化器是否能解决室内的所有 VOCs 污染问题？
2. 种植绿植能否吸收室内空气中的污染物？

参考文献

[1] DARBY S, HILL D, AUVINEN A, et al. Radon in homes and risk of lung cancer: Collaborative analysis of individual data from 13 European case-control studies[J]. BMJ, 2005, 330(7485): 223.

[2] LIU N, LIU W, DENG F, et al. The burden of disease attributable to indoor air pollutants in China from 2000 to 2017[J]. The Lancet Planetary Health, 2023, 7(11): e900-e911.

[3] MENDELL M J, MIRER A G, CHEUNG K, at al. Respiratory and allergic health effects of dampness, mold, and dampness-related agents: A review of the epidemiologic evidence[J]. Environmental Health Perspectives, 2011, 119(6): 748-756.

[4] 财新网. 划分无烟区难控烟害 北京餐馆 $PM_{2.5}$ 严重超标[EB/OL].(2011-11-07)[2024-08-04]. https://china.caixin.com/2011-11-07/100322883.html.

[5] 昆山疾控. 今日话题：浅谈职业苯中毒[EB/OL].(2019-06-12)[2024-08-04]. https://mp.weixin.qq.com/s.

[6] 世界卫生组织. 健康与环境：应对空气污染带来的健康影响[EB/OL].(2014-12-19)[2024-08-04]. https://apps.who.int/gb/ebwha/pdf_files/EB136/B136_15-ch.pdf.

[7] 世界卫生组织. 家庭空气污染[EB/OL].(2023-10-16)[2024-10-23]. https://www.who.int/zh/news-room/fact-sheets/detail/household-air-pollution-and-health.

[8] 王琼，肖康. 中国城市住宅室内甲醛浓度及影响因素[J]. 化学进展, 2022, 34(3): 743-772.

[9] 一财网. 研究称：我国每年室内空气污染超额死亡数达 11.1 万[EB/OL].(2014-12-22)[2024-08-04]. https://www.yicai.com/news/4055078.html.

[10] 张丽霞，张宝莹，刘凡. 公共场所集中空调卫生管理现状及其冷却水嗜肺军团菌污染状况调查[J]. 环境与健康杂志, 2010(3): 208-210.

第11章　生态安全及可持续发展

11.1　生态安全

11.1.1　生态安全的定义

生态安全是指一个国家或地区的生态环境和自然资源能够保障人类生存、繁衍和发展的可持续性不受到破坏和威胁的状态。随着全球气候变化、环境污染、生物多样性丧失等问题的加剧，生态安全问题日益凸显，成为各国政府和社会公众关注的焦点。

构成生态安全的内在要素包括：充足的资源和能源、稳定的生物物种、健康的环境因素和食品。换言之，如果一个国家其各种生态系统稳定多样、资源与能源充足、空气新鲜、水体洁净、近海无污染、土地肥沃、食品无公害，那么该国家的生态环境是安全的。生态安全是国家安全体系的重要基石，生态安全的破坏可能引起一个国家的政治、社会和管理危机。

11.1.2　生态安全的关键领域

1. 水资源安全

水资源是人类社会生存和发展不可或缺的自然资源。水资源安全是指水资源的数量、质量和可持续性能够满足人类社会的需求。随着人口增长、经济发展和城市化进程的加快，水资源供需矛盾日益突出，水污染、水灾害等问题频发，对水资源安全构成严重威胁。加强水资源保护、合理利用和高效管理，是实现水资源安全的重要保障。

2. 土地资源安全

土地资源是农业生产和人类居住的基础。土地资源安全是指土地资源的数量、质量和稳定性能够维持生态平衡和人类社会的发展需求。然而，随着城市化、工业化和农业现代化的推进，土地资源面临着过度开发、土地退化、土壤污染等问题，对土地资源安全造成严重影响。加强土地资源的保护、恢复和合理利用，是实现土地资源安全的重要措施。

3. 大气环境安全

大气环境是人类生存和发展的重要环境之一。大气环境安全是指大气环境的质量稳定、无污染，能够满足人类社会的生存和发展需求。然而，随着工业化和交通运输的快速发展，大气污染问题日益严重，对大气环境安全构成威胁。加强大气污染治理、控制污染物排放、推广清洁能源等措施，是社会实现大气环境安全的重要途径。

4. 生物多样性安全

生物多样性是地球上所有生物种类的综合。生物多样性安全是指生物种类的数量、种类和生态系统的稳定性能够维持生态平衡和满足人类社会的发展需求。然而，由于人类活动的影响，生物多样性面临着丧失和退化的风险。加强生物多样性保护、维护生态系统的稳定性和完整性，是实现生物多样性安全的重要措施。

5. 粮食安全

粮食安全是指一个国家或地区在任何时候都能够自给自足地满足人民对食物的基本需求。然而，由于人口增长、气候变化、土地退化等因素的影响，粮食安全面临着诸多挑战。加强农业生产管理，提高农业生产效率和粮食储备能力，是确保粮食安全的关键措施。

6. 绿色能源安全

绿色能源是指利用可再生能源（如太阳能、风能、水能等）生产的能源。绿色能源安全是指绿色能源的生产、储存和供应能够满足人类社会的能源需求，并减少对环境的负面影响。随着能源危机的加剧和环境污染的严重，绿色能源安全已成为全球关注的焦点。加强绿色能源技术的研发和应用，提高绿色能源的利用效率和可持续性，是实现绿色能源安全的重要途径。

7. 灾害风险管理

灾害风险是指自然灾害（如地震、洪水、台风等）和人为灾害（如火灾、爆炸等）给人类社会带来的潜在威胁和损失。灾害风险管理是指通过采取一系列的措施来降低灾害风险的发生概率和减轻灾害损失的程度。加强灾害风险的预测、预警和应对能力，完善灾害应急救援体系，是提高灾害风险管理水平的关键措施。

总体来说，生态安全是人类社会可持续发展的基础。实现生态安全需要政府、企业和公众共同努力，做好环境保护、资源管理和灾害风险管理等方面的工作。通过采取有效的措施来保障水资源、土地资源、大气环境、生物多样性、粮食、绿色能源和灾害风险管理等方面的安全，可以维护生态系统的稳定和可持续，为人类的生存和发展创造良好的环境。

11.1.3　我国的生态安全现状

2000年11月，国务院发布的《全国生态环境保护纲要》中首次从国家层面正式提出“维护国家生态环境安全”的目标。2005年8月，习近平总书记担任浙江省委书记时在浙江湖州安吉提出“绿水青山就是金山银山”的科学论断。2014年4月15日，中央国家安全委员会第一次会议上，生态安全正式作为国家总体安全的重要组成部分，首次被纳入国家安全体系。

在党中央的正确领导下，近年来我国在生态保护和修复方面取得了明显成效，全球生态治理方面也做出了大量工作，为全球生态文明建设贡献了中国智慧和中国力量。具体来说，中国划定了生态保护红线，实施了52个山水林田湖草沙一体化保护和修复重大工程，修复治理面积超过1亿亩。此外，我国还完成了超过450万亩的历史遗留废弃矿山治理修复工程，整治修复海岸线近1680 km、滨海湿地超过75万亩，我国成为世界上少数几个红树林面积净增长的国家之一。我国山水工程被联合国评为首批“世界十大生态恢复旗舰项目”，得到了国际社会的高度评价。

在海洋生态方面，我国海洋生态状况总体稳定，局部海域有所改善，典型生态系统退化趋势得到初步遏制。自然资源部印发的《2023年中国海洋生态预警监测公报》显示，近岸海域的海水盐度、溶解氧、酸碱度和化学需氧量无明显变化，无机氮、活性磷酸盐有所下降，浮游动植物、大型底栖动物物种数和多样性指数总体保持稳定。

此外，全国自然生态状况总体稳定，生物多样性较丰富、自然生态系统覆盖比例较高、生态结构较完整、功能较完善。全国陆域生态保护红线面积约占陆地国土面积30%以上。全国城市声环境质量总体向好，功能区声环境昼间、夜间达标率分别为96.1%、87.0%，同比分别上升0.1%、0.4%。

综上所述，我国在生态安全方面取得了显著成就，生态环境质量得到了有效提升，生态系统退化趋势得到初步遏制，海洋生态状况总体稳定。但从总体上看，我国的生态系统仍然面临着土地退化、资源衰竭、生态失调、植被破坏、生态多样性锐减等方面的威胁，生态安全形势十分严峻。

11.1.4 生态文明

生态文明是一种新的社会发展形态和人类文明形态，其本质是人与自然和谐，遵循绿色、循环、低碳的发展模式。生态文明是以人与自然、人与人、人与社会和谐共生、良性循环、全面发展、持续繁荣为基本宗旨的社会形态。追求人与自然的和谐，是中国几千年传统文化的主流，是中华文化的突出特点。中华民族的发展史就是顺应自然规律、合理改造自然，促进人与自然和谐发展的历史。2015年10月，党的十八届五中全会召开，“增强生态文明建设”首度被写入国家五年规划。

生态文明是人类文明发展的一个新阶段，即工业文明之后的文明形态，是人类遵循人、自然、社会和谐发展这一客观规律而取得的物质与精神成果的总和。它强调以下内容。

1. 人与自然和谐共生

生态文明要求人类活动限制在生态环境能够承受的限度内，对自然进行一体化保护和系统治理。

2. 可持续发展

生态文明以建立可持续的生产方式和消费方式为内涵，引导经济社会走上持续、和谐的发展道路。

3. 制度保障

生态文明的建设需要健全和完善与生态文明建设标准相关的法制体系，通过国家立法明确人们对环境所承担的责任。

4. 科技支撑

科学技术在节约资源、保护生态、改善环境等方面发挥着重要作用，需要积极预防科技应用可能引发的负面效应。

5. 综合评价体系

避免用单一的经济指标来评价科技的优劣，应该从生态、人文、美学等方面建立合理的科技价值体系。

生态文明作为人类文明的一种新形态，其核心是重视环境保护、重视人与自然的和谐相处，是人类对传统文明形态特别是工业文明进行深刻反思的成果。

11.2 可持续发展

11.2.1 可持续发展的定义与目标

1972年，在斯德哥尔摩举行的联合国人类环境会议提出并讨论了可持续发展概念。1987年，以布伦特兰夫人为首的世界环境与发展委员会（WCED）发表了报告《我们共同的未来》。这份报告正式使用了可持续发展概念，并对之做出了比较系统的阐述，产生了广泛的影响。可持续发展也就是建立在社会、经济、人口、资源、环境相互协调和共同发展的基础上的一种发展。其宗旨是既能相对满足当代人的需求，又不能对后代人的发展构成危害。可持续发展要遵循公平性、持续性和共同性原则。

可持续发展的目标包括保护地球自然系统、确保人类持续获得生存和发展的资源基础、改善人类生活质量等。这些目标需要通过经济、社会和环境三个方面的综合发展来实现。

11.2.2 中华文明中的“可持续发展”的萌芽

中华文明中的“可持续发展”可以追溯到古代中国的一些传统智慧和实践，如《国语·鲁语上》记载了古人在春季禁止狩猎、夏季不允许捕鱼。《四时月令诏条》规定了春季禁掏鸟窝、夏季禁止伐木；禁止捕捞过小的鱼苗，不能杀害怀胎的动物等。这些都体现了对资源利用和环境保护的关注。“可持续发展”的萌芽归纳起来主要表现在以下4个方面。

1. 农耕文化

古代中国的农耕文化强调土地的休耕和轮作，以保持土壤的肥沃。这种做法有助于防止土地的过度开发和退化，体现了早期的农业可持续发展。

2. 水利工程

中国古代有许多水利工程，如都江堰，它们通过合理的水资源管理来防洪、灌溉和提供饮水。这些工程不仅展现了古人对自然资源的精细管理，也有助于维持生态平衡。

3. 儒家思想

儒家思想提倡和谐社会和自然的关系，强调人与自然的和谐相处，提出“天人合一”的理念。这种理念在一定程度上鼓励了对自然环境的尊重和保护。

4. 道家思想

道家思想强调“无为而治”，即顺应自然规律，尊重自然环境。道家哲学中的“道法自然”思想也鼓励人们与自然保持和谐关系。

这些传统智慧和实践展示了中华文明在古代对环境保护和资源利用的前瞻性思考，这些思想和方法在现代社会的可持续发展中仍然具有重要的借鉴意义。

11.2.3 可持续发展的主要内容

1992年6月，联合国在里约热内卢召开的“环境与发展大会”，通过了以可持续发展为核心的《里约环境与发展宣言》《21世纪议程》等文件。随后，我国政府编制了《中国21世纪人口、环境与发展白皮书》，首次把可持续发展战略纳入我国经济和社会发展的长远规划。1997年，中共十五大把可持续发展战略确定为我国“现代化建设中必须实施”的战略。

可持续发展包括经济发展、社会进步和环境保护这几项主要内容。

可持续发展强调经济增长的质量而非数量。它要求通过提高生产效率、优化产业结构、发展绿色经济等方式，实现经济的稳定增长和可持续发展。

可持续发展注重社会公平和包容性。它要求通过减少贫困、改善教育、促进卫生等社会事业，提高人民的生活水平和增进人民福祉。

可持续发展还强调生态环境的保护和恢复。它要求通过节能减排、生态修复、保护生物多样性等方式，减少人类活动对环境的破坏，维护生态系统的稳定性和健康。

11.2.4 可持续发展的实践案例

1. 可持续城市规划

以哥本哈根为例，该城市通过严格的温室气体排放限值和建筑节能标准，成功降低了碳排放量。同时，哥本哈根也重视促进可持续交通，拓展自行车道和提供便捷的公共交通系统，鼓励居民选择低碳出行方式。

2. 可持续城市治理

厦门市通过实施“依法治湖、截污处理、清淤筑岸、搞活水体、美化环境”的“20字方针”，开启了持续30余年的筼筜湖综合治理。厦门与东亚海环境管理伙伴关系组织合作，成功发展出“厦门模式”，成为国际上治污攻坚、实现协调发展的典型案例。

3. 可持续能源发展

丹麦是世界上最重视可持续发展的国家之一。它通过大力发展风能和太阳能等可再生能源，减少了对化石燃料等的依赖，并成功实现了能源净出口。这些举措不仅减少能源消耗和环境污染，还为社会创造了就业机会和经济增长。

4. 可持续农业发展

乌干达通过推行可持续农业模式，改善了农民的生计和环境状况。乌干达政府推广有机农业和自然农业，减少化肥和农药的使用，提高土壤质量和农作物产量。此外，乌干达还鼓励农民种植多样性作物，减少对单一作物的依赖，提高粮食安全性。

11.2.5　我国可持续发展的实现途径

我国可持续发展的实现途径主要包括以下几个方面。

1. 加强宣传教育

提高全民族的人口意识、资源意识和环保意识，形成人人参与、共同维护可持续发展的良好氛围。探索城乡等值理念，通过改善乡村基础设施和服务，缩小城乡差距，实现城乡协调发展

2. 发展环保产业和循环经济

将经济社会发展与节约资源、保护环境结合起来，大力发展环保产业，推动绿色经济发展；通过资源的循环利用，减少废弃物的产生，提高资源利用效率，同时实现经济效益和环境效益的协调统一。

3. 加强法治和制度建设

将实施可持续发展战略与依法治国结合起来，制定和完善相关法律法规，为可持续发展提供法律保障。将资源、环境价值纳入国民经济核算体系，以更全面地反映经济活动的环境影响，促进资源的合理利用和环境保护。

4. 推行可持续发展的产业政策

通过优化产业结构，促进产业升级，减少对环境的负面影响。改进经济增长模式和转变消费方式，推动传统的经济增长模式向更加环保和可持续的模式转变。建立可持续发展的宏观调控体系，通过政策引导和支持，促进可持续发展目标的实现。

5. 实施科教兴国战略

合理开发和利用自然资源，减少资源的浪费和破坏的关键是科技创新，即通过科技进步推动产业升级和绿色转型。实施绿色发展战略，将环境保护作为实现可持续发展的重要支柱，推动经济社会与环境的和谐发展。实行自然资源保护和可持续利用，确保资源的长期利用，减少浪费和过度开发。

这些途径共同构成了我国可持续发展的综合策略，旨在实现经济、社会和环境的协调发展，提高资源利用效率，减少环境污染，保护生态环境，同时促进社会公平与和谐。可持续发展是一个复杂的系统工程，需要政府、企业和社会各界的共同努力。只有通过不断探索和实践，才能实现经济、社会和环境的协调发展，为人类创造一个更加美好的未来。

11.3 “双碳”目标

11.3.1 气候变化的科学问题

《联合国气候变化框架公约》(UNFCCC)第一款中，将“气候变化”定义为“经过相当一段时间的观察，在自然气候变化之外由人类活动直接或间接地改变全球大气组成所导致的气候改变”。气候变化(climate change)主要表现为三方面：全球气候变暖(global warming)、酸雨(acid deposition)、臭氧层破坏(ozone depletion)，其中全球气候变暖是人类目前面临的最迫切的问题，关乎人类的未来。

气候变化的原因可概括为自然的气候波动和人为因素两大类。科学研究认为，太阳辐射的变化、地球轨道的变化、火山活动、大气与海洋环流的变化等是造成全球气候变化的自然因素。而人类活动，特别是工业革命以来人类活动是造成目前以全球变暖为主要特征的气候变化的主要原因，其中包括人类生产、生活所造成的二氧化碳等温室气体的排放、对土地的利用、城市化等。造成气候变化的主要温室气体是二氧化碳和甲烷。能源、工业、交通、建筑、农业和土地使用均是主要的排放源。

地球是一个统一的系统，万事万物都相互关联，一个地区的变化可能会造成所有其他地区的变化。气候变化不仅意味着温度升高，其后果还包括极端干旱、缺水、重大火灾、海平面上升、洪水、极地冰层融化、灾难性风暴，以及生物多样性减少等。

1988年11月，世界气象组织(WMO)和联合国环境规划署(UNEP)共同成立了政府间气候变化专业委员会(IPCC)，开展全球气候变化科学评估活动。IPCC有三个工作组和一个专题组：第一工作组的主题是气候变化的自然科学基础，第二工作组的主题为气候变化的影响、适应和脆弱性，第三工作组的主题是减缓气候变化，以及国家温室气体清单，其目标为制订和细化国家温室气体排放和清除的计算和报告方法。至今，IPCC已经发布了六个评估报告，2023年发布了第六个综合报告。该报告进一步明确了人类活动的影响是导致气候变化的关键，人类活动已经使全球平均升温1.1 ℃。气候变化对人类和生态系统的影响远超预期，风险将随着气候变暖加剧而迅速升级。全球温室气体排放需在2025年前达峰，确保1.5 ℃温控目标实现。这一目标要求在所有国家和地区进行深入、快速和持续的温室气体减排。但据目前的观测，这一目标的实现有相当大的难度。

11.3.2 气候变化与粮食安全

气候变化对粮食安全有着深远影响，主要体现在以下几个方面。

1. 气候极端事件的影响

气候变化导致极端天气事件(如干旱、降雨、洪水、飓风等)频率和强度增加，这些事件对农业产量造成直接影响。极端高温、干旱和洪水可能破坏农作物生长季节，导致减产甚至完全损失，成为引发世界饥荒的一个因素。

2. 温度变化对农作物生长的影响

气候变暖可能改变特定区域的生长季长度和适宜作物种植的地理范围。某些地区可能因为温度升高而适宜农业生产，而其他地区则可能因为高温和干旱而不适宜农作物生长。

3. 水资源变化

气候变化会影响水资源的分布和可用性，这对灌溉农田和供水作物生长至关重要。水资源不足或者水质下降会直接影响农业生产的稳定性和可持续性。

4. 海平面上升的影响

海平面上升可能导致沿海农田盐碱化，从而降低土地的农业生产能力，特别是对于盐敏感的作物来说更为严重。

5. 生态系统服务的损失

气候变化也会对农业产生间接影响。例如，气候变化导致的生物多样性丧失可能会减少农作物的天敌和授粉者，从而降低农业生产力。

以非洲为例，那里的平均气温上升速度快于世界其他地区，湿润地区的降雨量增加了30%，而干旱地区的降雨量减少了20%。由于没有灌溉系统，95%的非洲农民依赖降雨。在整个非洲，气候变化造成农业生产力下降了34%，降幅超过其他任何地区。尼日利亚在2021年经历了降雨延迟，导致其收成减少了65%以上（世界气象组织，2022）。但终于下雨时，随之而来的洪灾将剩下的粮食毁于一旦。气候变化也威胁到非洲海洋和淡水渔业，它们是数百万非洲人所依赖的食物来源。

综上所述，气候变化对粮食安全的影响是多方面的，包括直接的影响和间接的影响，这些影响可能会加剧全球范围内的粮食不安全问题，特别是对于那些依赖农业生产维持生计的人群来说。因此，减缓气候变化并提高农业系统的适应能力，对于确保全球粮食安全至关重要。

11.3.3 《京都议定书》与《巴黎协定》

气候变化首次作为国际社会关注的问题是在1979年在瑞士日内瓦召开的第一次全球气候大会。1992年6月，在巴西里约热内卢召开的联合国环境与发展大会明确规定，发达国家与发展中国家应对全球气候保护承担“共同但有区别的责任”，并通过了《联合国气候变化框架公约》。1994年3月公约正式生效，该公约的缔约方自1995年起每年召开一次缔约方会议（Conferences of the Parties，COP），就公约的具体实施等问题进行谈判。

1997年12月，《联合国气候变化框架公约》第三次缔约方大会在日本京都召开，149个国家和地区的代表通过了旨在限制发达国家温室气体排放量以抑制全球变暖的《京都议定书》，其目标是“将大气中的温室气体含量稳定在一个适当的水平，进而防止剧烈的气候改变对人类造成伤害”。条约于2005年2月16日开始强制生效（2012年到期）。

2015年12月12日，在巴黎举行的《联合国气候变化框架公约》第二十一次缔约方

会会议上通过了《巴黎协定》，国际社会在应对气候变化进程中又向前迈出了关键一步。《巴黎协定》是一项具有法律约束力的气候变化国际条约，其达成标志着2020年后的全球气候治理将进入一个前所未有的新阶段，具有里程碑式的非凡意义。《巴黎协定》最大限度地凝聚了各方共识，向着《京都议定书》所设定的"将大气中温室气体的浓度稳定在防止气候系统受到危险的人为干扰的水平上"的最终目标迈进了一大步。各方承诺将全球平均气温较工业化前水平升高幅度控制在2℃以内，并为把升温控制在1.5℃以内而努力；全球将尽快实现温室气体排放达峰，本世纪下半叶实现温室气体净零排放。《巴黎协定》明确了从2023年开始以5年为周期的全球盘点机制（global stocktake），包含对减缓行动和资金承诺等比较全面的盘点，促进未来各国逐步提振气候治理的雄心，弥合实际气候行动与目标之间的差距。《巴黎协定》将对中国的绿色低碳发展起到倒逼和助推作用；而且，《巴黎协定》和《联合国2030年可持续发展议程》将成为未来15年全球发展的新平台和新规则，一个国家在世界上的地位和作用将在很大程度上取决其在这一平台上的表现。

11.3.4 碳达峰与碳中和

全国人大于1992年11月7日批准《联合国气候变化框架公约》，该公约自1994年3月21日起对中国生效。中国高度重视应对气候变化。作为世界上最大的发展中国家，中国克服自身经济、社会等方面困难，实施一系列应对气候变化战略、措施和行动，参与全球气候治理，在应对气候变化方面取得了积极成效（国务院新闻办公室，2021）。

2020年9月，中国在第75届联合国大会提出2030年前碳达峰、2060年前碳中和目标。所谓碳达峰，是指某个地区或行业年度二氧化碳排放量达到历史最高值，然后经历平台期进入持续下降的过程，是二氧化碳排放量由增转降的历史拐点，标志着碳排放与经济发展实现脱钩。碳中和是指某个地区在一定时间内（一般指一年）人为活动直接和间接排放的二氧化碳，与其通过植树造林等吸收的二氧化碳相互抵消，实现二氧化碳"净零排放"。"双碳"目标的提出，体现我国政府在应对全球气候变化事业上的积极参与和大国担当。

在主要的温室气体中，甲烷的温室气体效应是等质量二氧化碳的28倍，一氧化二氮的温室气体效应是等质量二氧化碳的273倍。一头牛排泄粪尿量为19 kg/天，其中的氮会在微生物作用下分解为硝酸和N_2O，据此计算，全球畜牧业每年排放一氧化二氮的量相当于20亿吨二氧化碳，约为14.5%的人为温室气体，其中牛排泄的占9.4%。关于如何减少肠道甲烷排放的研究正在如火如荼地开展，饲料成分、牲畜品种选育和反刍动物瘤胃调控的研究尤其受到关注（联合国粮食与农业组织，2023）。

为实现碳中和目标，可以从开发低碳能源、工业企业低碳转型、生活用能低碳转型、交通出行低碳转型、吸收难以避免的CO_2排放等方面开展工作，具体可从以下方面开展工作（是说新语，2022）。

1. 以融入经济社会发展全局为牵引

要把"双碳"工作纳入生态文明建设整体布局和经济社会发展全局，特别是把碳达峰碳中和目标融入经济社会发展中长期规划，作为美丽中国建设的重要组成部分，充分衔接国家发展战略、能源生产和消费革命、国土空间、中长期生态环境保护、区域和地方规划。

将绿色低碳全面融入长江经济带发展、粤港澳大湾区建设、成渝地区双城经济圈建设、黄河流域生态保护和高质量发展战略实施中，切实发挥重大区域规划引领带动作用。

扩大绿色低碳产品供给，增强全民节约意识、环保意识、生态意识，倡导简约适度、绿色低碳、文明健康的生活方式，形成全民参与绿色低碳建设的良好局面。

2. 以能源绿色低碳发展为关键

能源活动二氧化碳排放占全国二氧化碳排放量的87%，能源生产和消费革命是推动实现碳达峰碳中和目标的“牛鼻子”。

充分考虑我国以煤炭为主的能源结构特点，在确保能源安全的前提下，以能源供给清洁低碳化和终端用能电气化为主要方向，坚持节能和结构调整双向发力，严格控制并逐步减少煤炭消费，大力推动煤电节能降碳改造、灵活性改造、供热改造“三改联动”，积极有序发展光能源、硅能源、氢能源、可再生能源，构建以新能源为主体的新型电力系统和清洁低碳安全高效的能源体系。

全面实施节约优先战略，加快提高能源利用效率，持续推进工业、建筑、交通等重点领域节能，充分挖掘节能提效的减碳潜力。

3. 以重点领域转变发展方式为抓手

工业领域长期以来是我国能源消费和二氧化碳排放的第一大户，是影响全国整体碳达峰碳中和的关键。

要在坚决遏制“两高”项目盲目发展的基础上，围绕产业结构调整和资源能源利用效率提升，推动互联网、大数据、人工智能、第五代移动通信（5G）等新兴技术与绿色低碳产业深度融合。交通领域要加快公转铁、公转水建设，优化调整交通运输结构，全面推动新能源汽车产业的发展，推进绿色低碳出行，形成绿色低碳交通运输方式。

城乡建筑领域要通过乡村振兴推进县城和农村绿色低碳发展，坚持能效提升与用能结构优化并举，推进既有建筑节能改造和新建建筑节能标准提升，逐步建设超低能耗、近零能耗和零碳建筑。

4. 以技术创新为引擎

技术创新是推动能源革命和产业革命、支撑实现碳达峰碳中和的核心驱动力。要基于碳达峰碳中和约束下的经济社会发展深度脱碳要求，系统谋划相关技术的实施路线图和时间表。

围绕能源、电力、工业、交通、建筑以及生态碳汇等领域的技术发展需要，加强科技落地和难点问题攻关，汇聚跨部门科研团队，开展重点地区和重点行业碳排放驱动因素、影响机制、减排措施、管控技术等科技攻坚，采用产学研相结合模式，推进技术创新成果转化应用。

加快先进成熟绿色低碳技术的普及应用，推进前沿绿色低碳技术研发部署，加强低碳零碳负碳关键技术攻关、工程示范和成果转化。

5. 以碳汇能力全面提升为补充

强化国土空间规划和用途管控，构建有利于绿色低碳发展的国土空间布局。

推进山水林田湖草沙一体化保护和系统治理，实施重要生态系统保护和修复重大工程，巩固和提升生态系统碳汇能力。

充分利用坡地、荒地、废弃矿山等国土空间开展绿化，努力增加森林、草原等植被资源总量，有效提升森林、草原、湿地、海洋、土壤、冻土等生态系统的减排增汇能力。

6. 以治理体系变革为保障

加快建立完善支撑落实碳达峰碳中和目标的政策体系和体制机制，推动形成政府主导、市场调节、各方参与、全民行动的绿色低碳转型发展新格局。

加快碳达峰碳中和相关立法进程和标准体系建设，强化碳达峰碳中和目标约束和相关制度法治化保障；加快建立碳排放总量和强度“双控”制度，完善全国碳市场建设，推动实施配额有偿分配，出台有利于绿色低碳发展的价格、财税、金融政策，引导经济绿色低碳转型；夯实政府主体责任，把碳达峰碳中和目标任务落实情况纳入中央生态环境保护督察、党政领导综合考核等范围，充分发挥考核指挥棒作用，提升治理效能。

积极参与和引领全球气候治理，以更积极的姿态参与全球气候谈判和国际规则制定，推动构建公平合理、合作共赢的全球气候治理体系。

11.3.5 碳交易

碳交易是一种通过购买和销售二氧化碳排放配额来促进减少温室气体排放的市场机制。1997 年 12 月于日本京都通过的《京都议定书》把市场机制作为解决以二氧化碳为代表的温室气体减排问题的新路径，即把二氧化碳排放权作为一种商品，从而形成了二氧化碳排放权的交易，简称碳交易。它的核心理念是通过建立一个市场来鼓励和推动企业和国家减少其温室气体排放量，主要包括两种类型的市场。

1. 排放交易市场

排放交易市场（ETS）也称为排放交易体系，这种市场通过政府颁发的许可证或配额，允许企业在特定的排放上限内交易二氧化碳排放权。企业可以根据其实际排放量购买或出售这些排放权。如果企业能够在限额内减少排放，它们可以将多余的排放权出售给需要的其他企业，从而获利。

2. 碳抵消市场

在这种市场中，企业和个人可以通过投资于减少二氧化碳排放的项目（例如森林保护、可再生能源项目等），来获得碳抵消单位（carbon credits）。这些单位代表一定数量的二氧化碳减排量，可以用来抵消其自身的排放量。

碳交易的目的是通过经济激励手段，鼓励减少温室气体的排放，并且提供了一种比传统的管制政策更为灵活和成本效益更高的选择。简单地说，就是按照碳排放初始配额的分配量，有“富余配额”的企业、单位、组织，将其配额在市场上出售，由配额短缺的企业、单位、组织购买。

11.3.6　温室气体的自愿减排

温室气体自愿减排项目的方法可以根据具体的项目类型和执行方式而有所不同，但通常包括以下几个关键步骤和方法：

1. 设定减排目标和基准线

确定项目的减排目标，即要减少多少量的温室气体排放。

确定基准线，即如果没有实施项目，预计将会排放多少温室气体。

2. 选择合适的减排措施

分析并选择适合项目的减排措施，例如提高能源使用效率、使用清洁能源、改良农业实践、森林保护和恢复、废弃物管理等。

根据项目特点和所处行业，确定最具成本效益的减排措施。

3. 测量、报告和验证

确定合适的温室气体测量方法和工具，对实施减排措施后的实际排放量进行监测和测量。

撰写准确的减排项目报告，详细描述项目背景、实施的减排措施、实际减排效果等。

进行第三方验证或审核，确保减排项目的可靠性和透明度，通常通过认可的审核机构进行。

4. 注册和认证

将减排项目注册到适当的减排项目注册机构或平台上。

确保符合国际、国家或地区的相关减排标准和认证要求，例如符合联合国气候变化框架公约（UNFCCC）的要求或其他国际认可标准。

5. 跟踪和监督

在项目实施期间持续跟踪和监督减排效果，确保实现长期的减排目标。

建立有效的管理系统，及时发现和纠正可能的偏差或问题，保证项目的持续成功和效果。

6. 社会效益和持续性

分析项目对社会、环境和经济的整体影响，包括可能带来的附加社会效益和经济效益。

确保项目的可持续性，通过教育和意识提升，鼓励更多人参与减排行动，形成更广泛的减排影响。

这些方法旨在确保温室气体自愿减排项目的科学性、可操作性和可持续性，为全球应对气候变化贡献力量。

2023 年 10 月，我国生态环境部发布 4 项温室气体自愿减排项目方法学（生态环境部，2023），其中明确了造林碳汇、并网光热发电、并网海上风力发电、红树林营造等项目开发作为温室气体自愿减排项目的适用条件、减排量核算方法、监测方法、审定与核查要点等。其中，造林碳汇方法学适用于乔木、竹子和灌木荒地造林。并网光热发电方法学适用于独立的并网光热发电项目以及“光热 +”一体化项目中的并网光热发电部分。并网海上风力发电方法学适用于离岸 30 公里以外，或者水深大于 30 米的并网海上风力发电项目。红树林营造方法学适用于在无植被潮滩和退养的养殖塘等适宜红树林生长的区域人工种植红树林项目。4 项方法学在参考国际温室气体自愿减排机制通行规则的基础上，综合考虑了我国相关产业政策要求和绿色低碳技术发展趋势，既与国际接轨，也针对中国具体情况强化了监测数据质量，进一步明确了审定与核查关键环节，具有中国特色、符合管理实际，有助于产生国际公认的高质量碳信用。

下一步，生态环境部将加强对各单位编制方法学建议的规范和引导，畅通方法学建议反映渠道，常态化开展方法学的评估、遴选工作，按照“成熟一个，发布一个”的原则，逐步扩大自愿减排交易市场支持领域。同时，还将组织开展培训，对方法学进行深入解读，培养温室气体自愿减排项目设计审定与减排量核查核算等方面的专业人才，动员更广泛的社会力量参与温室气体减排行动，助力实现碳达峰碳中和目标。

思考题

1. 碳达峰碳中和与经济发展的关系是什么？
2. 碳交易市场是否会使经济实力强的公司受益但不积极减排？
3. 你认为 2030 年和 2060 年“双碳”目标的实现存在的最大困难是什么？

参考文献

[1] 国务院新闻办公室.《中国应对气候变化的政策与行动》白皮书[EB/OL].(2021-10-27)[2024-08-23]. https://www.gov.cn/zhengce/2021-10/27/content_5646697.htm.

[2] 联合国粮食及农业组织.绘制畜牧业和水稻产业甲烷减排路线[EB/OL].(2023-09-25)[2024-07-28]. https://www.fao.org/newsroom/detail/mapping-ways-to-reduce-methane-emissions-from-livestock-and-rice/zh.

[3] 生态环境部.生态环境部发布 4 项温室气体自愿减排项目方法学[EB/OL].(2023-10-25)[2024-08-04]. https://www.mee.gov.cn/ywgz/ydqhbh/wsqtkz/202310/t20231025_1043940.shtml.

[4] 世界气象组织.非洲：气候变暖程度超过全球平均水平　水资源压力和危害严峻[EB/OL].(2022-09-08)[2024-08-05]. https://news.un.org/zh/story/2022/09/1108971.

[5] 是说新语.实现碳达峰碳中和战略目标的 6 大举措[EB/OL].(2022-05-26)[2024-08-20]. http://www.qstheory.cn/laigao/ycjx/2022-05/26/c_1128686277.htm.

附 录

国际癌症研究机构列出的1类致癌物清单

2017年10月27日，世界卫生组织国际癌症研究机构，根据与癌症的相关性大小，整理公布了4类致癌物的清单：1类致癌物是对人类为确定致癌物，2类致癌物是对人类致癌性证据有限的物质，3类致癌物是对人类致癌性可疑的物质，4类致癌物是对人体可能没有致癌性的物质。

1类致癌物共120种，包括与人们日常生活紧密相关的酒精饮料、中式咸鱼、加工肉类、大气污染、太阳辐射和吸烟等。

日常接触

1. 与酒精饮料摄入有关的乙醛：乙醛是乙醇在人体内代谢的中间产物。有些人体内含有转化乙醛的酶较少，比其他人更容易蓄积乙醛，饮酒后出现的面红耳赤、头晕头痛等症状，就是乙醛蓄积过多所致。乙醛会造成细胞中的DNA损伤或双链断裂，从而致癌。

2. 含酒精饮料中的乙醇：乙醇不仅能代谢产生乙醛，还是很好的溶剂，很多致癌物会溶解在乙醇中。乙醇还会在酶的作用下生成大量氧自由基，导致肝细胞癌变，还会提高体内雌激素水平，诱发女性乳腺和生殖系统癌症。

3. 含酒精饮料：除乙醇、乙醛外，某些酒精饮料中含石棉纤维、砷、镍等致癌物质；酒、酒精饮料生产发酵、蒸馏过程中还可能产生多环芳烃类（如苯并芘）等致癌物。

4. 吸烟：香烟中含大量苯并芘等多环芳烃、酚类化合物、甲醛等致癌物，与肺癌、喉癌、唇癌、舌癌、口腔癌、食道癌、胃癌、结肠癌、胰腺癌、膀胱癌、肾癌和子宫颈癌等都有一定关系。

5. 二手烟草烟雾：吸烟者吐出的冷烟雾中，焦油含量比吸烟者吸入的热烟雾中的多1倍，苯并芘多2倍。

6. 无烟烟草：包括嚼烟和鼻烟等，尼古丁和亚硝胺含量更高，并含甲醛、砷、镉等致癌物。

7. N-亚硝基降烟碱（NNN）和4-(N-甲基亚硝胺基)-1-(3-吡啶基)-1-丁酮（NNK）：两种存在于烟草和烟气中的氮亚硝胺化合物，可诱导产生多种癌症。

8. 加工过的肉类（摄入）：腌制肉类含有较多亚硝酸盐、磷酸盐，熏制肉类含有多环芳香烃化合物（苯并芘）。

9. 中式咸鱼：鱼类腌制过程中产生大量亚硝酸盐，可能与鼻咽癌相关。

10. 槟榔果：槟榔粗纤维多，经常吃会对口腔黏膜组织造成持续伤害，导致癌变。

制作过程中残留的碱性物质和槟榔中含有的生物碱，会破坏黏膜细胞的细胞膜，破坏细胞的DNA。

11. 含烟草的槟榔嚼块：致癌原因与槟榔果相似。烟草只是增加了槟榔的毒性。

12. 不含烟草的槟榔嚼块：致癌原因与槟榔果相似。

13. 室外空气污染：导致肺癌、膀胱癌的风险增加。

14. 含颗粒物的室外空气污染：可吸入颗粒物PM_{10}和$PM_{2.5}$等被认为对人体健康危害极大，会增加患癌风险。

15. 柴油发动机排气：尾气中含有上百种不同的化合物，已证实与肺癌、膀胱癌有关联性。

16. 家庭烧煤室内排放物：排放出的物质含有以苯并芘为代表的致癌物，易诱发肺癌。

17. 苯并芘：存在于煤焦油中的化学物质，而煤焦油常见于汽车废气（尤其是柴油引擎）、烟草与木材燃烧产生的烟和炭烤食物中。

18. 苯：石油化工基本原料，油漆、墙纸、地毯、打印机、汽车废气、合成纤维、建筑装饰材料、人造板家具和香烟的烟中都含有苯。苯在人体中代谢的产物会导致DNA链的断裂和破碎，诱发白血病。

19. 甲醛：工业用途广泛，普通人主要通过新装修家居中的人造板材接触到甲醛。可导致鼻咽癌、新生儿畸形、儿童白血病、霍奇金淋巴瘤、多发性骨髓瘤、骨髓性白血病等。

20. 未经处理或轻度处理矿物油：用于制造发乳、发油、发蜡、口红、面油、护肤脂等，也用于食品添加剂。它是石油的副产物，含多种烃类物质，其中的多环芳烃、重金属等杂质可能诱发癌症。

辐射

21. 太阳辐射：过度暴晒可导致皮肤癌。

22. 紫外线辐射（波长100～400 nm，包括UVA、UVB和UVC）：可损坏皮肤细胞中的DNA，导致皮肤癌。

23. 紫外发光日光浴设备：释放紫外线辐射，损坏皮肤细胞中的DNA，导致皮肤癌。

24. 花椒毒素（8-甲氧基补骨脂素）伴紫外线A辐射：主要用于治疗白癜风、牛皮癣等皮肤顽疾，但可能因此诱发细胞癌变。

25. 电离辐射（所有类型）：能使受作用物质发生电离现象的辐射，主要包括α射线、β射线、质子流、中子流、X射线、γ射线等。电离辐射可诱发多种类型DNA分子损伤，从而致癌。

26. 放射性核素，α粒子放射，内部沉积：重原子（例如铀、镭）或人造核素衰变时产生，相当于氦原子核，能引起组织损伤和癌变。

27. 放射性核素，β粒子放射，内部沉积：放射性原子核衰变时产生，相当于电子，能引起组织损伤和癌变。

28. X射线和伽马射线辐射：产生电离辐射，破坏细胞DNA。

29. 中子辐射：用人工方法从原子核中释放出中子，可造成恶性肿瘤和白血病等。

30. 裂变产物：重核裂变产生的多种放射核素。裂变产物在工业、农业和医学中的用途广泛，如氪-85用作β放射源和自发光灯的能源；铯-137是γ放射源；锶-90是β放射源；锝-99 m在核医学上用于临床诊断。锶-90易致白血病，铯-137会造成肝癌和肾癌。

31. 放射性碘，包括碘-131：常用于癌症化疗，也有致癌风险。

32. 氡-222及其衰变产物：存在于天然石材。建筑材料是室内氡的最主要来源。

33. 镭-224及其衰变产物：镭的所有同位素都有强烈的放射性，电离辐射能使荧光物质发光。

34. 镭-226及其衰变产物。

35. 镭-228及其衰变产物。

36. 钍-232及其衰变产物：天然放射性核素，在采矿和挖隧道等大型土石工程、核燃料废物处理等过程中出现。

37. 钚：放射性元素，原子能工业的重要原料，核燃料和核武器的裂变剂。钚容易在肝脏和骨骼中聚集，致人体组织癌变。

38. 磷-32，磷酸盐形式：磷的一种放射性同位素。磷酸盐主要用于某些恶性肿瘤的辅助治疗，同时有致癌性。

病毒、细菌、寄生虫及毒素

39. 乙型肝炎病毒（慢性感染）：可引起DNA重排和DNA片段丢失，并使肝细胞对其他致癌物的降解能力下降。

40. 丙型肝炎病毒（慢性感染）：病毒的核心蛋白与肝癌关系密切。

41. 人免疫缺陷病毒I型（感染）：即艾滋病病毒，可合成DNA整合到宿主细胞的DNA中，使细胞发生癌性转化，特别是在细胞免疫因遭到破坏而丧失免疫监视作用的情况下，癌变更易发生。

42. 人乳头瘤病毒16,18,31,33,35,39,45,51,52,56,58,59型：DNA病毒，目前已分离出130多种，分高危型和低危型，不同型别会引起不同的临床表现。其中高危型16型和18型是导致宫颈癌的主要类型。建议：女孩12岁后接种相关疫苗。

43. 人嗜T淋巴细胞病毒I型：改变宿主淋巴细胞DNA，使细胞不断增生和分裂，诱发白血病。

44. 爱泼斯坦-巴尔病毒：一种疱疹病毒，可通过唾液传播，主要引起急性传染性单核细胞增多症，与T细胞淋巴瘤等多种恶性肿瘤相关。

45. 卡波氏肉瘤疱疹病毒：一种疱疹病毒，可引发卡波氏肉瘤（内皮细胞肿瘤）和原发性渗出性淋巴瘤等。

46. 幽门螺杆菌（感染）：主要通过口—口、粪—口传播，长期定居在胃部，会逐渐破坏胃肠道壁，引发胃癌。

47. 华支睾吸虫（感染）：又名肝吸虫，主要通过食用未经煮熟含有华支睾吸虫囊蚴的淡水鱼或虾而感染。可引起胆管上皮细胞增生而致癌变，主要为腺癌。

48. 麝后睾吸虫（感染）：因食用含有囊蚴的生鱼而感染，与华支睾吸虫病相似，寄生在肝胆管内，诱发胆管癌。

49. 埃及血吸虫（感染）：主要分布于非洲、南欧和中东，可引起膀胱癌。

50. 黄曲霉毒素：是黄曲霉、寄生曲霉等产生的代谢产物，主要存在于发霉的花生、玉米、大豆、稻米、小麦等粮食、坚果和油类产品中。长期食用含低浓度黄曲霉毒素的食物，被认为是导致肝癌、胃癌和肠癌等疾病的主要原因。黄曲霉毒素主要干扰RNA和DNA的合成。

抗癌药和其他药品

51. 白消安：抗癌药，治疗慢性粒细胞白血病，通过与细胞DNA的鸟嘌呤起烷化作用破坏DNA的结构与功能，也可能致癌。

52. 苯丁酸氮芥：抗癌药，用于治疗霍奇金淋巴瘤、数种非霍奇金淋巴瘤、慢性淋巴细胞性白血病、瓦尔登斯特伦巨球蛋白血症、晚期卵巢腺癌和部分乳腺癌，会引起DNA链交叉连接影响DNA功能，从而致癌。

53. 萘氮芥：抗癌药，用于治疗霍奇金淋巴瘤，现已少见，通过引起DNA链交叉连接影响DNA功能，从而致癌。

54. 环磷酰胺：抗癌药，用于治疗恶性淋巴瘤、急性或慢性淋巴细胞白血病、多发性骨髓瘤，也用于治疗乳腺癌、睾丸肿瘤、卵巢癌、肺癌、头颈部鳞癌、鼻咽癌、神经母细胞瘤、横纹肌肉瘤及骨肉瘤等。与DNA发生交叉连接，抑制DNA合成，干扰DNA及RNA功能。

55. 美法仑：抗癌药，用于治疗多发性骨髓瘤和卵巢癌。通过破坏DNA结构起作用。

56. 依托泊苷：抗癌药，主要用于治疗小细胞肺癌、恶性淋巴瘤、恶性生殖细胞瘤、白血病，也用于治疗神经母细胞瘤、横纹肌肉瘤、卵巢癌、非小细胞肺癌、胃癌和食管癌等，作用于DNA酶，使受损DNA不能修复。

57. 依托泊苷与顺铂和博来霉素合用：联合化疗方案，主要用于卵巢生殖细胞恶性肿瘤和喉癌等。

58. MOPP（氮芥、长春新碱、甲基苄肼、强的松）及其他含烷化剂的联合化疗：治疗霍奇金淋巴瘤的方案，有致癌风险。

59. 司莫司汀［1-(2-氯乙基)-3-(4-甲基环己基)-1-亚硝基脲，甲基-环己亚硝脲］：抗癌药，主要用于治疗恶性黑色素瘤、恶性淋巴瘤、脑瘤、肺癌等。

60. 他莫昔芬：抗癌药，用于治疗乳腺癌和卵巢癌。

61. 三胺硫磷：抗癌药，用于治疗卵巢癌。

62. 曲奥舒凡：抗癌药，主治肺癌。

63. 硫唑嘌呤：用于器官移植时抗排异反应的药物，通过与嘌呤的拮抗作用，抑制

DNA、RNA 和蛋白质的合成，可诱发癌症。

64. 环孢菌素：用于肝、肾和心脏移植抗排异反应的药物。由于对免疫抑制，会增加致癌风险。

65. 已烯雌酚：人工合成的雌激素，可引起女性生殖系统腺癌并通过胎盘使胎儿致癌。

66. 绝经后雌激素治疗：可能提高乳腺癌和子宫内膜癌等的发生率（存在争议）。

67. 雌激素 – 孕激素更年期治疗（合用）：可能提高乳腺癌和子宫内膜癌等的发生率（存在争议）。

68. 雌激素 – 孕激素口服避孕药（合用）：可诱发肝癌，并增加患乳腺癌和子宫颈癌的风险。

69. 非那西汀：退烧止痛类药物，已被很多国家禁售。大剂量使用可能诱发肾癌、膀胱癌。

70. 含非那西汀的止痛剂混合物：多与阿司匹林、咖啡因、苯巴比妥等制成复方制剂，用于治疗发热、头痛、牙痛、神经痛等，可造成严重的肾损害和肝损害，并诱发肾癌、膀胱癌。

71. 马兜铃酸：有研究认为，马兜铃酸主要通过基因突变来诱发肝癌，也有研究认为，大剂量的马兜铃酸通过非基因加成性的改变表观遗传“炎癌转变机制”，可能诱发肝脏发生癌前病变。

72. 含马兜铃酸的植物：马兜铃酸广泛存在于马兜铃科植物中。常见的含有马兜铃的药材有马兜铃、天仙藤、青木香、寻骨风、关木通、广防己、细辛等。

工业产品及其污染

73. 镉及镉化合物：镉主要用于制造合金、镍镉电池、焊料和半导体材料等。普通人主要是通过吸入污染空气中的镉和食用镉污染的农作物（如含镉大米）等方式摄入镉。被镉污染的河流中的鱼虾螺蛳体内，通常也会富集有镉。镉会提高肺癌、前列腺癌、乳腺癌、消化道肿瘤等患病风险。

74. 铬（6 价）化合物：皮革制造和冶金化工中的废水污染水体、农田和水产后，进入人体。铬（6 价）化合物有很强的氧化性，对消化道、呼吸道、皮肤和黏膜有危害。致癌部位主要是肺。

75. 砷和无机砷化合物：砷在自然界中多以无机砷化合物存在岩石中。三氧化二砷就是俗称的砒霜。工业与矿产开发排放的含砷废水和废弃物，农业中使用的含砷杀虫剂和除草剂，都是砷来源之一，会引发皮肤癌和肺癌等。

76. 镍化合物：可用于制造陶瓷、玻璃、催化剂、磁性材料、电子元件和蓄电池等。镍化合物在人体内可诱发致癌基因表达和癌细胞扩增。

77. 铍和铍化合物：主要应用于合金、原子能、火箭、导弹、航空和宇宙航行等方面。进入人体后，难溶的氧化铍主要储存在肺部，可引起肺癌。可溶性的铍化合物主要储存在骨骼、肝脏、肾脏和淋巴结等处，引起脏器或组织的病变而致癌。

78. 石棉（各种形式，包括阳起石、铁石棉、直闪石、温石棉、青石棉、透闪石）：石棉是天然的、纤维状的、硅酸盐类矿物质的总称，主要用于耐火的石棉纺织品、输水管、绝缘板和建筑、电器、汽车、家庭用品中的绝热材料。石棉本身无毒害，但细小的石棉粉尘会附着沉积在肺部，诱发肺癌和胸膜及腹膜位置的间皮瘤。

79. 氟代-浅闪石纤维状角闪石：与石棉相似，易在肺部沉积，诱发肺癌和胸膜及腹膜位置的间皮瘤。

80. 毛沸石：较罕见的天然矿石，性质与石棉相似，可引起胸膜及腹膜位置的间皮瘤。

81. 2,3,7,8-四氯二苯并对二噁英：所有二噁英类型中毒性最强的单体，非人为生产，无任何用途，是燃烧垃圾、工业废料的产物。

82. 2,3,4,7,8-五氯二苯并呋喃：二噁英的一种，可造成免疫系统、神经系统、内分泌系统和生殖功能的损伤，长期过量摄入可能会引起多系统多部位的恶性肿瘤。

83. 类二噁英多氯联苯，具有WHO毒性当量因子（TEF）（多氯联苯77,81,105,114,118,123,126,156,157,167,169,189）：归在“二噁英”名下，毒性相似。

84. 多氯联苯：人工合成的有机物，工业上用作热载体、绝缘油和润滑油等。工厂排出的废弃物是主要污染源，能经皮肤、呼吸道、消化道吸收，并在人体中富集，造成脑部、皮肤及内脏的疾病并影响神经、生殖及免疫系统，产生癌变的器官主要为肝脏。

85. 3,4,5,3′,4′-五氯联苯（PCB-126）：主要用作耐热、防燃增塑剂，与肝癌的发生有关联。

86. 五氯苯酚（聚氯苯酚）：主要用作水稻田除草剂，纺织品、皮革、纸张和木材的防腐剂和防霉剂，对人体有致畸和致癌性。燃烧时会释放出二噁英类化合物。

87. 4,4′-亚甲基二（2-氯苯胺）（MOCA）：合成橡胶和环氧树脂的熟化剂，有致癌风险。

88. 4-氨基联苯：是农药和染料的中间体，主要用于有机合成、制造染料和制作橡胶防老剂等，可被人体吸入、食入或经皮肤吸收。

89. 联苯胺：合成染料的中间体，长期接触易诱发膀胱癌。

90. 染料代谢产生的联苯胺：某些染料经代谢可能产生联苯胺，导致人体细胞的DNA发生结构与功能变化。

91. 2-萘胺：用于制造染料和有机物合成，也用作有机分析试剂和荧光指示剂，长期接触有诱发膀胱癌的风险。

92. 邻-甲苯胺：主要用作染料、农药、医药及有机物合成中间体，可诱发膀胱癌。

93. 氯乙烯：用作多种聚合物的共聚单体、塑料工业的重要原料，也可用作冷冻剂等，可诱发肝血管肉瘤等。

94. 三氯乙烯：曾用作镇痛药和金属脱脂剂，还可用作萃取剂、杀菌剂、制冷剂和衣服干洗剂等，与肝癌和肾癌等多种癌症相关。

95. 1,3-丁二烯：是制造合成橡胶、合成树脂、尼龙等的原料。可引起心血管、肺、胃、肝、乳腺和肾等多种组织和器官的恶性肿瘤。

96. 林丹（六氯环己烷）：农用杀虫剂，俗名六六六，与乳腺癌、直肠癌等有关联性。

97. 1,2- 二氯丙烷：农药、杀虫剂、洗涤剂、橡胶和医药等的制造原料，被认为是日本印刷业胆管癌多发的元凶（用以去除印刷机附着油墨）。

98. 环氧乙烷：洗涤、制药、印染等行业中的杀菌剂，长期接触将提高白血病和造血系统恶性肿瘤的风险。

99. 双（氯甲基）醚、氯甲基醚（工业级）：两者主要应用于生产阴离子交换树脂和磺胺嘧啶药物等，长期接触可致肺癌。

100. 硫芥子气：即化学武器芥子气，学名二氯二乙硫醚，可导致皮肤和免疫系统癌症。

工业生产过程和职业暴露

101. 画家、油漆工、粉刷工等（职业暴露）：颜料中含镉、铅、汞、铬等重金属，涂料和有机溶剂含苯和甲醛等，长期接触会增加患癌风险。

102. 橡胶制造业：生产过程中，化学添加剂较多，易接触苯胺等致癌物，诱发膀胱癌、胃癌、肺癌和白血病等。

103. 钢铁铸造（职业暴露）：多个环节可能导致癌症高发，如炉烟中可能含有苯并芘等。

104. 赤铁矿开采（地下）：开采中产生的粉尘，可能导致肺癌；地下溢出的氡会造成电离辐射。

105. 石英或方石英形式的晶状硅尘：吸入硅尘，不仅会导致呼吸道疾病，而且患心脏病和癌症的风险也更高。

106. 焊接烟尘：含有二氧化锰、氮氧化物、氟化物、臭氧等有害物质，还含有重金属镉等细小金属微粒。

107. 木尘：含有木焦油和苯并芘等致癌物。

108. 皮革粉末：制鞋过程中常见，易引起鼻腔癌。

109. 煤烟（烟囱清洁工的职业暴露）：煤烟中存在苯并芘等致癌物。

110. 煤炭气化：工业过程中会产生粉尘、一氧化碳、二氧化硫、硫化氢等污染物和煤焦油、苯、酚等致癌物。

111. 煤焦油蒸馏：工业过程中会产生苯、苯并芘等致癌物。

112. 煤焦油沥青：煤焦油蒸馏提取馏分后的残留物，主要用于生产沥青焦、筑路沥青、各种沥青防腐漆等，含苯并芘等致癌物。

113. 页岩油：页岩中所含的石油，可能造成职业性皮肤癌。

114. 焦炭生产：工业过程中会产生苯、苯并芘等致癌物。

115. 与职业暴露有关的艾其逊法（用电弧炉制碳化矽）：一种用石英砂与焦炭混合加热制造碳化矽的工业方法，冶炼中会排放出煤焦油和苯并芘等致癌物。碳化矽主要用于制造耐磨材料、电路元件、光伏产品等。

116. 铝生产：可能产生氧化铝、石油焦等粉尘和氟化物、硫化物、沥青烟、一氧化碳等有害物质。

117. 金胺生产：生产过程（包括接触其他化学物质）与膀胱癌的增加有关。金胺是一种化学药品，用作染织物、纸及皮革的染料及染料中间体。

118. 品红生产：生产品红染料的工人患膀胱癌风险有所增加。品红主要用于蚕丝、腈纶、羊毛等纺织品的染色。

119. 强无机酸雾：硫酸、硝酸、盐酸等无机酸形成的雾状酸类物质，主要出现在化工、电子、冶金、电镀、纺织（化纤）、机械制造等行业的用酸过程中，有致癌风险。

120. 使用强酸生产异丙醇：异丙醇是重要的化工原料，主要在制药、化妆品、塑料、香料、涂料及电子工业用作脱水剂和清洗剂等。异丙醇不是致癌物，但强酸处理过程可能致癌。

*注:①原清单按致癌物名称的英文首字母排序。

②文中所提及的某种致癌物会导致某些癌症，指的是长期、超量摄入后的一种可能，少量、偶尔摄入的情况下，致癌风险较小。